Playing with R
Data Analytical
Thinking to Practice

R语言

从数据思维到数据实战

（第2版）

范超　朱雪宁　等◎著

中国人民大学出版社

·北京·

推荐序一

王汉生（熊大）*

　　编程语言之于数据分析是必不可少的。对于一个数据科学的新兵，应该从哪门语言开始？摆在面前的选择很多：R，SAS，Python，C，Java，甚至 Fortran。它们各有优势，也有不足。如果一定要选一个，我推荐 R。有两个重要原因：第一，R 是免费的，全球镜像，非常方便；第二，R 的分析建模能力很强，部分得益于基础模块的完善，部分得益于整个统计学社区的支持。很多最新的分析方法、统计模型都是用 R 首先实现，并被开发封装成为程序包的。当然，这绝不是说 R 语言是完美的。它显然不完美，还有很多缺陷。但是，这丝毫不妨碍它成为你学习数据分析的第一门语言。正因如此，狗熊会（微信公众号）决定要写一本关于 R 语言的书，要写一本带有狗熊会强烈 DNA 印记的 R 语言入门教材。但是，谁来写？谁来当这个"倒霉蛋"呢？

　　这个"倒霉蛋"不能是我。在狗熊会的团队里，我岁数最大，有耍赖皮的特权，当然不会"压榨"自己，我更擅长"压榨"其他小伙伴。那该"压榨"谁？只能是布丁（朱雪宁）。在狗熊会的联合创始人团队里，布丁

　　* 北京大学光华管理学院商务统计与经济计量系教授。

的 R 编程能力公认是最强的。说来惭愧，我是布丁的博士导师，但布丁的理论功底似乎比我还好，而编程能力更比我高出不知几个量级。有时，我会有点懵圈，似乎没教过布丁什么东西，怎么就当了布丁的老师呢？她是怎么成长得如此优秀的呢？思来想去，或许我的一丢丢贡献在于点燃（或者加强了）布丁在数据分析中获得快乐。

布丁天生乐观，而且，她把数据分析的快乐完美地带入了 R 语言编程。单就汉字分词、频数统计，布丁竟然将之跟《张无忌到底爱谁》扯上了关系。这成了狗熊会第一个阅览量过万的推文。我和小伙伴们都惊呆了！说句实话，对此我很困惑。我认真看过这篇推文多遍，实在看不明白布丁在说什么。我对该作品的印象就是语无伦次，逻辑混乱，不知所云，各种差评。但是奇怪，熊粉们怎么就这么喜欢呢？也许是我老了吧。不得不承认，代沟是存在的。但是，我能感受得到，跳跃在 R 代码和《张无忌到底爱谁》文字之间的、布丁那肆无忌惮的快乐。对，这就是布丁的快乐、布丁之于数据分析的快乐。

还说汉字分词、两样本检验、逻辑回归，布丁将之跟《红楼梦作者之谜》扯上了关系，引得众多读者点评布丁的作品，其中既有普通熊粉，也有备受尊重的资深学者，布丁不敢怠慢，逐条答复。不得不承认，我有一点幸灾乐祸的窃喜。我想布丁的内心一定非常崩溃："我就做了一个好玩的中文数据分析，纯娱乐项目，你们怎么当真了呢？"这就是布丁的快乐、布丁之于数据分析的快乐。

布丁是一个优秀的领导者。在她的周围，团结着一帮弟弟妹妹，他们一起构成了布丁小分队（或者叫"敢死队"）。据说，布丁对弟弟妹妹们"手段凶残"，"压榨"无数。但奇怪的是，弟弟妹妹们却非常喜欢这位学姐，亲切地称她为雪姨，并且坚定不移地跟随雪姨闯荡数据江湖。为什么？我斗胆猜测，原因还是快乐。大家在一起，互相学习，互相督促，一起享受数据分析的快乐，一起享受成长的喜悦。我很喜欢这样一个团队架构。碰到极具艰难的任务，我可以通过"压榨"布丁，布丁再"压榨"她的小分队，达到很高的团队执行力效果。这本书的出版就是一个很好的例子。这本书是我"强派"给布丁的，然后布丁把控整体设计以及很多核心内容，但是，还有很多内容是由其他小伙伴完成的，他们分别是（按姓名拼音排序）：常象宇（政委）、成慧敏、范超、李宇轩、鲁伟、潘蕊（水妈）、王健桥、王毅然、向韵桦。对此，我一并感谢，并对大家处在狗熊会"食物链"的底端深表同情。

　　我是不是跑题了？布丁给我的任务是给本书写序，却谈到了食物链。不，我没有跑题。我想告诉大家的是，这本书的核心不是 R 语言，是快乐，是数据分析的快乐，是跟布丁学习 R 语言的快乐。

推荐序二

谢益辉[*]

　　很惭愧，本人还没写几本书，序倒是写了好多篇，俨然已成为作序专业户。不过这次我很荣幸也很乐意为狗熊会摇旗呐喊一嗓子，因为我打心底认同狗熊会的朴素价值观——数据创造价值。这六个字在我看来分量相当重，尤其是在统计学术界颇为难得。如果是我，恐怕没勇气发起这个冲锋，因为我深知公式、定理、模型都是优雅的，而现实中的数据多半是混沌到让你分分钟想掀桌的程度。想用数据创造价值，需要莫大的毅力、耐心和智慧。就算作为一个跟统计沾点边的"码农"，我也是怯懦地选择了写代码而不是做数据分析，因为我知道后一条路不好走。

　　在我看来，本书最大的特色是集成了狗熊会这两年大量数据分析案例，而且这些案例都很新潮、实际。我个人最钟爱的还当属老王卖耗子药的万能例子（虽说是虚构的，但这个场景我总觉得很好笑）。我跟熊大只在 2016 年中国 R 语言大会期间某食堂餐桌上匆匆打过一次照面，也只听过他一次报告。还记得他在台上吆喝"全宇宙的中心——五道口"惹得我们统计之都的"萌主"（周扬，也是著名"段子手"）在后排嘿嘿一乐，

---

[*] 统计之都网站创始人。

深刻体现了熊大争做网红的决心。我个人完全支持统计学教授做网红，至少听众笑过之后还能留下点思考和知识。可能是受网红路线的影响，这本书也颇有网红风：热门电影、小说、事件等都在书中的案例里有所涉及。分析你关心或能吸引你注意的数据也许能让你更专心地阅读这本书。

本书的另一特点就是很细致。对我这样的读者来说可能细致得有点"令人发指"，比如我肯定没有耐心介绍如何下载安装 R，或是如何在浏览器中查看 HTML 元素。所以写书能完全从新手的角度出发挺难得的，宁可过于细致，也不要贸然假设读者已经拥有某些基础知识。细致的好处在于你学一样就能会一样，而不必再翻别的资料补课。

就写作风格而言，本书内容比较通俗，没什么晦涩的专业术语，我觉得也很好。在模型技术方面，书中除了机器学习一章中简略提及几个稍高等的模型之外，基本以探索性分析和回归为主，这也符合我本人对简单模型的偏爱（没办法，我数学太差）。

本着君子和而不同的精神，以及对狗熊会求真进取精神的信任，我想坦诚地说，世上没有哪本书会是完美而全面的指南，作者和编者一定会有所取舍，比如要顾细致就不能求全面。我相信这本书会为新手打开 R 的大门、教给读者大量实用技能，但有雄心壮志的读者应该在此基础上继续深造。最近几年恰逢 R 社区比较"动荡"，这个"动荡"主要源于一个 Tidyverse 门派（我戏称为"极乐净土"）的异军突起。我自己作为 R 老用户，看到本书中的代码非常亲切和熟悉，因为我就是这样学 R 的，但我觉得从今往后，尝试往 Tidyverse 数据分析范式转型会让很多业余数据分析者受益。

本书主要作者雪宁在统计之都网站也担任主编数年，其领导风范、专业水平和敬业态度都让我深感敬佩。上可推公式，下可敲代码，办事有条有理、有始有终，可谓狗熊会中诸多英雄的突出代表。写作本书想必耗费了主创者不少心血，当然，各章节的作者也付出了大量努力（狗熊会的标准向来比较严苛）。我衷心期待更多人能通过这本轻快又实在的书了解数据分析的乐趣和技能，并进一步找到自己独特的用数据创造价值的法门。

前　言

朱雪宁　范　超

2016 年，狗熊会微信公众号刚刚投入运营，到底写点什么好呢？因为我对 R 语言更加熟悉，熊大（王汉生）就提议我来牵头组织关于 R 语言数据分析的专栏，还取了一个相当文青的名字"R 语千寻"。写了几篇后，没想到竟然收到不错的读者反馈，这个专栏也就逐渐固定下来。我们意识到，R 语言是一种有力的工具，在实际案例、数据分析中有无限的魅力，而"R 语千寻"结合实际数据进行案例讲解的形式也受到许多朋友的喜爱。

自建立以来，"R 语千寻"专栏迎来了越来越多的创作者，积累了丰富翔实的内容。于是，就有了对这些内容适时系统地梳理、总结，形成一本结合丰富的数据与案例教学的 R 语言数据分析图书的想法。对"R 语千寻"专栏而言，这并不是一个终点。在未来的日子里，"R 语千寻"将继续为大家推出有意思的故事与有趣的分析，也希望收到更多读者朋友的反馈。

本书适合刚刚入门或者了解 R 语言但还没有认识到 R 语言在实际数据分析中强大威力的朋友。或许你是一个编程小白，渴望入门一种较为容易上手的编程语言，但又在庞大的知识体系前望而却步；或许你还在求学，本学期刚刚学习了 R 语言课程，但是你想了解的不止于如何生成一个数组或者矩阵这么简单；又或许你是一个业界从业者，逐渐认识到手上开始积累越来越多的数据，它们也许能产生巨大的商业价值，而你却无所适从。本书希望能带给你一些感悟。

在这个最好的时代，我们有能力收集、积累大量的数据；数据分析、人工智能也正处在前所未有的风口上。正如狗熊会出品的第一本书——《数据思维》所强调的那样，最重要的是完成从数据到价值的转换。本书希望告诉大家，这种转换不仅需要培养严谨的数据分析思维，同时也要具备踏实的实务分析能力。如何将业务问题转变为数据可分析问题呢？对于现实中可能并不"美"的数据，如何清洗，如何描述，以及如何建模和解读呢？所有这些步骤，我们通过具体的 R 语言实务分析，向大家一一解读。

对于从事数据分析的人来说，这还不够，工作的需求往往不止于此。数据分析工作每天面临的是大量的细节。曾经以为数据分析就是玩转高大上的模型，然而入行后你才会发现，80% 的时间将用来理解业务、清洗数据、描述规律、大胆假设、小心求证……最后真正上模型的时间，通常也就不过剩下的 20% 而已。在所有的过程中，事无巨细，如果能熟练使用 R 语言，它将成为你得力的帮手。经常听到这样的抱怨：R 语言处理实际数据太慢！我们应该去学 C，Java。而实际去看看那些抱怨的人写出的代码，虽然能达到最终目的，但是效率却惨不忍睹！适当的转变编程思路，改用一两个函数或者 R 包，编程效率往往能数十倍地提升。所以，那些每天喊着打语言仗的人真的不如花点时间稍微提高一下 R 编程的知识水平。在作者看来，急于学习多门语言不如先精通一门语言。

在内容组织方面，本书从 R 语言简介及优势入手，再到数据描述、建模等数据分析的各个环节，由浅入深，组成不同章节。第 1 章介绍 R 语言的背景、优势，用幽默的语言告诉你"R 语言能做什么"。第 2 章介绍基本数据操作，包括数据基本类型、数据读写，这些组成了 R 语言应用的根基。第 3 章介绍 R 语言与统计分析，包括三大利器：描述分析、统计检验、回归分析，这些环节在实际的数据分析中缺一不可。第 4 章解读 R 语言与非结构化数据分析，主要针对无处不见的文本数据和图像数据。第 5 章介绍如何用 R 语言进行当下最火的机器学习建模，从数据清洗到模型集成、建模调参一网打尽。第 6 章介绍 R 语言的爬虫原理及技巧。这 6 章内容构成了本书的基本框架。不仅如此，本书第 2 版更是对内容细节做了进一步的调整优化，修订内容包括：（1）更新相对陈旧的案例素材，在对部分函数的功能介绍、过程演示中采用了最新的结果呈现，将近几年不常用的函数、参数予以替换和调整；（2）增加对编程代码背后统计方法知识点的解释，例如多重共线性、Cook 距离、随机森林等；（3）对第 1 版中出现的容易引起误解和混淆的表述、案例予以更正、调整。本书对于 R 语言的整个知识体系框架也许不是涉及最广的，但是希望能对实际数据分析产生直接的借鉴作用。

　　本书由狗熊会核心创作团队齐心协力完成，希望向大家展示 R 语言有趣、实用、高效的一面。参与创作的成员有（按姓名拼音排序）：常象宇（政委）、成慧敏、范超、李宇轩、鲁伟、潘蕊（水妈）、王健桥、王毅然、向韵桦；参与本书整理、校对的同仁有（按姓名拼音排序）：何通、杨瀚轩。感谢所有参与成员付出的巨大心血和努力。本书还要特别感谢狗熊会 CEO 李广雨先生给予的鼓励和支持；感谢蔡知令教授、王汉生教授在写作过程中关于内容组织、时间安排等提出的宝贵建议；感谢狗熊会所有同事提出的宝贵建议以及细致的审查意见；感谢中国人民大学出版社李文重编辑在书稿形成、章节安排等方面付出的巨大努力。

　　另外，本书中引用的图片除特殊标注外均来源于网络，鉴于引用这些图片时无法获知原创作者及出处，在此对原创作者统一表示感谢。

　　最后，把本书献给所有培养过我们的老师、企业合作伙伴；献给我们的朋友、家人。正是因为有你们，我们才能站在更高更大的舞台上，施展抱负，勇往直前。在这里，再次想起狗熊会的理念：聚数据英才，助产业振兴。同时，也祝福狗熊会的明天会更好，愿越来越多志同道合的小伙伴加入我们，分享数据分析带给你的快乐。由于本书写作仓促，疏漏之处在所难免，请大家多多批评指正！

目　录

CONTENTS

第 1 章/*Chapter One*

初识 R 语言

1.1 初识 R 语言

R 语言可以说是一款在开源世界里集万千宠爱于一身的软件，你能想到的地方都有它的身影。

想做学术？看看权威的 TIOBE 开发语言的排行榜[①]（见图 1-1）！近几年 R 语言在全球编程语言中的使用热度稳居前列，更是在 2020 年 7 月冲到全球排名第 8，可见其普及程度。

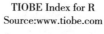

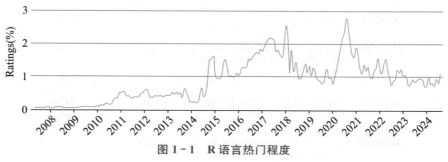

图 1-1　R 语言热门程度

_____

[①]　TIOBE 排行榜是根据互联网上有经验的程序员、课程和第三方厂商的数量，并使用搜索引擎（如谷歌（Google）、必应（Bing）、雅虎（Yahoo!））以及维基百科（Wikipedia）、亚马逊（Amazon）、YouTube 统计出的排名数据，用来反映某种编程语言的热门程度。

想听讲座？看看每年都会举办的中国 R 语言大会的阵容（见图 1 - 2）！

图 1 - 2　中国 R 语言大会现场

想找工作？看看与 R 语言相关的工作（见图 1 - 3）！

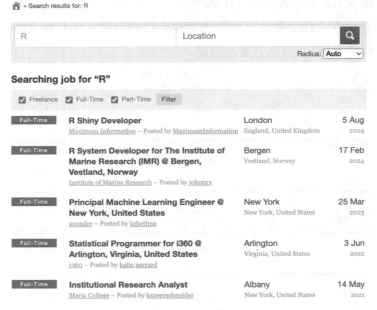

图 1 - 3　与 R 语言相关的工作

如果还不够，看看每年让你"剁手吃土"的它们同样在用 R（见图 1-4）！

图 1-4　让你"剁手吃土"的它们

1.1.1　R 语言是什么？

R 是一个有着强大统计分析功能及作图功能的软件系统。图 1-5 是它的界面示意图[①]。

说到 R 语言的发展历程，还要先从另一门语言 S 谈起。S 语言是由 AT&T 贝尔实验室 John Chambers 等开发的一种用来统计编程的语言。它目前有两种实现版本：一种是由 TIBCO 经营的商业软件 S-plus；另一种就是免费开源的 R 语言。

---

①　别看 R 的页面很丑，但 R 可是统计、计算样样精通。我们之后还将介绍一款更加美观的编辑器。

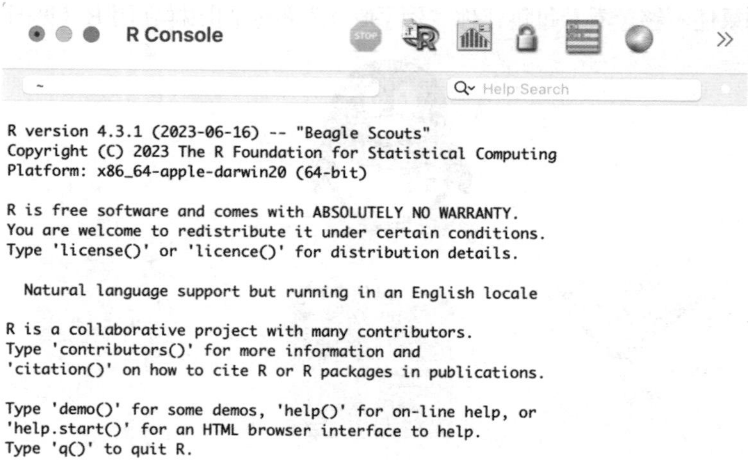

图 1-5　R 界面示意图

　　1992 年，奥克兰大学的 Ross Ihaka 和 Robert Gentleman（见图 1-6）为了能够更有效地开展大学统计入门课程的教学，决定引入 S 语言来开发一套软件①。1994 年该软件最初版本基本成型，这就是 R 的雏形。

Ross Ihaka　　　　　　　Robert Gentleman

图 1-6　R 语言的"创始人"

---

　　① Ross Ihaka. The R project：a brief history and thoughts about the future. [2023-08-09]. https://www.stat.auckland.ac.nz/~ihaka/downloads/Massey.pdf.

1.1.2 为什么要使用 R 语言？

R 语言让人爱不释手的出色特征可以概括为：物美价廉，兼收并蓄，是集万千力量于一身的优秀软件。

1. 物美价廉——作图颜值高且完全免费

物美，主要体现在卓越的作图功能。点图、线图、柱状图、直方图，R 语言样样精通，而且设计感非常好。比如可以画如图 1-7 所示的图。

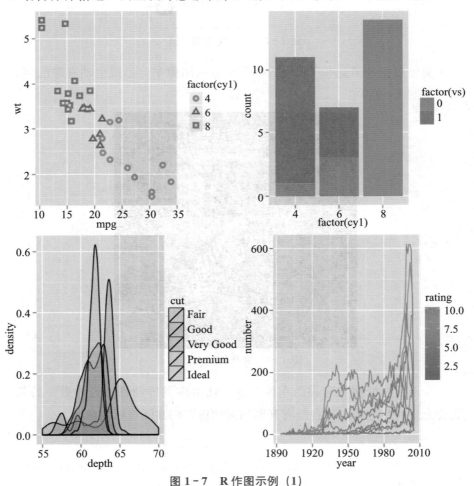

图 1-7 R 作图示例（1）

如果对 R 中的基本图形稍作修饰，还能把聚类结果画成如图 1 - 8 所示。

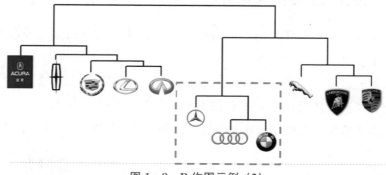

图 1 - 8　R 作图示例（2）

更可以把各类文本资料嵌入一个形象的图像中，形成生动有趣的词云图（见图 1 - 9）[1]。

图 1 - 9　R 作图示例（3）

R 语言可挖掘的有趣的东西太多，任由你发挥创意。更为重要的是，它完全免费！它是世界各地有开源精神的极客们共同贡献的精品。

---

① The Wordcloud2 library.［2024 - 08 - 07］. https://r-graph-gallery. com/196-the-wordcloud 2-library. html.

2. 兼收并蓄——算法覆盖广，软件扩展易

（1）算法覆盖广。作为统计分析工具，R 语言几乎覆盖整个统计领域的前沿算法。从火爆的神经网络（下围棋的机器狗脑袋里的东西）到经典的回归分析（见图 1-10），数千个 R 包，上万种算法，你都能找到可直接调用的函数实现。

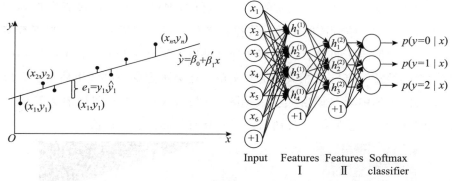

图 1-10　回归分析与神经网络

（2）软件扩展易（见图 1-11）。作为一款软件系统，它有极方便的扩展性。如果数据原来存在 Oracle 中，可轻松导入；如果数据在 MySQL 中，照样解决。文本文件、数据库管理系统、统计软件、专门的数据仓库等都可兼容。同时，它可以将数据输出并写入这些系统中，甚至能轻松与各种语言完成互调，比如 Python，C，都可无缝对接。

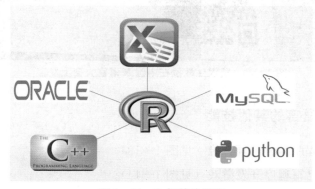

图 1-11　R 与其他语言

3. 集万千力量于一身——强大的社区支持

作为一款开源软件，R 背后有一个强大的社区和大量的开放源码支持，获取帮助非常容易。比如国外比较活跃的社区有 GitHub 和 Stack Overflow 等，通常 R 包的开发者会先将代码放到 GitHub，接受世界各地的使用者提出问题、修改代码等操作，等代码成熟后再放到 CRAN 上发布；而 Stack Overflow 则是一个优质的 IT 技术问答网站，当你通过谷歌搜索 R 问题时，通常会看到该网站的回答排在首位，可见该网站的搜索热度有多高。而国内最活跃的 R 社区当属统计之都以及统计之都旗下的 COS 论坛，统计之都经常发布与 R 相关的优质文章，还会不定期举办线下研讨会，以及规模巨大的中国 R 语言大会（见图 1-12）；COS 论坛则是中文 R 语言技术问答社区。它们都对 R 语言学习者具有很高的参考价值。

图 1-12　王汉生教授在中国 R 语言大会上发言

1.1.3　R 语言的其他技能

（1）用程序为自己画肖像（见图 1-13）。

（2）自己写程序开发游戏（见图 1-14）。

图 1 - 13　用 R 绘制自画像

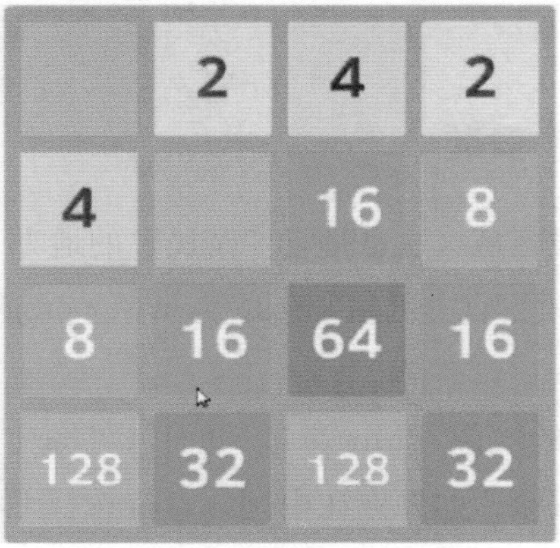

图 1 - 14　用 R 开发游戏

（3）你还可以用 R 做一个可以互动的教学程序（见图 1 - 15）。

R 语言神奇酷炫的技能远不止这些，更多精彩后面揭示。从下一节开始，我们就从 R 软件及各种 R 包的安装运行开始，手把手教你 R 语言如何从入门到精通！

```
| To begin, you must install a course. I can install a course for you from the internet, or I can send you to a web
| page (https://github.com/swirldev/swirl_courses) which will provide course options and directions for installing
| courses yourself. (If you are not connected to the internet, type 0 to exit.)

1: R Programming: The basics of programming in R
2: Regression Models: The basics of regression modeling in R
3: Statistical Inference: The basics of statistical inference in R
4: Exploratory Data Analysis: The basics of exploring data in R
5: Don't install anything for me. I'll do it myself.

Selection: 1
|================================================================================| 100%

| Course installed successfully!


| Please choose a course, or type 0 to exit swirl.

1: R Programming
2: Take me to the swirl course repository!

Selection: 1

| Please choose a lesson, or type 0 to return to course menu.

1: Basic Building Blocks      2: Workspace and Files      3: Sequences of Numbers      4: Vectors
5: Missing Values             6: Subsetting Vectors       7: Matrices and Data Frames   8: Logic
9: Functions                 10: lapply and sapply       11: vapply and tapply         12: Looking at Data
13: Simulation               14: Dates and Times         15: Base Graphics
```

图 1－15　"swirl"包教学对话界面

1.2　安装 R 语言

1.2.1　R 的获取和安装

获取和安装 R 很容易（这也是它"亲民"的地方），具体步骤如下：

Step 1：登录 R 语言官方网站 https://www.r-project.org（见图 1－16），点击 download R。

Step 2：在弹出的镜像（Mirrors）页面（见图 1－17）上选择合适的镜像入口（见图 1－18）。如果你在中国，直接选择 China 下离你近的一个镜像即可。

Step 3：选择镜像后就会跳转到下载页面，此时即可根据自己电脑的操作系统点击选择（见图 1－19）。

The R Project for Statistical Computing

[Home]

Download

CRAN

R Project

About R
Logo
Contributors
What's New?
Reporting Bugs
Conferences
Search
Get Involved: Mailing Lists
Get Involved: Contributing
Developer Pages
R Blog

R Foundation

Foundation
Board
Members
Donors
Donate

Help With R

Getting Help

Getting Started

R is a free software environment for statistical computing and graphics. It compiles and runs on a wide variety of UNIX platforms, Windows and MacOS. To download R, please choose your preferred CRAN mirror.

If you have questions about R like how to download and install the software, or what the license terms are, please read our answers to frequently asked questions before you send an email.

News

- useR! 2024 will be a hybrid conference, taking place 8-11 July 2024 in Salzburg, Austria.
- R version 4.3.1 (Beagle Scouts) has been released on 2023-06-16.
- R version 4.2.3 (Shortstop Beagle) has been released on 2023-03-15.
- You can support the R Foundation with a renewable subscription as a supporting member

News via Mastodon

Sorry, request failed:

Social Media

Follow the R Foundation on Mastodon, Twitter, or LinkedIn.

图 1 - 16　R 官方网站

CRAN Mirrors

The Comprehensive R Archive Network is available at the following URLs, please choose a location close to you. Some statistics on the status of the mirrors can be found here: main page, windows release, windows old release.

If you want to host a new mirror at your institution, please have a look at the CRAN Mirror HOWTO.

0-Cloud
　　https://cloud.r-project.org/　　　　　　　　Automatic redirection to servers worldwide, currently sponsored by Rstudio
Argentina
　　http://mirror.fcaglp.unlp.edu.ar/CRAN/　　　Universidad Nacional de La Plata
Australia
　　https://cran.csiro.au/　　　　　　　　　　　CSIRO
　　https://mirror.aarnet.edu.au/pub/CRAN/　　　AARNET
　　https://cran.ms.unimelb.edu.au/　　　　　　School of Mathematics and Statistics, University of Melbourne
　　https://cran.curtin.edu.au/　　　　　　　　Curtin University
Austria
　　https://cran.wu.ac.at/　　　　　　　　　　　Wirtschaftsuniversität Wien
Belgium
　　https://www.freestatistics.org/cran/　　　　Patrick Wessa
　　https://ftp.belnet.be/mirror/CRAN/　　　　　Belnet, the Belgian research and education network
Brazil
　　https://cran-r.c3sl.ufpr.br/　　　　　　　　Universidade Federal do Parana
　　https://vps.fmvz.usp.br/CRAN/　　　　　　　University of Sao Paulo, Sao Paulo
　　https://brieger.esalq.usp.br/CRAN/　　　　　University of Sao Paulo, Piracicaba

图 1 - 17　镜像页面

Chile
　　https://cran.dcc.uchile.cl/　　　　　　　　　Departamento de Ciencias de la Computación, Universidad de Chile
China
　　https://mirrors.tuna.tsinghua.edu.cn/CRAN/　TUNA Team, Tsinghua University
　　https://mirrors.bfsu.edu.cn/CRAN/　　　　　Beijing Foreign Studies University
　　https://mirrors.pku.edu.cn/CRAN/　　　　　Peking University
　　https://mirrors.ustc.edu.cn/CRAN/　　　　　University of Science and Technology of China
　　https://mirrors.zju.edu.cn/CRAN/　　　　　Zhejiang University
　　https://mirror-hk.koddos.net/CRAN/　　　　KoDDoS in Hong Kong
　　https://mirrors.e-ducation.cn/CRAN/　　　　Elite Education
　　https://mirrors.qlu.edu.cn/CRAN/　　　　　Qilu University of Technology
　　https://mirror.lzu.edu.cn/CRAN/　　　　　　Lanzhou University Open Source Society
　　https://mirrors.nju.edu.cn/CRAN/　　　　　eScience Center, Nanjing University
　　https://mirrors.sjtug.sjtu.edu.cn/cran/　　Shanghai Jiao Tong University
　　https://mirrors.sustech.edu.cn/CRAN/　　　Southern University of Science and Technology (SUSTech)

图 1 - 18　选择合适的镜像入口

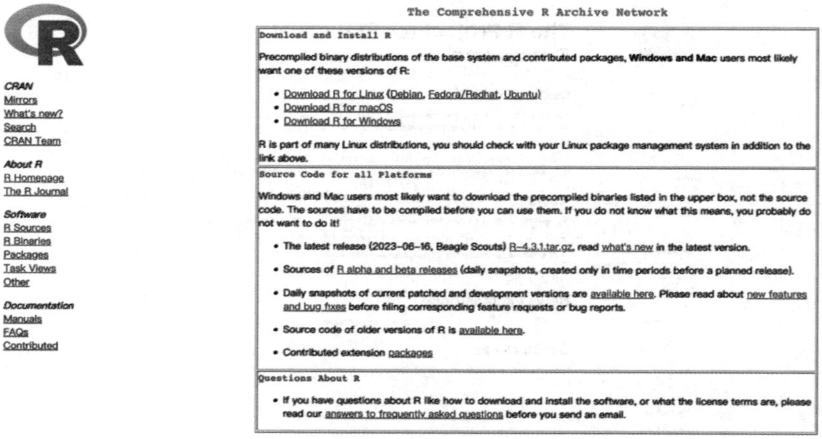

图 1 - 19   根据电脑操作系统选择并安装

下面分别介绍在 Windows 和 Mac OS X 系统安装的区别。

1. Windows 下安装

点开 Download R for Windows 之后界面如图 1 - 20 所示。

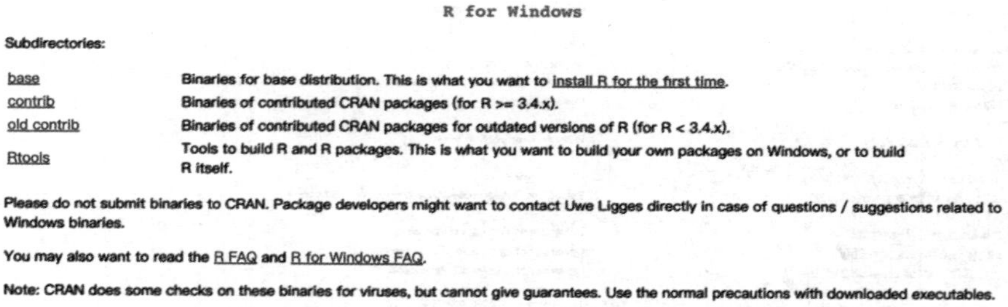

图 1 - 20   Download R for Windows 界面

　　网站上提供了两类 Windows 上的 R 安装文件：base 和 contrib。后者是一个包含所有扩展包的 Windows 二进制安装文件，而前者仅仅是包含基本功能的二进制版本。由于我们之后还会不断安装自己需要的包，所以在安装阶段选 base 版本就可以。

　　安装成功之后，在开始菜单中就会弹出 R 应用程序的图标，点击该图标，就同时打开了 R 图形用户界面（RGui）和 R 控制台（R Console）（见图 1 - 21）。

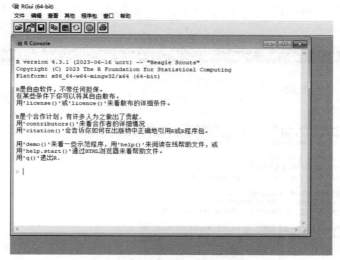

图 1 - 21　Windows 系统 R 界面

2. Mac OS X 下安装

在 Mac OS X 上安装就更简单了，进入 R 官网，选择 Mac 的二进制版本（binary for Mac OS X），下载 pkg 格式文件安装即可（见图 1 - 22）。

R for macOS

This directory contains binaries for the base distribution and of R and packages to run on macOS. R and package binaries for R versions older than 4.0.0 are only available from the CRAN archive so users of such versions should adjust the CRAN mirror setting (https://cran-archive.r-project.org) accordingly.

Note: Although we take precautions when assembling binaries, please use the normal precautions with downloaded executables.

R 4.3.1 "Beagle Scouts" released on 2023/06/16

Please check the integrity of the downloaded package by checking the signature:
pkgutil --check-signature R-4.3.1.pkg
in the *Terminal* application. If Apple tools are not avaiable you can check the SHA1 checksum of the downloaded image:
openssl sha1 R-4.3.1.pkg

Latest release:

For Apple silicon (M1/M2) Macs:
R-4.3.1-arm64.pkg
SHA1-
hash: 14c018ff54f7f5bb37c1d96b33207343b83e9345
(ca. 90MB, notarized and signed)

For older Intel Macs:
R-4.3.1-x86_64.pkg
SHA1-
hash: 1af8f055a601d5de5dfefdb3956ecc8f745c2401
(ca. 92MB, notarized and signed)

R 4.3.1 binary for macOS 11 (**Big Sur**) and higher, signed and notarized packages.

Contains R 4.3.1 framework, R.app GUI 1.79, Tcl/Tk 8.6.12 X11 libraries and Texinfo 6.8. The latter two components are optional and can be ommitted when choosing "custom install", they are only needed if you want to use the tcltk R package or build package documentation from sources.

macOS Ventura users: there is a known bug in Ventura preventing installations from some locations without a prompt. If the installation fails, move the downloaded file away from the *Downloads* folder (e.g., to your home or Desktop)

Note: the use of X11 (including tcltk) requires XQuartz (version 2.8.5 or later). Always re-install XQuartz when upgrading your macOS to a new major version.

This release uses Xcode 14.2/14.3 and GNU Fortran 12.2. If you wish to compile R packages which contain Fortran code, you may need to download the corresponding GNU Fortran compiler from https://mac.R-project.org/tools. Any external libraries and tools are expected to live in /opt/R/arm64 (Apple silicon) or /opt/R/x86_64 (Intel).

图 1 - 22　Download R for Mac OS X 界面

安装后，可以在 Applications 文件夹下找到它，打开的界面如图 1 - 23 所示。

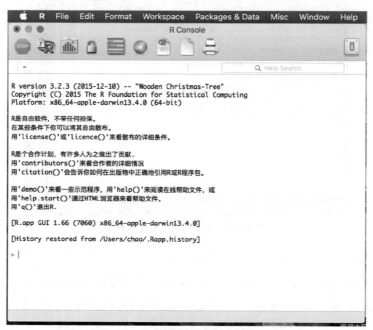

图 1 - 23　Mac OS X 系统 R 界面

【科普小知识】

1. CRAN 是什么？

它是 Comprehensive R Archive Network 的简写，是拥有同一资料包括 R 的发布版本、包、文档和源代码的网络集合。

2. 镜像 CRAN Mirrors 是什么？为什么要选择一个镜像？

所谓镜像站，就是把一个网站资源的副本放在镜像服务器上，也就是说登录不同的镜像网站都跟登录主网站一样。而选择一个离我们近的镜像主要是为了下载得快！当然如果主站不小心坏掉，镜像网站也是一个很好的后备。

3. 上面提到的安装二进制版本，是唯一的安装方式吗？

并不是，二进制是一种编译好的版本，不满足于基本配置并熟悉源代码安装的也可以采用"源代码"安装方式，当然这需要其他编译器，感兴趣的读者可以去谷歌搜索。

1.2.2　R 的升级版武器：RStudio 介绍

上面对 R 语言的基础版本做了介绍，但很多人都嫌弃它的界面简陋，下面就来介绍 R 语言的升级版武器——RStudio（见图 1-24）。

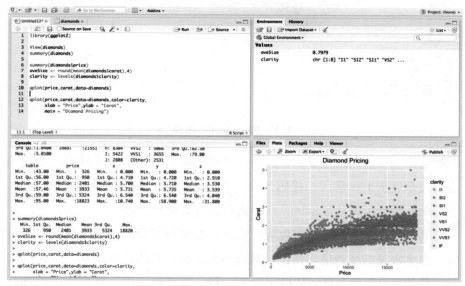

图 1-24　RStudio 界面

RStudio 是一个 R 语言的集成开发环境（IDE）。所谓集成开发环境，就是把你做开发工作所需要的代码编辑器、编译器、调试器等工具都集成在一个界面环境下，方便同时使用。

接下来通过一个简单的示例图来详细了解 RStudio 各个模块的定义以及使用流程（见图 1-25）。

仔细观察 RStudio 界面，会发现它主要包含四个部分。界面的左上角是代码编辑器，主要用来写代码，左下角是控制台，编辑器被执行后的代

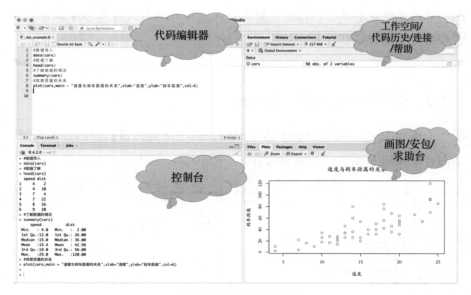

图 1 - 25　RStudio 模块

码和结果会在控制台上显示，这两块是代码编写与调试的主阵地。界面的右上角是显示工作空间、代码历史、外部软件接口以及帮助文档的部分，右下角则包含了图片显示区、帮助页面以及 R 包管理区。

具体操作是怎样一个过程呢？直接在控制台写代码敲回车就可以运行啦，但更常见的场景是，在代码编辑器写入编程代码。可用♯为代码加注释，机器看到它就会自动跳过运行下一行。合理地运用注释可大大增加代码的可读性。

写好代码后，选中或把光标停留在某行，点击 run，就会给电脑下指令，让它把代码运行起来。另外，也可以试试快捷键 Ctrl＋Enter（Mac 用户试试 Command＋Enter），看看是否可以达到同样效果。

在程序运行完毕后，界面会出现三个变化：第一个变化是图 1 - 25 左下角的"控制台"，可以看到所有代码的运行结果；第二个变化是图 1 - 25 右上角的"工作空间"，可以看到程序新生成或者加载进工作空间的数据、函数等对象；第三个变化是，如果程序中有画图命令，会在图 1 - 25 右下角展示出漂亮的图形。这就是一个完整的运行流程了。

RStudio 还有很多贴心技能，举例如下：

首先，它的安装不仅支持个人电脑的 Windows，Mac OS X，服务器的 Ubuntu，甚至在浏览器上都可以通过 RStudio Server 编辑运行代码，界面与桌面版相同，完全没有转移障碍。

其次，在写代码时，它能够自动填补以及快速显示函数定义。下面举一个简单的例子，如果想输入求均值的 mean() 函数，不需要拼写完整，RStudio 就会自动显示出可能用到的完整函数和定义（见图 1-26）。另外，与 round() 函数前面左括号匹配的右括号也自动地跟在 mean 后面，即使你忘记写了，它也能帮你补全。

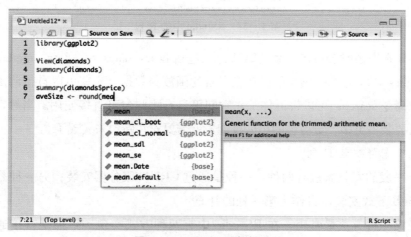

图 1-26　RStudio 功能展示

1.2.3　R 包的获取与安装

这一小节，我们来介绍 R 中可大大拓展你的分析技能的利器——R 包。

1. 什么是 R 包，为什么要安装？

所谓 R 包，就是一个把 R 函数、数据、预编译代码以一种定义完善的格式组织在一起的集合（见图 1-27）。

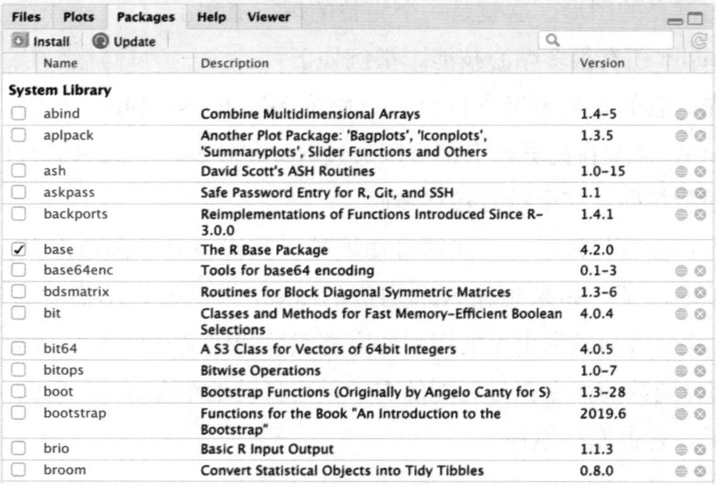

图 1 - 27　**RStudio 中的 R 包**

　　R 在安装时会自带一系列默认包（包括 base，datasets，stats，methods，graphics 等），它们提供了很多功能丰富的函数与数据，大家可以自行调出学习，命令 search() 可以告诉你工作空间里已有哪些包可直接使用。当然，如果需要装备更多、更厉害的拓展技能，就需要安装新包来实现了。

　　2. 怎样安装 R 包？

　　一般的安装做法有两种：一种是通过 CRAN 服务器安装；另一种是从 Github 下载安装，可作为第一种的补充。

　　第一种方法最常用，在 RStudio 中有两种方式实现。一种是直接通过命令装包：install. packages("package_name")；另一种是选中如图 1 - 25 所示的右下方界面中的 Packages 后，点击 Install，就会弹出如图 1 - 28 所示的方框，直接在其中输入包的名称即可。

　　另外，细心的读者可能会发现这里竟然不能选择镜像！对，RStudio 默认采用的是 Global 镜像，如果想换成本地镜像，可以点击"Tools→Global Options"，打开 Options 界面（见图 1 - 29），在 Packages 选项卡中更换镜像。

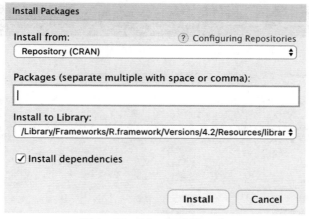

图 1-28　RStudio 安装 R 包

图 1-29　RStudio 更换镜像

　　第二种方法：通过 Github 安装。前面介绍过 Github 网站，新手建好包一般会先放在那里接受群众"检阅"，因此就有了一个下载新包的渠道——Github。一个 R 包在 Github 上的呈现如图 1-30 所示。

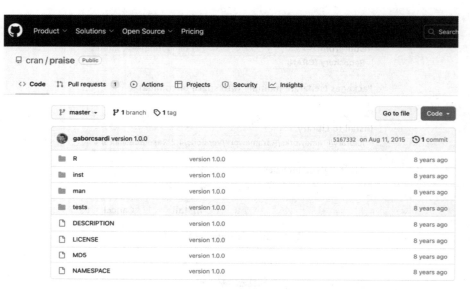

图 1 - 30　Github 上的 R 包

这些包并不需要从网站下载再装进 R，R 里有一些方便与 Github 交互的包，如 devtools，其中的 install_github( ) 函数就专为从 Github 安装包设计。下面以一个 R 包 praise 为例，它的安装语句如下：

```
library(devtools)
install_github("gaborcsardi/praise")
```

需要注意的是，用此函数安装包时需在前面加上它的作者在 Github 上的用户名，此处 praise 包的作者用户名是 gaborcsardi。

另外，一个包只要安装一次就可永久使用。当遇到包的作者进行了更新时，通过命令 update. packages( ) 即可迅速检查并更新已经安装的包。RStudio 中右下部分有一键更新包按钮。

3. 安装完就能直接用？

安装好了包，只是把它放在本地硬盘里，用时需要打开才能调用它的函数。打开的方式很简单，选用以下函数之一即可完成。

```
library("package_name")
require("package_name")
```

4. 如何用好一个包？

（1）寻找可用的包。对于包的选择，首先可以通过谷歌进行搜索，确定什么样的包符合你的要求；其次向大家介绍一个按照任务归类方法及包的地方：http://cran. r-project. org/web/views/ （见图 1 - 31），可以在其中寻找与你的研究相近的主题。

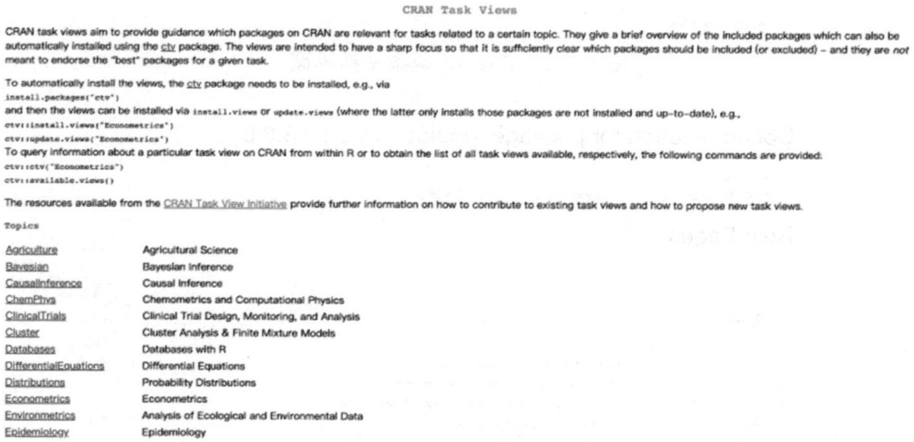

CRAN Task Views

CRAN task views aim to provide guidance which packages on CRAN are relevant for tasks related to a certain topic. They give a brief overview of the included packages which can also be automatically installed using the ctv package. The views are intended to have a sharp focus so that it is sufficiently clear which packages should be included (or excluded) – and they are not meant to endorse the "best" packages for a given task.

To automatically install the views, the ctv package needs to be installed, e.g., via
install.packages("ctv")
and then the views can be installed via install.views or update.views (where the latter only installs those packages are not installed and up-to-date), e.g.,
ctv::install.views("Econometrics")
ctv::update.views("Econometrics")
To query information about a particular task view on CRAN from within R or to obtain the list of all task views available, respectively, the following commands are provided:
ctv::ctv("Econometrics")
ctv::available.views()

The resources available from the CRAN Task View Initiative provide further information on how to contribute to existing task views and how to propose new task views.

Topics

Agriculture	Agricultural Science
Bayesian	Bayesian Inference
CausalInference	Causal Inference
ChemPhys	Chemometrics and Computational Physics
ClinicalTrials	Clinical Trial Design, Monitoring, and Analysis
Cluster	Cluster Analysis & Finite Mixture Models
Databases	Databases with R
DifferentialEquations	Differential Equations
Distributions	Probability Distributions
Econometrics	Econometrics
Environmetrics	Analysis of Ecological and Environmental Data
Epidemiology	Epidemiology

图 1 - 31　网页展示

（2）在各种可用的包中如何选择？Crantastic 网站（http://www. cran-tastic. org/popcon）中有各种包的使用热度排名，可以作为参考。

（3）选择好合适的包后，如何使用呢？可以通过 R 中的帮助功能，即通过 RStudio 右下角界面的搜索框（见图 1 - 32）。

另外，输入命令 help(package="package_name")也会自动打开文档界面，里面既有对此包技能的整体描述、使用指南等文档，又有包内所含的函数列表。对于具体函数用法，直接点击函数名即可（见图 1 - 33）。

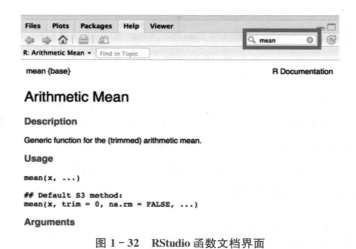

图 1 - 32   RStudio 函数文档界面

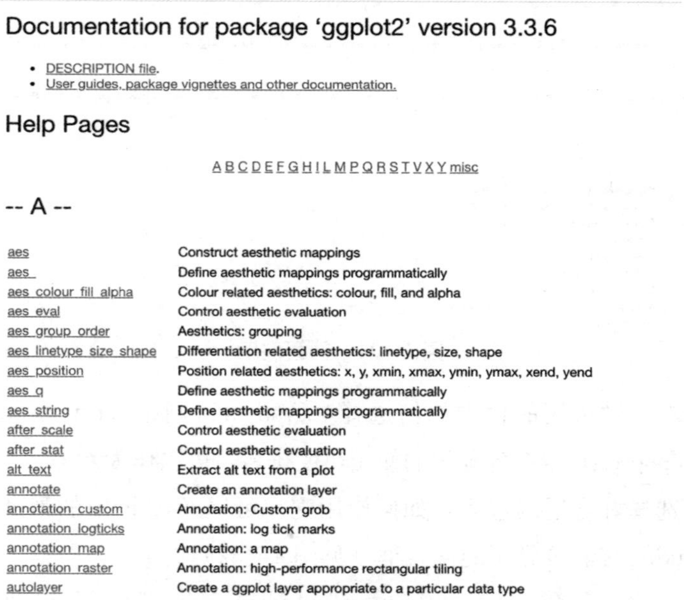

图 1 - 33   ggplot2 包帮助展示

（4）函数文档很长，从哪里看起呢？一般来说，从两个地方切入更方便：一是先读 Description 和 Usage（见图 1 - 34），整体了解函数基本功能及参数设置；二是帮助文档最后附带的 Examples（见图 1 - 35），把它复制粘贴进编辑器，反复运行体会每个参数的含义。当然，如果需要更深入透彻地理解函数，就要弄懂术语，理解其中每个参数的用法，这是高手的进阶之路。

Files Plots Packages Help Viewer

summary

R: Object Summaries Find in Topic

summary {base}　R Documentation

Object Summaries

Description

summary is a generic function used to produce result summaries of the results of various model fitting functions. The function invokes particular methods which depend on the class of the first argument.

Usage

```
summary(object, ...)

## Default S3 method:
summary(object, ..., digits = max(3, getOption("digits")-3))
## S3 method for class 'data.frame'
summary(object, maxsum = 7,
       digits = max(3, getOption("digits")-3), ...)

## S3 method for class 'factor'
summary(object, maxsum = 100, ...)

## S3 method for class 'matrix'
summary(object, ...)
```

Arguments

object an object for which a summary is desired.

maxsum integer, indicating how many levels should be shown for factors.

digits integer, used for number formatting with signif() (for summary.default) or format() (for summary.data.frame).

... additional arguments affecting the summary produced.

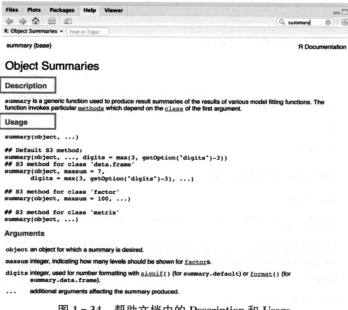

图 1 - 34　帮助文档中的 Description 和 Usage

For factors, the frequency of the first maxsum - 1 most frequent levels is shown, and the less frequent levels are summarized in "(Others)" (resulting in at most maxsum frequencies).

The functions summary.lm and summary.glm are examples of particular methods which summarize the results produced by lm and glm.

Value

The form of the value returned by summary depends on the class of its argument. See the documentation of the particular methods for details of what is produced by that method.

The default method returns an object of class c("summaryDefault", "table") which has a specialized print method. The factor method returns an integer vector.

The matrix and data frame methods return a matrix of class "table", obtained by applying summary to each column and collating the results.

References

Chambers, J. M. and Hastie, T. J. (1992) *Statistical Models in S*. Wadsworth & Brooks/Cole.

See Also

anova, summary.glm, summary.lm.

Examples

```
summary(attenu, digits = 4) #-> summary.data.frame(...), default precision
summary(attenu $ station, maxsum = 20) #-> summary.factor(...)

lst <- unclass(attenu$station) > 20 # logical with NAs
## summary.default() for logicals -- different from *.factor:
summary(lst)
summary(as.factor(lst))
```

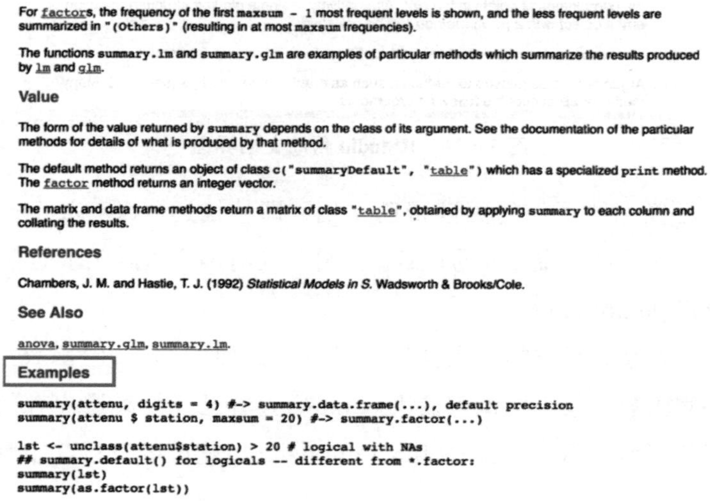

图 1 - 35　帮助文档中的 Examples

1.3　获取 R 帮助文档

1.3.1　在 RStudio 中看 Help

在 R 中求助，最直接的入口就是 RStudio 上的 Help（见图 1 - 36）。

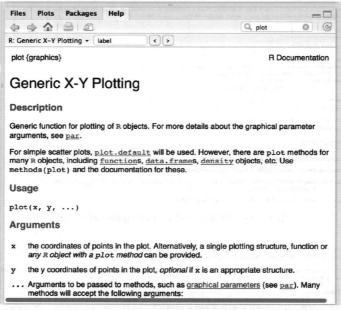

图 1 - 36　RStudio 帮助文档界面

前面已经介绍了如何阅读帮助文档，即从描述（description）、例子（example）入手更直观和容易理解。此外，还有两个查看例子的方法。

1. 使用 demo()函数

如果想看某个函数的使用样例，可以尝试使用 demo()函数，它里面也包含一些函数示范小案例。输入 demo()查看已经加载进内存的包里有例子的函数列表，输入 demo("function_name")就可以执行某个具体函数的例子了。

2. 使用 vignette() 函数

在 R 中，vignette 是一个神奇的存在。vignette 文档比普通帮助文档包含更丰富的背景信息、更详细的示例代码和图表解释，能让我们对相关函数的理论背景、算法细节、使用场景有更深入的了解，同时文档里包含的示例代码也能让用户更好地理解如何使用函数，如何解读分析结果等，是我们学习一个包的绝佳资源。唯一的缺点就是，并非所有的包都配有 vignette，碰到这样的包，我们可以再借助网络资源或者大模型来找找例子。

图 1-37 是数据可视化包 ggplot2 的 vignette 文档示意图，可以看到，文档提供了通俗易懂的介绍、贴切实用的示例，非常具有可读性。使用时，只需要给 vignette() 函数中输入包的名字 vignette（package_name）就可以啦。

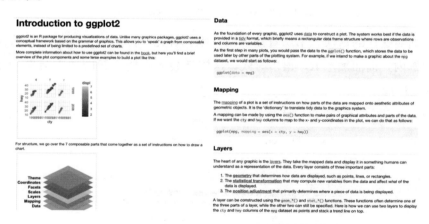

图 1-37　ggplot2 的 vignette 文档示意图

1.3.2　学会使用搜索引擎

如果使用帮助文档不能很好地解决疑问，那么搜索引擎将是接下来的不二之选。以谷歌为例，它的搜索能力强大，定位精准，不仅可以完美捕捉 R 社区里的相关解答，还会搜寻出其他各类形式、各种来源的辅助学习材料，让我们有机会深入了解问题的来龙去脉，而不仅仅是获得一个答案。下面就以两个最常见的情景为例，来看看遇到"疑难杂症"时如何使用谷歌进行搜索。

1. 遭遇 bug

read. csv()是一个可以用来读入 csv 格式数据的函数，它的基本用法是 read. csv(file, header＝TRUE)，其中参数 file 用来输入要读入的文件名，header 用来告诉电脑是否把读入文件的第一行识别为变量名，如果 header＝TRUE 则第一行为变量名而不是数据。

比如，你想读入一张存有"全国各省份与东西部地区对应数据"的表格，于是使用 read. csv()，结果却出现了这样的错误（见图 1 - 38）。

```
> westeast=read.csv("Province_Section.csv",header=T)
Error in type.convert(data[[i]], as.is = as.is[i], dec = dec, numerals = numerals,  :
  '<b1><b1><be><a9>'多字节字符串有错
```

图 1 - 38　read. csv()运行错误示例

面对这样的错误，不妨直接求助谷歌。首先，把这个错误提示粘贴在搜索框内，前面加上 R，很多时候，这样就会得到还不错的搜索结果（见图 1 - 39）。

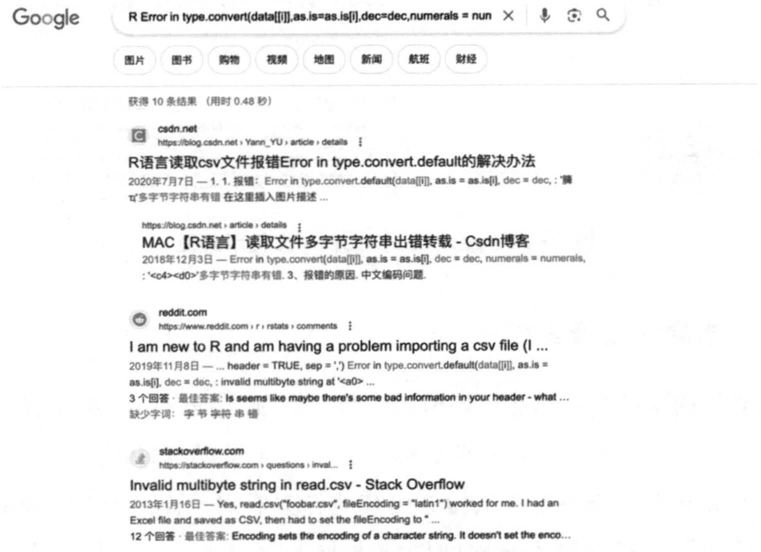

图 1 - 39　错误提示全文谷歌搜索结果

只看前几条返回结果，就可以知道出现错误的原因大概与中英文的编码有关。事实上，如果点开第一条链接，里面就有中英文编码的知识以及类似问题的解决办法，即改变整个文件的编码格式，也就是在 read.csv() 函数中，将参数 fileEncoding 设置为能够读取汉语的编码方式，比如"GBK"，再一试，完美解决（见图 1-40）。

```
> westeast=read.csv("Province_Section.csv",header=T,fileEncoding="GBK")
> head(westeast)
  Province Section
1   北京     东部
2   天津     东部
3   河北     东部
4   山西     中部
5   内蒙古   西部
6   辽宁     东部
```

图 1-40 read.csv() 运行正确示例

当然，如果提取出该错误信息的英文关键词，也可以同样搜索到相关答案，而这时候返回的信息可能就比我们解决错误所需范围更广，有助于我们多视角排查问题，增长知识（见图 1-41）。

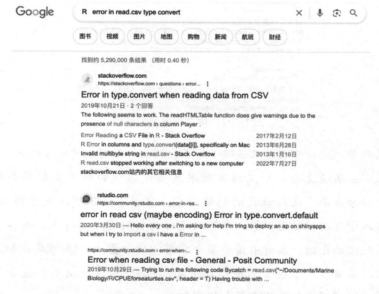

图 1-41 关键词谷歌搜索结果

【友情提示】

在使用搜索引擎时能用英文查询就尽量用英文，毕竟很多领域，英文资料远比中文资料丰富得多。比如，检索"探索性数据分析"，分别输入"探索性数据分析"和"Exploratory Data Analysis"，会得到如图1-42和图1-43所示的搜索结果。

图1-42　中文谷歌搜索结果

从数量上比，中文返回3 200多万条记录，而英文返回4亿5 000多万条记录；从质量上看，中文返回结果大多是零散的相关主题的介绍性文章，大部分来源于网络社区的总结内容，质量参差不齐，做了解用可以，但要深入学习恐怕远远不够，而英文返回的资料则丰富得多，有不少权威网站系统化的介绍，或者书籍的某个章节。比如图1-44所展示的就是英文搜索结果首页中所包含的美国环保局因果分析/诊断决策信息系统的系列文摘中对"探索性数据分析"的介绍。

图 1 - 43　英文谷歌搜索结果

图 1 - 44　搜索结果示意图

2. 想要寻找新功能

除了遇到 bug 时可以求助谷歌，当你想要寻找新功能、实现新方法，却不知从何着手时，谷歌也是一个绝好的帮手。举例来说，如果你手头有一个含大量数据的 csv，但普通的 read. csv() 函数太慢，影响效率，那么可以通过谷歌搜索看能否有办法加快读入数据的速度（见图 1 - 45）。

图 1 - 45 谷歌搜索结果

从图 1 - 45 可以看出，排名靠前的搜索结果均来自 R-bloggers，Stack Overflow 这类知名的 R 语言社区，它们提供了很多提高效率的方法。不妨打开其中的 Stack Overflow 网站一探究竟。从图 1 - 46 可以看到，热心网友已经给出了全面专业的解答，不仅有 R 包，还有对应函数。

图 1 - 46　Stack Overflow 网站解答

1.3.3　求助于开源社区、论坛

R 语言是一款具有强大社区支持的软件，如果不能在搜索引擎中找到满意的答案，不妨把你的问题贴到社区中，与众多 R 语言爱好者共同探索。下面具体介绍三大社区网站：COS 中文论坛、Stack Overflow 和 GitHub。

1. COS 中文论坛

这是统计之都旗下的论坛网站（d. cosx. org），它同其主站（cosx. org）一起，是一个致力于推广与应用统计学知识的网站和社区。统计之都最初由谢益辉于 2006 年创办，现由世界各地的众多志愿者共同管理维护。图 1 - 47 展示的是该论坛的主页。如果你有问题，可以先在该论坛查找与自己的问题相关的帖子，看是否有人问过类似的问题，或者进入讨论区（见图 1 - 48），按主题分类查找答案。

图 1 - 47　COS 论坛主页

图 1 - 48　COS 论坛讨论区首页

2. Stack Overflow

Stack Overflow 是一个专业的编程问答类网站，任何人都可以在上面提出各种技术难题，热心的专业人员会尝试解答，其他观众可以通过点赞把优质回答推到前面，这就让我们在查询时可以快速看到优质解答，十分方便。图 1-49 就是它的主页，大家遇到问题时，直接把问题的相关关键字输入搜索框就可以了。

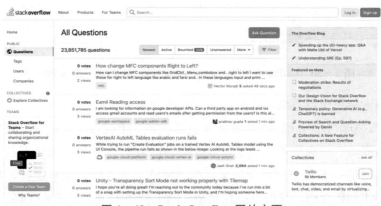

图 1-49　Stack Overflow 网站主页

3. GitHub

简单地说，GitHub 是一个网上的代码托管工具。在这里，大家可以共享项目代码，并且互相提问、批注以及修改等。你可以学习别人做项目的完整代码，还可以把你自己的项目代码放上去，让全世界的人帮你修改和完善。

根据上面的介绍，GitHub 上最富有的是各类项目、方法的程序示例，如果我们想开发一个项目或者想使用某种方法实现功能却又不知道从何入手时，就可以在这里搜索，看相关 demo，获取灵感。比如狗熊会曾经推出一期直播节目《逆天的探索性数据分析 你值得拥有》，听友如果想了解在这个领域有没有可供自己直接使用的现成代码块，就可以在 GitHub 中输入 "R Exploratory Data Analysis"，然后点击回车键即可看到如图 1-50 所示的搜索结果。

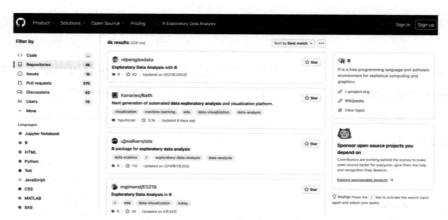

图 1 - 50　GitHub 中 "R Exploratory Data Analysis" 的搜索结果

搜索结果包罗万象。比如图 1 - 50 中的第一个链接是图书 *Exploratory Data Analysis with R* 的配套 R 资源。第二个链接是可以提供全自动数据探索能力、一键即可生成动态数据报表的数据分析和可视化工具。第三个链接则是一个 R 语言包，如果你想了解这个语言包，点开链接，仔细阅读 README 文档，就可以得到如图 1 - 51 和图 1 - 52 所示的代码块。

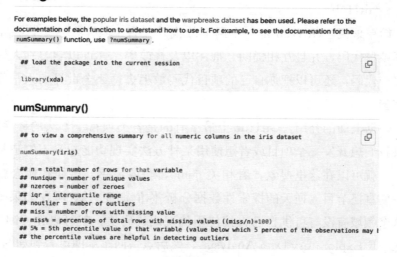

图 1 - 51　GitHub 代码块示例（1）

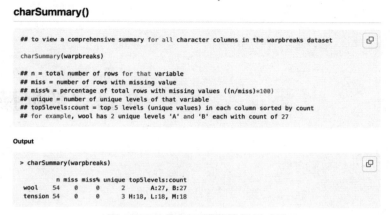

图 1-52 GitHub 代码块示例（2）

1.3.4 社区提问的技巧

在 R 语言社区中，我们常常发现：许多人遇到问题积极求助论坛，但有时发帖无数，收获甚少，甚至即使有人回答，答案也跟问题一样笼统，没有多少指导意义。

此时，不要埋怨这个世界上高手都傲慢，事实上，很多高手并不傲慢，只是对那些懒于动脑的"伸手党"才傲慢。所以自己要先做好充足的搜索功课，既尊重了别人的时间，又会让你在搜索过程中不断明确自己的问题细节，自学能力得到提升。

当然，关于如何提问也有很多技巧。Stack Overflow 上有专门教大家如何更好求助的小技巧（http://stackoverflow.com/questions/ask/advice）。想要更高水平地提问，不妨读一读 *How To Ask Questions the Smart Way* 这本书，该书专门细讲了在网络时代如何聪明地求助才能让高手愿意回答。

第 2 章/*Chapter Two*

R 语言数据操作

2.1　R 中的数据类型

2.1.1　基本数据类型

第 1 章介绍了 R 语言的概貌，下面将以一个简单的电影票房实际数据为例，介绍在实际数据处理中 R 语言的基本类型和基本操作。

1.热门电影数据集简介

在电影的宣传期，往往能看到其主演、导演频频现身各大头条，吸引看客眼球，最后的落脚点往往是"祝×××电影票房大卖"。虽然观影习惯已经开始慢慢养成，电影的方方面面也成为人们茶余饭后的谈资，但你是否想过通过数据的形式统计一下电影的基本信息呢？比如，本月上映了几部电影，动作戏偏多还是喜剧为主，主演是不是当红花旦等，这些信息都可以通过简单的 R 语言操作来一一获得。这里从网络上收集了 19 部热门电影共 10 个变量的基本信息，我们将以此为例说明如何在 R 语言中进行相关操作。

数据来源于中国电影发行放映协会（http://www.chinafilm.org.cn）、豆瓣电影（https://movie.douban.com）、百度指数（http://index.baidu.com）等网站（见图 2-1），图 2-2 和图 2-3 展示了电影《火锅英雄》的

一些基本情况。

图 2-1　中国电影发行放映协会电影月度上映数据

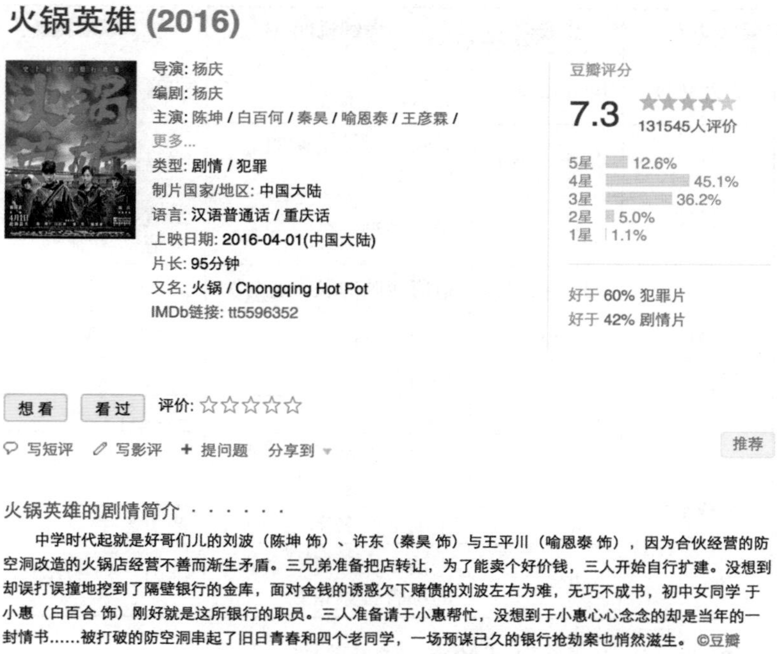

火锅英雄 (2016)

导演: 杨庆
编剧: 杨庆
主演: 陈坤 / 白百何 / 秦昊 / 喻恩泰 / 王彦霖 /
更多...
类型: 剧情 / 犯罪
制片国家/地区: 中国大陆
语言: 汉语普通话 / 重庆话
上映日期: 2016-04-01(中国大陆)
片长: 95分钟
又名: 火锅 / Chongqing Hot Pot
IMDb链接: tt5596352

豆瓣评分

7.3　★★★★
131545人评价

5星　12.6%
4星　45.1%
3星　36.2%
2星　5.0%
1星　1.1%

好于 60% 犯罪片
好于 42% 剧情片

想看　看过　评价: ☆☆☆☆☆

💬 写短评　✎ 写影评　➕ 提问题　分享到 ▾

推荐

火锅英雄的剧情简介 · · · · · ·
　　中学时代起就是好哥们儿的刘波（陈坤 饰）、许东（秦昊 饰）与王平川（喻恩泰 饰），因为合伙经营的防空洞改造的火锅店经营不善而渐生矛盾。三兄弟准备把店转让，为了能卖个好价钱，三人开始自行扩建。没想到却误打误撞地挖到了隔壁银行的金库，面对金钱的诱惑欠下赌债的刘波左右为难，无巧不成书，初中女同学 于小惠（白百合 饰）刚好就是这所银行的职员。三人准备请于小惠帮忙，没想到于小惠心心念念的却是当年的一封情书……被打破的防空洞串起了旧日青春和四个老同学，一场预谋已久的银行抢劫案也悄然滋生。©豆瓣

图 2-2　电影《火锅英雄》豆瓣主页

图 2-3　《火锅英雄》主演百度指数

详细的数据变量说明如表 2-1 所示。

表 2-1　数据变量说明

变量类型		变量名	详细说明	取值范围
影片部分	影片热度	boxoffice	上映三个月之内实现的票房（万元）	[924.9，338 583.3]
	属性	doubanscore	豆瓣上对该电影的评分数据	[3.4，8.0]
		type	影片类型	爱情、动作、犯罪、剧情、喜剧
		duration	电影放映时长（分钟）	[84，131]
	档期	showtime	电影上映时期	[2016/2/8，2016/5/6]
导演、演员部分	导演基本信息	director	导演名字	导演名字
	主演基本信息	star1	主演 1 的名字	演员名字
		index1	主演 1 在最近一个月的综合搜索指数	[178，181 979]
		star2	主演 2 的名字	演员名字
		index2	主演 2 在最近一个月的综合搜索指数	[521，77 260]

部分数据示例如表 2-2 所示。

表 2 - 2　数据示例

name	type	showtime	doubanscore	boxoffice	…
叶问 3	动作	2016/3/4	6.4	77 060.44	…
美人鱼	喜剧	2016/2/8	6.9	338 583.26	…
女汉子真爱公式	喜剧	2016/3/18	4.5	6 184.45	…
西游记之孙悟空三打白骨精	喜剧	2016/2/8	5.7	119 956.51	…
澳门风云 3	喜剧	2016/2/8	4.0	111 693.89	…
功夫熊猫 3	喜剧	2016/1/29	7.7	99 832.53	…
北京遇上西雅图之不二情书	喜剧	2016/4/29	6.5	78 341.38	…
谁的青春不迷茫	爱情	2016/4/22	6.4	17 798.89	…
睡在我上铺的兄弟	爱情	2016/4/1	5.0	12 561.55	…

当把表 2 - 2 这个数据集第一次读入 R 中时，它会以数据框（data. frame）的形式存储，我们把这个数据框命名为 movie。数据框是类似于 Excel 里常见的表格一样的对象，具体的定义和内容后面介绍。下面就从这个简单的数据集出发，依次介绍 R 中的各种数据类型。

2. 基本数据类型介绍

（1）数值型（numeric）。数值型变量很简单，统计教材中的定量数据就是 R 中的数值型数据。比如数据集中的 doubanscore，boxoffice 等就是这类数据。通常，当用符号"＜－"或者"＝"给一个变量赋予数字时，就默认生成数值型数据。在 R 中，我们可以使用 class 函数来显示出一个数据对象的数据类型，数值数据在 R 中的名称即为 numeric①。

---

① 其中 movie $ "boxoffice"的含义是将 movie 数据集中的 boxoffice 这一列取出，这是"数据框"这种数据类型的一种引用方式，下文均类似。

```
# 电影数据示例
class(movie$"boxoffice"); class(movie$doubanscore)
## [1] "numeric"
## [1] "numeric"
# 自己为变量赋一个数值
a = 2; class(a)
## [1] "numeric"
```

这种数据类型虽然看似简单，但不可大意，有时会出现状况。比如，下面几个命令会输出什么结果呢？

$$exp(1000)$$
$$-10/0$$
$$exp(1000)/exp(990)$$
$$exp(10)$$

答案如下：

```
exp(1000)  # 正无穷
## [1] Inf
-10 / 0  # 负无穷
## [1] -Inf
exp(1000) / exp(990)  # NaN类型
## [1] NaN
exp(10)
## [1] 22026.47
```

出现这种结果，其实是因为数值类型中还包含几种特殊情况：正无穷（Inf）、负无穷（-Inf）以及 NaN 即非数值（Not a Number）。R 会把所有超过电脑存储限制的数字当作正无穷，一般来说这个限制大约为 1.8×10^{38}。一旦算式中有正无穷或者负无穷的子项出现，结果就很可能是无穷或者 NaN 型的数。比如上面命令的第三项，两个指数相除并不会给出 exp(10) 的答案，而是 NaN，这一点一定要多加留意。

（2）字符型（character）。字符型变量从字面上很好理解，就是用来储存文字的，比如数据集中的 director，star1 就是这种类型，然而未必都是如此。首先，不是文字的也可能是字符型，比如：

```
# 字符的定义
a = "2"
class(a)
## [1] "character"
```

其次，文字也许并不是字符型。比如前面提到的电影数据集中，name，type 等变量看起来都是文字，但如果导入 R 时不加特别设置，很可能会得到如下结果：

```
# 判断电影数据集中，变量"type"，"name"是不是字符型变量
class(movie$type)
## [1] "factor"
class(movie$name)
## [1] "factor"
```

以为是字符型的，其实它是因子（因子类型，后面详解）。

字符型数据到底是什么呢？首先，简单来说，用单引号或双引号定义的就是字符型（注意是英文格式的引号），所以，在不是文字的也可能是字符型的例子中，由于 2 上面加了双引号，所以它就被 R 识别为字符型，而不是数值；其次，大多数情况下，文字就是字符型数据，但是当一串文字被放在一个数据框中读进 R 时，它就极易被自动转换为因子型数据。混淆数据类型会带来什么问题呢？它们的区别主要在数据运算、字符存储上。如感兴趣，不妨试试在 R 中输入"1"+"1"，看看得到什么结果，体会一下其中的区别。所以，看到大数据表（数据框）中的文字时一定要注意，它很可能默默地欺骗了你的眼睛。

（3）逻辑型（logical）。逻辑型数据取值很有限，只有 TRUE 和 FALSE

两个值，但它的作用却不可小觑。它常常出现在各种条件设定语句中，比如 if 条件语句中，或是在选取某些符合条件的数值时，都暗含着逻辑型数据的产生。最简单的，当进行一个条件判断时，就会产生逻辑型的数据结果。另外，逻辑型的结果还可以进行加减运算，原因就是 TRUE 在 R 中对应数字 1，FALSE 对应数字 0，因此 TRUE 和 FALSE 两个值便可类似数字进行加减计算。

```
movie$type[movie$name == "美人鱼"] == "喜剧"
## [1] TRUE
# 想在数据集中挑选大于7分的喜剧电影name?
movie$name[movie$type == "喜剧" & movie$"doubanscore" > 7]
## [1] "功夫熊猫3"
# 逻辑语句加减
(1 == 2) + (3 < 4)
## [1] 1
```

（4）因子型（factor）。

1）什么是因子型数据？因子型数据通常用命令 factor() 来定义。

```
(genders = factor(c("男", "女", "女", "男", "男")))
## [1] 男 女 女 男 男
## Levels: 男 女
```

这里，因子型数据转换为字符型数据分为两步：第一步区分字符有几类，形成类型到整数的映射；第二步将原字符按照整数形式存储。具体过程如图 2-4 所示。

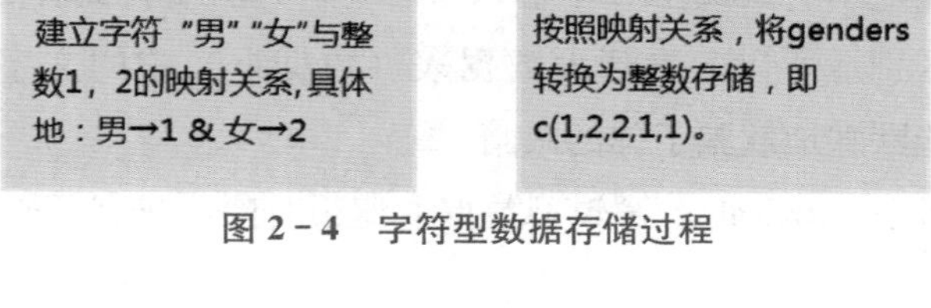

STEP I

建立字符 "男" "女" 与整数1，2的映射关系，具体地：男→1 & 女→2

STEP II

按照映射关系，将genders转换为整数存储，即c(1,2,2,1,1)。

图 2-4 字符型数据存储过程

或许你会问，这个因子存储的不就是名义型变量吗？那举一反三，可不可以存储有序型变量呢？答案是肯定的。有序型变量就是带有顺序的名义型变量，因此只需把 factor() 中的 ordered 参数设置好就可以了。

```
(class = factor(c("Poor", "Improved", "Excellent"), ordered = T))
## [1] Poor     Improved Excellent
## Levels: Excellent < Improved < Poor
```

仔细观察有序型因子和普通因子类型的区别，可以发现 levels 的显示等级有顺序了，这时它内部的存储方式是 1＝Excellent，2＝Improved，3＝Poor。那么电脑怎么知道我们想要的排列逻辑是什么样的呢？没错，电脑并不知道，它只是按照默认的字母顺序创建，这里仅仅是因为首字母顺序恰好与我们的逻辑顺序相同而已。

2）如何改变因子型数据各水平的编码顺序？如果按照字母排的顺序不是我们想要的逻辑顺序怎么办呢？同样好解决，只要设置 factor() 的 levels 参数即可。仔细思考，什么时候会用到因子但又不满意因子水平的排列顺序呢？举个例子，画分组箱线图时，可能会发现几个箱子的排列顺序不对劲或者不满意，这其实就是因为因子的水平定义顺序不当，这时就可以通过 levels 参数改变因子水平编码方式，从而让分组箱线图按照设想排列好。

```
(class = factor(c("Poor", "Improved", "Excellent"), ordered = T,
                levels = c("Poor", "Improved", "Excellent")))
## [1] Poor     Improved Excellent
## Levels: Poor < Improved < Excellent
```

3）如何将因子型和字符型数据互相转换？前面提到，当读入一个数据表格（数据框）时，如果不做任何处理，软件会自动把字符型变量变成因子型变量。如果我们需要自己操作，如何才能实现字符型和因子型数据的自由转换？转换后对象所需内存有何变化？又是在什么情况下需要把字符型变成因子型呢？

首先是字符型和因子型数据的自由转换，秘诀是一类 as. 函数。as. factor()可以把其他类型数据转换成因子型；as. character()可以把其他类型数据转换成字符型。另外，is. 类函数可以查看数据类型是不是你想要的那种，仔细研读以下代码：

```
# 输入原始字符变量
a11 = c("男", "女", "女", "男", "男")
# 将字符型变量变成因子型
gender = as.factor(a11)
# 变换后的数据类型
is.factor(gender)
## [1] TRUE
class(gender)
## [1] "factor"
# 将因子型变量变成字符型
genders = as.character(gender)
# 变换后的数据类型
is.character(genders)
## [1] TRUE
class(genders)
## [1] "character"
```

其次是切换后对象大小的变化。一般来说，如果字符串包含的水平较少（比如男、女），那么因子型数据会比字符本身更节省空间，但如果字符串包含的水平很多（比如电影名称），转换成因子型数据反而会占用更多空间（在数据量较大时尤其严重）。如感兴趣，可采用 object. size()函数进行观察。

最后是什么时候需要把字符型数据转换成因子型数据。前面提到，R 中的"因子"实际对应的是定性和定序变量，因此如果需要这两种类型的变量出现，就可以考虑把字符型变成因子型。比如，在作图中需要对数据分组，用来分组的变量就应该变成因子型；需要做包含定性变量的回归模型，定性变量就要变成因子型进入模型……这些都是因子型数据的用武之地。

（5）时间型数据（Date/POSIXct/POSIXlt）。实际上，时间型数据并不是一种单独的数据类型，然而在很多实践项目中，时间型数据曝光率极高。

通常，时间型数据是以字符串形式输入 R 中的，因此首先需要把这些字符转换成 R 可以识别的时间型数据。R 语言的基础包中提供了两种类型：一类是 Date 日期数据，它不包括时间和时区信息；另一类是 POSIX-ct/POSIXlt 类型数据，其中包括日期、时间和时区信息。下面分别介绍这两类数据如何从字符转换过来以及后续可进行的操作。

1）将字符转换成 Date 日期格式。所谓 Date 日期数据，就是精确到日的时间形式。一般来说，用 as. Date()函数转换时需要通过参数 format 指定输入字符的格式（包括年月日排列的顺序及表达方式），该函数默认可自动识别以斜杠（2017/12/23）和短横线（2017‐12‐23）相连接的年月日格式，并统一转换为以短横线连接的输出形式。例如对前面给出的 movie 数据集中的 "showtime" 进行转换，代码如下：

```
head(movie$showtime)
## [1] "2016/3/4" "2016/2/8" "2016/3/18" "2016/2/8" "2016/2/8" "2016/1/29"
class(movie$showtime)
## [1] "character"
movie$showtime = as.Date(movie$showtime)
head(movie$showtime)
## [1] "2016-03-04" "2016-02-08" "2016-03-18" "2016-02-08" "2016-02-08"
## [6] "2016-01-29"
class(movie$showtime)
## [1] "Date"
```

如果对于特殊形式不指定 format 或者指定错误，R 就会报错。表 2‐3 是 format 对应法则和一个小示例。

表 2‐3　日期格式示意表

符号	含义	示例
%d	day as a number（0~31）	01~31
%a	abbreviated weekday	Mon

续表

符号	含义	示例
％A	unabbreviated weekday	Monday
％m	month（00～12）	00～12
％b	abbreviated month	Jan
％B	unabbreviated month	January
％y	2-digit year	07
％Y	4-digit year	2007

```
> x <- c("1jan1960", "2jan1960", "31mar1960", "30jul1960")
> y <- as.Date(x)
Error in charToDate(x)：字符串的格式不够标准明确
> y <- as.Date(x,format="%d%b%Y")
> y
[1] "1960-01-01" "1960-01-02" "1960-03-31" "1960-07-30"
```

小功课：如何将一个数字变成日期型数据？可参阅 help(as. Date())。

2）将字符转换成 POSIXct/POSIXlt 时间格式。所谓 POSIXct/POS-IXlt 时间格式，其实就是精确到秒级的时间戳。当我们周围智能化设备、传感器越来越多时，很多数据都可以精确记录到秒级。一个典型的例子就是车载记录仪，它会每秒实时记录你开车行驶的速度、方向等信息，这样的数据就是每秒采集上传并记录的。那么对于这样的数据，该怎样转换呢？可以使用另一个类似的函数：as. POSIXct()。

这个函数的使用方法和 as. Date()类似，同样需要定义好被转换字符的 format 才能被正确识别转换。与 as. Date()相同的是，默认可以转换的格式仍然是 2017/12/23 01:20:34 或者 2017－12－23 01:20:34 这两种，其他格式都需要自行对照表 2－3 来具体指定，否则 R 语言就会"罢工"。

```
> as.POSIXct("2015-11-27 01:30:00")
[1] "2015-11-27 01:30:00 CST"
> as.POSIXct("November-27-2015 01:30:00")
Error in as.POSIXlt.character(x, tz, ...)：字符串的格式不够标准明确
> as.POSIXct("November-27-2015 01:30:00",format="%B-%d-%Y %H:%M:%S")
[1] "2015-11-27 01:30:00 CST"
```

3）将时间数据转换成你想要的形式。从前面内容可知，as. Date（）和 as. POSIXct（）函数中的参数 format 并不能任意设置，只有输入与字符显示相匹配的格式才能有效识别转换。

如果想要其他格式输出的时间数据该如何操作呢？函数 format（）就可以用来更改时间数据的输出格式，甚至还可以提取你想要的一个部分。比如，如果想知道电影是什么月份哪一周上映，应该如何提取呢？下面分别以前面提到的 movie 数据集中的电影上映时间 showtime、系统时间两种类型为例，见证一下 format（）的神奇力量。

```
(m = head(movie$showtime))   # 原始日期数据
##  [1] "2016-03-04" "2016-02-08" "2016-03-18" "2016-02-08" "2016-02-08"
##  [6] "2016-01-29"
format(m,format = "%B %d %Y")   # 改成月日年的格式
##  [1] "March 04 2016"    "February 08 2016" "March 18 2016"
##  [4] "February 08 2016" "February 08 2016" "January 29 2016"
format(m,format = "%B %d %Y %A")   # 加入星期信息
##  [1] "March 04 2016 Friday"    "February 08 2016 Monday"
##  [3] "March 18 2016 Friday"    "February 08 2016 Monday"
##  [5] "February 08 2016 Monday" "January 29 2016 Friday"
format(m,format = "%B")   # 只提取出月份信息
##  [1] "March"    "February" "March"    "February" "February" "January"
Sys.time()   # 输出系统时间
##  [1] "2018-07-31 19:46:14 CST"
class(Sys.time())   # 查看时间类型
##  [1] "POSIXct" "POSIXt"
format(Sys.time(), format = "%B %d %Y")   # 提取部分时间信息
##  [1] "July 31 2018"
format(Sys.time(), format = "%Y/%B/%a %H:%M:%S")   # 提取部分时间信息
##  [1] "2018/July/Tue 19:46:14"
```

4）一款处理时间数据的专用包：lubridate。以上介绍的都是 base 基础包中自带的函数，下面再来介绍一款专门高效处理时间数据的包 lubridate。这是一个实践中口碑极佳的数据预处理包。

lubridate 包主要有两类函数：一类处理时点数据；另一类处理时段数据。它不仅功能强大，而且相应函数也很直观易懂，比如把字符转换成时

间类型，根本不需要输入匹配的 format 参数；再如提取时间数据细节，也只是一个函数即可，不附带任何参数。下面的代码就是一个典型的例子，更多内容可见 lubridate 的帮助文档。

```
library(lubridate)
x = c(20090101, "2009-01-02", "2009 01 03", "2009-1-4", "2009-1,5", "Created on 2009 1 6", "200901 !!! 07")
ymd(x)
## [1] "2009-01-01" "2009-01-02" "2009-01-03" "2009-01-04" "2009-01-05"
## [6] "2009-01-06" "2009-01-07"
mday(as.Date("2015-11-20"))
## [1] 20
wday(as.Date("2015-11-20"))
## [1] 6
hour(as.POSIXct("2015-11-20 01:30:00"))
## [1] 1
minute(as.POSIXct("2015-11-20 01:30:00"))
## [1] 30
```

5）时间型数据的操作。在字符型数据被转换成"正统"的时间型后，便可以进行后续的操作和建模了。以下介绍两类常见的基本操作。

①做差。如果想看两个日期之间相差多久，可以直接把两个数据做减法，也可以用 difftime() 函数提取。

```
# 求任意两个日期距离的天数
begin = as.Date("2016-03-04")
end = as.Date("2016-05-08")
(during = end - begin)
## Time difference of 65 days
# 求任意两个日期距离的周数和小时数
difftime(end, begin, units = "weeks")
## Time difference of 9.285714 weeks
difftime(end, begin, units = "hours")
## Time difference of 1560 hours
```

②排序。由于时间型数据本质上是用数值形式存储，因此它可以按类似数值方式进行排序。比如想看一下按照上映时间先后顺序排列的影片分别如何，可以参考对"单列时间数据"和"依照时间对整个数据表"进行排序的示范。

```
head(movie$showtime)
## [1] "2016-03-04" "2016-02-08" "2016-03-18" "2016-02-08" "2016-02-08"
## [6] "2016-01-29"
head(sort(movie$showtime))
## [1] "2016-01-29" "2016-02-08" "2016-02-08" "2016-02-08" "2016-03-04"
## [6] "2016-03-18"
# 对数据表格中的数据按照时间顺序排列，这里只选取前6行，部分列做展示
head(movie[order(movie$showtime), c("name", "showtime")])
##                    name   showtime
## 6            功夫熊猫3 2016-01-29
## 2              美人鱼 2016-02-08
## 4 西游记之孙悟空三打白骨精 2016-02-08
## 5            澳门风云3 2016-02-08
## 1              叶问3 2016-03-04
## 3        女汉子真爱公式 2016-03-18
```

2.1.2 向量

前面介绍了 R 中的数据类型，包括数值型、字符型、因子型等，下面开始介绍数据结构。数据类型和数据结构有什么区别呢？简单地说，如果把一个个数据元素比作一块块砖头的话，那么数据类型就是说砖是圆形的还是方形的，主要针对的是砖本身的特性；而数据结构则表示盖房时砖头是怎样排列的，是横着排还是竖着排，是要垒成一个面还是一个体，主要着眼于砖头的排列组织方式。这里要讲的数据结构也类似，它更倾向于表达的是数据元素组织在一起的方式。

总体来说，R 中常用的数据结构有四种：向量、矩阵、数据框和列表，不同的数据结构能够存储的数据类型不同，用来处理的函数也有很大差别。向量是用于存储同一种类型数据的一维数组，是所有数据结构中最基础的形式。它的存储方式如图 2-5 所示，每个格子存储同种类型（比如，这里是字符型）的元素。下面就通过向量的基本操作和常见类型两部分详细讲解。

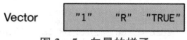

图 2 - 5　向量的样子

1. 基本操作

（1）创建。一般来说，采用函数 c() 即可完成向量的创建，只要在括号中输入每个向量元素就可以了；同时，它还可以把两个向量组合成一个。如果知道向量是以什么规律排列的，也可以按照规律生成向量。比如，创建的向量是等差数列的，就可以使用 seq() 函数；创建从 a 到 b 的连续整数，使用 a：b 就可实现；从一串数字中随机抽取几个数，使用 sample() 函数就可完美实现；用字符串的粘贴功能函数 paste0()，可以把字符和数字有规律地组合起来（比如，当批量命名变量时）。具体示例如下：

```
c(1, 1, 1, 2, 3, 3, 1, 2, 4, 1, 2, 4, 4, 2, 3, 4, 1, 2, 3, 4)
##  [1] 1 1 1 2 3 3 1 2 4 1 2 4 4 2 3 4 1 2 3 4
c("a", "b", "c", "d")
##  [1] "a" "b" "c" "d"
# seq(起始值，终止值，步长)
seq(0, 10, by = 2)
##  [1]  0  2  4  6  8 10
1:10
##  [1]  1  2  3  4  5  6  7  8  9 10
# sample(被抽取的数据集合，抽取数量)
set.seed(1234)
sample(1:10, 5)
##  [1] 2 6 5 8 9
paste0("x_", 1:5)
## [1] "x_1" "x_2" "x_3" "x_4" "x_5"
```

（2）引用。要从一个数据串中提取出其中一部分元素，在方括号中指定元素所处的位置即可调用。然而更多遇见的情形是：只知道想要哪个元素，却不知道它在"哪里"，这时可以通过 which() 函数来实现。另外，which. max() 和 which. min() 还可以直接获取最大值和最小值的位置，是个很方便的定位操作（向量是很多数据结构的基础，之后介绍的数据框、列表结构中也会大量使用）。

```
# 引用x向量中的第5个元素
x=c(1, 1, 1, 2, 3, 3)
x[5]
## [1] 3
# 想看看x向量中3所在的位置
which(x == 3)
## [1] 5 6
which.max(x)
## [1] 5
which.min(x)
## [1] 1
```

（3）集合运算。一个向量可以看作数学中的一个集合，因此自然可以对其进行许多常见的集合运算。这部分最常用的是以下三个：求交集 intersect()；求并集 union()；求差集 setdiff()。

```
intersect(c(1, 2, 3, 3, 12, 4, 123, 12), c(1, 2, 3))
## [1] 1 2 3
union(c("狗熊会", "聚数据英才"), c("狗熊会", "助产业振兴"))
## [1] "狗熊会"    "聚数据英才" "助产业振兴"
setdiff(10:2, 5:3)
## [1] 10 9 8 7 6 2
```

这几个函数虽然平淡无奇，但在有些场合的巧妙使用能大幅提升处理大型数据集的效率。

以上就是一些向量的通用操作命令，下面将针对两种常见类型——数值向量和字符向量，详细讲解适合它们各自特点的操作技法。

2.常见类型

（1）数值向量。处理数值向量有很多函数。表 2-4 中罗列了常用的函数及其简单用法。下面主要对最容易混淆和特色功能比较隐蔽的函数进行介绍，这些函数也是在数据分析中常用的函数。

表 2-4　数值向量常用函数说明表

小函数	完成功能	使用示例	输出结果
length	提取向量的长度	length(1:10)	10

续表

小函数	完成功能	使用示例	输出结果
max	提取向量中的最大值	max(1:10)	10
min	提取向量中的最小值	min(1:10)	1
mean	提取向量的平均值	mean(1:10)	5.5
median	提取向量的中位数	median(1:10)	5.5
quantile	提取向量的分位数	quantile(1:10, prob＝seq(0,1,0.25))	1.00 3.25 5.50 7.75 10.00
sort	将向量重新排序	sort(10:1)	1:10
rank	返回向量的秩，即该向量中数字的大小次序	rank(10:20)	1 2 3 4 5 6 7 8 9 10 11
order	返回向量升序排序后的数字在原数据中的位置	order(c(1,6,4,5,3))	1 5 3 4 2
match	在一个向量 x 中逐个查找另一个向量 y，并返回在 y 中匹配的位置，若无返回 NA	match(1:5,1:3)	1, 2, 3, NA, NA
cut	将数值型数据分区间转换成因子型数据，即将数值型数据离散化	cut(1:6, breaks＝c(0,3,6))	(0, 3] (0, 3] (0, 3] (3, 6] (3, 6] (3, 6]

下面具体介绍两个特色功能很隐蔽的函数：match()和 cut()。

```
# match函数
x = c(1, 1, 1, 2, 3, 3, 1, 2, 4, 1, 2, 4, 4, 2, 3, 4, 1, 2, 3, 4)
(y = letters[x])  # letters是一个内置字符串，里面存储26个字母字符
##  [1] "a" "a" "a" "b" "c" "c" "a" "b" "d" "a" "b" "d" "d" "b" "c" "d" "a"
## [18] "b" "c" "d"
match(y, letters[1:4])
##  [1] 1 1 1 2 3 3 1 2 4 1 2 4 4 2 3 4 1 2 3 4
```

很明显，match()函数可为我们在 y 中找到 x 的元素所对应的位置，这在做两个对象匹配时很有用。上面的例子是什么意思呢？x 是一组整数向量，letters 是从 a 到 z 的 26 个字母向量，因此 letters[x]实际上完成了一件什

么事呢？就是把 letters 对应位置的字母取出来了。再来看 match 一行代码的过程是什么意思呢？是来看看，y 中的每个字母分别在 letters[1:4]（即 a，b，c，d）的哪一位呢？然后 R 返回结果告诉我们，分别在第 1 位，第 1 位，第 1 位，第 2 位……这样你就能够理解 match 的具体匹配过程了吧。

另一个函数 cut( ) 则可以帮我们完成一项数据分析的重要功能——连续数据离散化，也就是把连续型数据变成离散的定性数据来参与建模。用好 cut( ) 函数，就可以省去自己用条件语句转换的麻烦。下面的代码完成了一个什么功能呢？Age 是一个由整数组成的向量，然后 cut( ) 函数的意思是，将 Age 的每个整数转换成对应的标签。怎么转换呢？将 20～30 岁分为一组，标记为壮年；30～50 岁分为一组，标记为中年；50～70 岁为一组，标记为长辈；70～100 岁为一组，标记为老年。这样，原始的 Age 数值数据就变成了由标签组成的"因子"类型的向量了。

```
# cut函数
(Age = sample(21:100, 20, replace = T))
##  [1] 72 21 39 74 62 76 64 43 94 44 87 43 42 35 39 46 45 33 24 38
# 将年龄数据离散化
label = c('壮年', '中年', '长辈', '老年')
(ages = cut(Age, breaks = c(20, 30, 50, 70, 100), labels = label))
##  [1] 老年 壮年 中年 老年 长辈 老年 长辈 中年 老年 中年 老年 中年 中年 中年
## [15] 中年 中年 中年 中年 壮年 中年
## Levels: 壮年 中年 长辈 老年
```

下面再来看两个最容易混淆的函数：sort( ) 和 order( )。

```
# sort和order函数
set.seed(1234)
(x = sample(8, 5))
## [1] 1 5 4 6 7
sort(x)
## [1] 1 4 5 6 7
order(x)
## [1] 1 3 2 4 5
x[order(x)]
## [1] 1 4 5 6 7
```

从以上操作可以看出，通过 sample() 抽样得到的 x 为 1 5 4 6 7。sort() 函数简单，就是把一个向量排序，默认是递增顺序，这里得到的结果是：1 4 5 6 7。如果想得到递减顺序，可以设置 decreasing＝T。order() 函数的逻辑则稍复杂些：它能够输出把原向量升序排序后（也就是得到：1 4 5 6 7 后），每个排序后数据在原始向量中的位置。如在本例中，order() 函数每个输出的含义是：最小值 1 在原始向量 x 中位于第 1 个，因此 order() 函数的输出结果中第一个元素就是 1，而次小值 4 在原始向量 x 中位于第 3 个，因此 order() 函数的输出结果中第二个元素就是 3，依次类推。因此，命令 x[order(x)] 的实现效果跟 sort(x) 一样。

相对于 sort()，order() 的功能差不多，但明显难懂一些，那么 order() 是不是用处就不大呢？下面给一个场景，在操作 Excel 时常用一个功能：对一个数据表，先按 x 列排序，排好后再按 y 列排序，甚至还得按 z 列再排次序，这类有先后的复杂排序功能在 R 中如何实现呢？此时就可以通过 order() 函数来实现，具体的操作将在介绍数据框时详细讲解。

（2）字符向量。字符这种变量类型不同于数值，它有很多独有的特征，处理时需要用专用函数来实现。先拿单独一个字符对象来说，就有很多独特性，比如我们通常不太会对一个数值求它的长度，但对一个字符，很可能就需要了解它的长度。

```
# nchar用来提取字符串的长度
nchar("欢迎关注狗熊会")
## [1] 7
# 看看数据集中的电影名字的长度分别是多少
nchar(movie$name)
## [1] 3 3 7 12 5 5 12 7 8 4 5 7 4 4 6 4 4 3 2
# 中英文的字符长度计算方法有所不同
nchar("Welcome to follow the CluBear")
## [1] 29
```

既然有了长度，就可以对字符进行切分，提取出一个子字符串，这时会使用到的函数是 substr()，具体用法是 substr("char", begin_position, end_position)。示例如下：

```
# substr提取子字符串
substr("欢迎关注狗熊会", 1, 4)
## [1] "欢迎关注"
substr("一懒众衫小", 3, 5)
## [1] "众衫小"
```

切分可以让字符变小，要想让字符变大就要用到另一个粘贴函数 paste()，这个函数可以把一个向量的各个元素粘起来，也可以把多个向量对应位置上的元素统一粘起来。示例如下：

```
# paste基本玩法
paste(c("双11", "是个", "什么节日"), collapse = "")
## [1] "双11是个什么节日"
paste("A", 1:4)
## [1] "A 1" "A 2" "A 3" "A 4"
```

需要注意的是，collapse 是用来给结果的各个元素加连接符的参数。当然除了 collapse，还有另外一个连接参数 sep。观察以下结果，看是否能体会参数 collapse 和 sep 的区别。

```
# paste花式玩法
paste(1:4, collapse = "")
## [1] "1234"
paste(1:4, sep="")
## [1] "1" "2" "3" "4"
paste("A", 1:4, sep="_")
## [1] "A_1" "A_2" "A_3" "A_4"
```

collapse 可以把一个向量内部的元素粘连起来，而 sep 则适用于把不同向量分别粘起来，所以它在上面代码的第二行命令中其实并没有起什么作用。

为了进一步熟悉这两个参数的区别，读者可以尝试是否能从下面的命令看出它们的实现结果。

```
paste(LETTERS[1:4], 1:4,collapse = "_")
paste(LETTERS[1:4],1:4,sep = "_",collapse = "|")
paste(LETTERS[1:4], 1:4)
```

下面再介绍一下大家最关注的查找替换函数，这个在 Office 里非常热门的功能可快速扫描大量文本查找特定的字符。在 R 中，用来查找的函数是 grep()，用来替换的函数是 gsub()，基本用法非常简单，可以参考以下例子：

```
txt = c("狗熊会", "CluBear", "双11", "生日")
# 返回含有关键字的字符位置
grep("Bear", txt)
## [1] 2
gsub("生日", "happy birthday", txt)
## [1] "狗熊会"        "CluBear"        "双11"        "happy birthday"
```

grep() 和 gsub() 的用法虽然简单，但却是清洗数据必备函数。设想几个场景。近年来，青春片热度超前，那么在前面提到的电影数据集中，青春片的票房表现如何呢？最简单的方法是，通过 grep() 提取片名含有"青春"的进行观测，就能一目了然了。

```
# grep返回movie的name中包含"青春"的行号8, movie[8, ]即提取出movie数据集的第8行
(index = grep("青春", movie$name))
## [1] 8
(young = movie[index, ])
##              name boxoffice doubanscore type duration  showtime director
## 8 谁的青春不迷茫  17798.89         6.4 爱情      108 2016/4/22   姚婷婷
##     star1 index1 star2 index2
## 8 白敬亭  14759 郭姝彤    755
# 看看它的豆瓣评分和票房处于我们电影数据集中的什么位置
young$doubanscore > mean(movie$doubanscore)
## [1] TRUE
young$boxoffice > mean(movie$boxoffice)
## [1] FALSE
```

从以上命令可以看出，电影数据集中的青春片是改编自刘同同名小说的《谁的青春不迷茫》，它在 3 个月内达到了近 1.78 亿元的票房，豆瓣评分 6.4。我们再通过简单的逻辑比较命令就能马上获知，在电影数据集中，

这部影片的票房在均值之下，但豆瓣得分在平均水平以上。

再比如，目前，数据分析师这个职业炙手可热，大家对其可观的收入也是众说纷纭。假如我们获得了 5 个数据分析师年薪统计的一手资料，想看看收入的平均值和中位数如何，可不巧的是，它们后面均带了"万"这个单位，这时该怎么办呢？gsub()函数就可以派上用场了（别忘了再转换成 numeric 格式）。

```
salary = c("22万", "30万", "50万", "120万", "11万")
(salary0 = gsub("万", "0000", salary))
##  [1] "220000" "300000" "500000" "1200000" "110000"
mean(as.numeric(salary0))
##  [1] 466000
median(as.numeric(salary0))  # 结果是科学计数法的形式
##  [1] 3e+05
```

最后，我们通过一个总体的表格来整体回顾一下字符向量的处理要点（见表 2 - 5）。

表 2 - 5　字符向量处理函数说明表

小函数	完成功能	使用示例	代码结果
nchar	提取字符串的长度	nchar("你是谁")	3
substr	从字符串提取子字符串	substr("你是谁",1,2)	"你是"
paste(paste0)	粘贴两字符串	paste("你是","谁") paste0("你是","谁")	"你是 谁" "你是谁"
grep	在后一个字符向量中查找前一字符所在的位置	grep("你",c("你","是谁"))	1
gsub	将字符向量 x 中的字符 char1 替换为字符 char2	gsub("e","E","hello")	hEllo

向量是 R 语言中最基本的数据结构，实际上，向量化处理在 R 语言中是非常重要的编程思想，它能让我们避免很多循环，使代码更为简洁、高效和易于理解。什么是向量化呢？简单来说，就是把应用于每一个元素的操作应用于这些元素组成的向量，从而实现批量计算。

2.1.3　矩阵

前面介绍了 R 中重要的数据结构——向量。R 中的向量与数学中的向量非常相似，都只有一个维度。但实际上，信息丰富的数据通常需要多个向量来描述。比如，在狗熊会微信公众号上，熊大的男粉丝和女粉丝数目分别是 100 人、200 人，那么在 R 中可以用向量 c(100,200) 来代表熊大的粉丝统计；狗熊会不断壮大，加入了水妈、政委、段子手，他们的男女粉丝数目分别用向量 c(100,0)，c(0,100)，c(50,100) 表示。这样，需要用 4 个向量才能表示狗熊会中熊大、水妈、政委、段子手的粉丝数目。而且随着狗熊会队伍的不断壮大，就需要用越来越多的向量代表每个人的粉丝数目。那么，能不能把这些向量放在一起表示呢？它们统计的不都是"男粉丝""女粉丝"吗？没错，当然可以。将上述变量叠加起来，就是我们要讲到的矩阵（见图 2-6）。

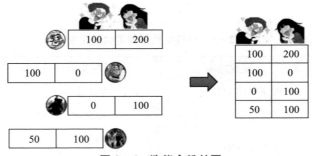

图 2-6　狗熊会粉丝图

在 R 中，矩阵其实就是一个二维数组，外表类似 Excel 中的表格，但重点是其中的每个元素都必须具有相同的数据类型。矩阵也是在各种数值模拟运算中使用最多的数据结构。下面介绍对矩阵的典型操作。

1. 创建及引用

在 R 中创建矩阵基本分成两种情形：

（1）生成一个矩阵。生成一个矩阵很简单，使用 matrix() 函数即可，其语法是：matrix(vector, nrow=number_of_rows, ncol=number_of_columns，byrow＝T/F），即把要组成矩阵的元素、矩阵的行列数以及排列模式设置好。如果想生成对角矩阵，那么直接用 diag()函数。下面举两个典型例子：生成一个全部取同样值（例如，全部取 0）的矩阵，以及生成一个对角线元素全是 1（也可以是其他同样的取值）的矩阵。

```
# 生成全部是0的矩阵
(zero = matrix(0, nrow = 3, ncol = 3))
##      [,1] [,2] [,3]
## [1,]    0    0    0
## [2,]    0    0    0
## [3,]    0    0    0
# 生成一个对角全是1的矩阵，直接在diag中输入对角线向量即可
(dig = diag(rep(1, 4)))
##      [,1] [,2] [,3] [,4]
## [1,]    1    0    0    0
## [2,]    0    1    0    0
## [3,]    0    0    1    0
## [4,]    0    0    0    1
```

（2）把已有数据转换成矩阵类型。比如把向量转换成矩阵，通过以下代码就可以将向量 1：12 转换成 3 行 4 列的矩阵。

```
# 从已有数据转化成矩阵
(M = matrix(1:12, nrow = 3, ncol = 4))
##      [,1] [,2] [,3] [,4]
## [1,]    1    4    7   10
## [2,]    2    5    8   11
## [3,]    3    6    9   12
```

需要注意的是，这里在转换时矩阵元素的排列方式是将向量按列排列的（也可以通过设置 byrow ＝ T 将其改变成按行排列）。

另外，也可以用 diag(vector)函数转换成以 vector 为对角线的对角矩阵。

```
(N = diag(1:4))
##      [,1] [,2] [,3] [,4]
## [1,]    1    0    0    0
## [2,]    0    2    0    0
## [3,]    0    0    3    0
## [4,]    0    0    0    4
```

2. 基本的矩阵操作

通常拿到一个矩阵后，会按什么步骤处理呢？首先，要了解这个矩阵的概貌，比如用 dim() 查看矩阵的行列数，或采用 nrow() 提取矩阵的行数，ncol() 提取矩阵的列数。其次，如果引用矩阵中的某些元素，与向量类似，将目标元素的位置用方括号括住即可，只不过由于矩阵是二维，因此引用时常常需要具体定义其行列号。若只是提取或者更改矩阵的行列名，则采用 rownames() 和 colnames() 即可。由此可见，给一个矩阵的行（列）批量命名实际就是在给一个向量赋值，那么前面提到的 paste() 函数就可以派上用场了。

```r
# 查看矩阵的维度
dim(M)
## [1] 3 4
# 提取矩阵的行数
nrow(M)
## [1] 3
# 提取矩阵的列数
ncol(M)
## [1] 4
# 引用元素
M[1, 2]
## [1] 4
M[1:2, 2:3]
##      [,1] [,2]
## [1,]    4    7
## [2,]    5    8
# 给行列命名
colnames(M) = paste0("x_", 1:4)
rownames(M) = 1:3; M
##   x_1 x_2 x_3 x_4
## 1   1   4   7  10
## 2   2   5   8  11
## 3   3   6   9  12
# 同样的命令可调用行列名
colnames(M)
## [1] "x_1" "x_2" "x_3" "x_4"
rownames(M)
## [1] "1" "2" "3"
```

此外，还可能需要将多个矩阵合并扩充信息量，cbind()，rbind()就可以实现最简单的矩阵之间的合并：前者代表按列合并，后者代表按行合并。

```
(A = matrix(1:9, nrow = 3, ncol = 3, byrow = T))
##      [,1] [,2] [,3]
## [1,]    1    2    3
## [2,]    4    5    6
## [3,]    7    8    9
(B = diag(11:13))
##      [,1] [,2] [,3]
## [1,]   11    0    0
## [2,]    0   12    0
## [3,]    0    0   13
rbind(A, B)
##      [,1] [,2] [,3]
## [1,]    1    2    3
## [2,]    4    5    6
## [3,]    7    8    9
## [4,]   11    0    0
## [5,]    0   12    0
## [6,]    0    0   13
cbind(A, B)
##      [,1] [,2] [,3] [,4] [,5] [,6]
## [1,]    1    2    3   11    0    0
## [2,]    4    5    6    0   12    0
## [3,]    7    8    9    0    0   13
```

3. 对矩阵的数学操作

矩阵作为高等数学的"宠儿"，一直作为重要的数学工具出现在我们的视野，因此 R 中自然少不了对矩阵数学方面的操作，最简单的加减乘除、求逆的运算等都有对应的函数来实现。值得注意的是，在 R 中，矩阵的加法和减法使用的符号是"＋""－"，但乘法有所不同，使用的符号是"％＊％"，而不是"＊"。下面的代码给出了矩阵 A％＊％B 以及 A＊B 的结果，你能找出它们的区别吗？

```
A * B
##        [,1] [,2] [,3]
## [1,]    11    0    0
## [2,]     0   60    0
## [3,]     0    0  117
A %*% B
##        [,1] [,2] [,3]
## [1,]    11   24   39
## [2,]    44   60   78
## [3,]    77   96  117
```

从以上代码可以发现，如果采用 A * B 这种写法，只会计算出 A 中每个元素与 B 中每个元素对应相乘的结果，并不是线性代数中用到的乘法。

另外，矩阵的逆在 R 中需要用函数 solve(M) 计算（而不能直接用 M^{−1} 计算得到）。还有更复杂的，比如对一个矩阵做特征值分解或者奇异值分解等操作，手工计算过程非常烦琐，而 R 语言可以立即给出结果。常见的使用矩阵的数学操作如表 2-6 所示。

表 2-6 矩阵的数学操作函数

小函数	完成功能	使用方法
+/−/*	对矩阵的各个元素完成加减乘运算	A+B；A−B；A * B
% * %	矩阵乘法	A% * %B
crossprod	矩阵 A 的转置与矩阵 B 的乘法	crossprod(A, B)
tcrossprod	矩阵 A 与矩阵 B 的转置的乘法	tcrossprod(A, B)
t	求矩阵 A 的转置	t(A)
solve	求矩阵 A 的逆	solve(A)
eigen	对矩阵进行特征值分解，结果输出特征值及特征向量	eigen(A)
svd	对矩阵进行 SVD 奇异值分解，结果可输出矩阵 A 的奇异值及两个正交阵 U, V	svd(A)

R 中自带的矩阵处理函数基本可以解决大部分的矩阵运算问题。但是，

当矩阵规模增大时，某些函数的运算效率就会显得捉襟见肘，例如，矩阵求逆，特征值、奇异值求解等。为了提高大规模矩阵的运算效率，向大家推荐一个 R 包：rARPACK。此包主要针对大规模矩阵运算，包内函数 eigs()可用来进行特征值分解，svds()用来进行 SVD 分解。实际上，它们提高分解效率的关键在于，仅对矩阵计算一部分有代表性的特征值（奇异值）来近似分解，类似于主成分分析中只选取前几个主成分来概括原始信息的思想。下面通过一个简单的例子进行展示。

```
library(rARPACK)
# 构造一个1000维的大型矩阵
T = matrix(1:1000000, 1000, 1000)
# 正常分解与快速分解的对比, 此处以选择前5个特征（奇异）值为例
system.time(svd(T))
##      user  system elapsed
##      2.79    0.03    3.03
system.time(svds(T, 5))
##      user  system elapsed
##      0.06    0.02    0.11
system.time(eigen(T))
##      user  system elapsed
##      5.41    0.00    5.58
system.time(eigs(T, 5))
##      user  system elapsed
##      0.60    0.00    0.64
```

从以上例子可以看出，当分解一个 1 000 维的矩阵时，rARPACK 包就比基本包里的分解函数效率提升了十几倍；当维数进一步增加时，它们的差距会更大。

4.稀疏矩阵

下面介绍一种特殊矩阵——稀疏矩阵。这是一个与时俱进的新名词，近年来越来越多地被提到。

所谓稀疏矩阵，指的是这样一种矩阵：它所包含的元素中，数值为 0 的元素远远多于非 0 元素。随着现代数据采集设备越来越多，在很多领域

收集到的数据都有可能带有稀疏的特征。最典型的比如电商网站的用户购买记录、社交网络中的关注关系矩阵。假如把淘宝所有商品的用户购买记录做成一个矩阵，每一列是一个商品，每一行是一个用户，其中的数值代表这个用户是否购买过这个商品，那么就可以用表2-7表示出来。

表2-7　购物篮示例

	青椒	萝卜	巧克力	红领巾	面具	运动鞋	手机	车饰	文具
张三	1	1	0	0	0	0	0	0	1
李四	0	0	0	0	1	0	0	0	0
王五	0	0	1	0	0	0	0	0	0
铁柱	0	0	0	1	0	0	0	0	0
大队长	0	0	0	0	0	0	0	1	0
赵四	0	0	0	0	0	0	1	0	0

表2-7只是一个小示例，如果这是一张囊括天猫商城的购物列表，它起码会有数十万的商品列，那么每个用户所购买的商品一定只有极少的一部分，表现在矩阵里就是大量的0，这就形成了一个高度稀疏的矩阵。

再比如，把微博用户之间的关注数据抽象成邻接矩阵A，行和列都代表微博的所有用户（见表2-8）。

表2-8　微博用户相互关注矩阵

	张三	李四	王五	铁柱	大队长	赵四	小岳岳	王老七
张三	0	1	0	0	0	0	0	1
李四	1	0	0	0	1	0	0	0
王五	0	0	0	0	0	0	0	0
铁柱	0	0	1	0	0	0	0	0
大队长	0	0	0	0	0	0	0	1
赵四	0	0	0	0	0	0	1	1
小岳岳	0	0	0	1	0	0	0	0
王老七	0	0	0	0	0	1	0	0

表 2-8 中，数值为 1 代表第 i 个用户关注了第 j 个用户，那么这必然是巨大的稀疏矩阵，因为茫茫人海中，我们关注的只能是寥寥无几（见图 2-7）。

图 2-7　社交网络示意图

了解到稀疏矩阵的确真实存在，下面介绍 R 中擅长处理这类矩阵的包——Matrix。Matrix 包提供了很多独特的存储、处理稀疏矩阵的方法。比如生成一个稀疏矩阵有两个函数可用：Matrix() 函数和 spMatrix() 函数。Matrix() 函数使用的参数与普通 matrix() 函数类似，通过输入数值以及行列数字来定义，区别在于需要设定参数 sparse＝T 或 F 来定义是不是稀疏矩阵。需要注意的是，虽然参数设置类似，但 Matrix() 函数生成的矩阵对象却是与 matrix() 完全不同的类型。如果 sparse 设置为 T，它会生成 dgCMatrix 矩阵类型，也就是以一种先将列按顺序排好再存储起来的方式存储。spMatrix() 函数则是通过定义非 0 元素的行列位置来生成 dgTMatrix 稀疏矩阵类型，其存储方式是将非 0 元素所在的行、列以及它的值构成一个三元组（i，j，v），然后再按某种规律把它们存储起来。下面通过几个例子来介绍稀疏矩阵的生成方法。

首先是 Matrix() 函数。通过设定参数 sparse＝T 就可以生成一个稀疏矩阵；如果不设定该参数，则会自动数矩阵中 0 的个数，超过一半就会设置为稀疏模式。下面来看一个稀疏矩阵。

```
library(Matrix)
# 生成普通矩阵
vector = c(1:3, rep(0, 5), 6:9)
(m1 = matrix(vector, nrow = 3, ncol = 4))
##      [,1] [,2] [,3] [,4]
## [1,]    1    0    0    7
## [2,]    2    0    0    8
## [3,]    3    0    6    9
# 生成稀疏矩阵方法1
(m2 = Matrix(vector, nrow = 3 ,ncol = 4, sparse = TRUE))
## 3 x 4 sparse Matrix of class "dgCMatrix"
##
## [1,] 1 . . 7
## [2,] 2 . . 8
## [3,] 3 . 6 9
(m3 = Matrix(vector, nrow = 3 ,ncol = 4, sparse = FALSE))
## 3 x 4 Matrix of class "dgeMatrix"
##      [,1] [,2] [,3] [,4]
## [1,]    1    0    0    7
## [2,]    2    0    0    8
## [3,]    3    0    6    9
```

其次是 spMatrix() 函数。它的使用语法是 spMatrix(nrow, ncol, i＝integer(), j＝integer(), x＝numeric())，其中前两个参数设定矩阵的行列数，i 设定需要填补数字的行号，j 为列号，x 就是需要填补的元素，再对矩阵进行 summary() 就可以统一看到它填补元素情况了。

```
# 生成稀疏矩阵方法2
(m4 = spMatrix(10, 20, i = c(1, 3:8), j = c(2, 9, 6:10), x = 7 * (1:7)))
## 10 x 20 sparse Matrix of class "dgTMatrix"
##
## [1,] . 7 . . . . . . . . . . . . . . . . . .
## [2,] . . . . . . . . . . . . . . . . . . . .
## [3,] . . . . . 14 . . . . . . . . . . . . . .
## [4,] . . . . . 21 . . . . . . . . . . . . . .
```

```
##   [5,] . . . . . 28 . . . . . . . . . . . . . .
##   [6,] . . . . . . 35 . . . . . . . . . . . . .
##   [7,] . . . . . . . 42 . . . . . . . . . . . .
##   [8,] . . . . . . . . 49 . . . . . . . . . . .
##   [9,] . . . . . . . . . . . . . . . . . . . .
##  [10,] . . . . . . . . . . . . . . . . . . . .
summary(m4)
## 10 x 20 sparse Matrix of class "dgTMatrix", with 7 entries
##    i  j  x
## 1  1  2  7
## 2  3  9 14
## 3  4  6 21
## 4  5  7 28
## 5  6  8 35
## 6  7  9 42
## 7  8 10 49
```

　　理论上讲，这种方式更适合存储大规模的稀疏矩阵，规模越大，优势越明显；同时，矩阵中 0 的比例不能太低，否则不如直接存储成一般矩阵。当矩阵维数较低时，稀疏矩阵占用的内存反而比普通矩阵更大，生成时间也可能更长，但是随着矩阵维数的增加，稀疏矩阵在内存大小和生成时间方面的优势会越来越明显。

```
# 当行列数分别为10000时，稀疏矩阵的内存大小和生成时间优势均很明显。
n = 10000
m1 = matrix(0, nrow = n, ncol = n)
m2 = Matrix(0, nrow = n, ncol = n, sparse = TRUE)
object.size(m1); object.size(m2)
##  800000200 bytes
##  41632 bytes
system.time(matrix(0, nrow = n, ncol = n))
##    user  system elapsed
##    0.29    0.14    0.42
system.time(Matrix(0, nrow = n, ncol = n, sparse = TRUE))
##    user  system elapsed
##    0       0       0
```

除了在存储上的优势以外，稀疏矩阵在运算上也有巨大威力，仔细观察下面的结果。

```
# 两种矩阵计算区别
n = 1000
dat = sample(c(0, 1), n^2, replace = TRUE, prob = c(0.9, 0.1))
m1 = matrix(dat, nrow = n, ncol = n); m1[1:6, 1:6]
##      [,1] [,2] [,3] [,4] [,5] [,6]
## [1,]    0    0    0    0    0    0
## [2,]    0    0    0    0    0    0
## [3,]    0    0    0    0    0    1
## [4,]    0    0    0    0    1    0
## [5,]    0    1    1    1    0    0
## [6,]    0    0    0    0    0    1
m2 = Matrix(dat, nrow = n, ncol = n, sparse = TRUE); m2[1:6, 1:6]
## 6 x 6 sparse Matrix of class "dgCMatrix"
##
## [1,] . . . . . .
## [2,] . . . . . .
## [3,] . . . . . 1
## [4,] . . . . 1 .
## [5,] . 1 1 1 . .
## [6,] . . . . . 1
# 求乘积运算时间对比
system.time(m1 %*% t(m1))
##    user  system elapsed
##    1.04    0.00    1.08
system.time(m2 %*% t(m1))
##    user  system elapsed
##    0.14    0.00    0.16
```

从以上命令可以发现，在做乘积运算时，存储为稀疏矩阵模式会大大提高运算效率，矩阵维数进一步增大，它们的差距就会更加明显。所以常做大规模矩阵运算的读者需要注意，如果面对的矩阵很稀疏，就可以考虑使用 Matrix 包。

2.1.4　数据框

前面介绍了矩阵这种数据结构，接下来介绍另外一种长相类似但更常见、功能更丰富的数据结构——数据框（data.frame）。如果说矩阵是数值运算的"明星"，那么数据框就是存储、处理实际数据的"主角"，是实战中的核心主力，有着丰富的变换技法。下面就从基本的创建引用操作出发，展示它变大、变小、变序、变形的各类操作。

数据框是 R 中最常见的数据结构，一般来讲，从 csv 或 txt 文件读入时就会自动存储为数据框对象。该结构同样为表格状，但与矩阵不同的是，矩阵只可以存储一种数据类型（比如，数值型与字符型数据不能同时存在于矩阵中）。而实际中，我们看到的数据表格往往有很多类型，想要在 R 中读入并表示这种数据，数据框就可以派上用场了。需要特别注意的是：数据框的每一列必须是同一种数据类型。如果不符合规定，R 会在一定范围内强制转换数据类型，比如输入的一列里既有文本又有数值，它会把该列强制转换成文本格式。

以下就以前文表 2 - 2 所示的数据为例，详细讲解针对数据框对象常用的操作，看看如何创建一个数据框，又如何让它变大、变小、变序、变形"随心玩"。

1. 创建

如果已有外部数据源，将外部数据读入 R 中并赋值给一个对象就可以了；如果需要自己创建数据框，输入数据也很方便，data. frame()就是专门构造数据框的函数。它的语法是 data. frame(col1, col2, col3)，即先定义好每列的向量，然后组合成一个数据框即可。

```
# 读入一个txt, csv等格式数据, 即自成一个数据框
movie = read.csv("电影数据.csv", fileEncoding = "UTF-8", stringsAsFactors = F)
class(movie)
## [1] "data.frame"

# 自己创建
star1 = c("邓超", "赵丽颖", "郭富城", "周润发", "杰克布莱克", "汤唯", "白敬亭", "陈晓", "梁家辉", "姚晨", "宋茜", "黄宗泽", "黄晓明")
birthyear = c(1979, 1987, 1965, 1955, 1969, 1979, 1993, 1987, 1958, 1979, 1987, 1980, 1977)
gender = c("男", "女", "男", "男", "女", "男", "男", "女", "男", "女", "女", "男", "男")
stars = data.frame(star1, birthyear, gender); head(stars)
##      star1 birthyear gender
## 1     邓超      1979     男
## 2   赵丽颖      1987     女
## 3   郭富城      1965     男
## 4   周润发      1955     男
## 5 杰克布莱克    1969     男
## 6     汤唯      1979     女
```

2. 汇总

拿到一个陌生的数据集，我们通常想先睹为快，快速了解一下数据情况，这时使用一定的汇总类函数就可满足需求。比如用函数 head() 提取数据前 6 行，就可以看到数据概貌；用函数 str() 来展示每列的数据类型，就可以确定是连续的数值还是离散的因子；如果不仅想看部分数据、了解数据类型，还想知道每列数据整体情况、整体的取值范围，这时就可以使用 summary()。summary() 是清洗数据的必备之选，可自动根据数据类型调整输出结果。具体来说，对于连续数据，它能给出输出数据的分位数值，这样，那些异常值就无处遁形；对于类别数据（以 factor 存储形式），它能给出输出每个类别的数目统计，这样，各类数据样本数是否平衡就一目了然。

这里要特别提醒的是：这些函数看似简单，但在实操过程中非常重要。当对不同数据源做各种合并、匹配、排序、删除等操作时，时刻要有一种"看到新数据先 summary()，看看是不是符合自己的预期，有没有新异常"的习惯，也就是要有"时刻把握你的数据状态、进度"的意识，否则，待到后面报错时再重新回来查看就费时费力，万一本来匹配有误最后程序还没报错，后果会很严重。所以我们要记得不断查看处理的每一步到底对数据做了什么。

下面是 str() 函数的演示结果，该结果可显示出几种信息：（1）不同变量的数据类型。票房 boxoffice 和豆瓣得分 doubanscore 为数值型；电影时长 duration、主演 1 的百度搜索指数 index1、主演 2 的百度搜索指数 index2 为整型；电影名字 name、类型 type 以及导演与演员的名字都是字符型变量。（2）变量的前几个取值。例如前几部电影的豆瓣得分 doubanscore 分别是 6.4、6.9、4.5、5.7 等。

```
### 2.汇总
str(movie)
```

```
## 'data.frame':    18 obs. of  11 variables:
##  $ name        : chr  "叶问3" "美人鱼" "女汉子真爱公式" "西游记之孙悟空三打白骨精" ...
##  $ boxoffice   : num  77060 338583 6184 119957 111694 ...
##  $ doubanscore : num  6.4 6.9 4.5 5.7 4 7.7 6.4 5.5 5.6 3.8 ...
##  $ type        : chr  "动作" "喜剧" "喜剧" "喜剧" ...
##  $ duration    : int  105 93 93 120 112 95 108 95 102 101 ...
##  $ showtime    : chr  "2016/3/4" "2016/2/8" "2016/3/18" "2016/2/8" ...
##  $ director    : chr  "叶伟信" "周星驰" "郭大雷" "郑保瑞" ...
##  $ star1       : chr  "甄子丹" "邓超" "赵丽颖" "郭富城" ...
##  $ index1      : int  11385 41310 181979 12227 16731 178 14759 13251 6911 7315 ...
##  $ star2       : chr  "张晋" "林允" "张翰" "巩俐" ...
##  $ index2      : int  4105 9292 44277 8546 30277 1540 755 9549 5614 66756 ...
```

3. 变大——数据框的增列、合并

实践中，我们拿到的原始数据可能并不满足需要，常常需要增加新列，甚至合并新表进来扩充信息，下面就介绍一些可为你的数据"加瓦添砖"的操作。

首先是在数据框后面增加新列，语法为 dat $ column_name＝vector，比如如下操作：

```
### 3.变大--数据框的增列、合并
# 添加一列数据prefer
prefer = 1:18
movie$pre = prefer
head(movie)
```

```
##                         name boxoffice doubanscore type duration  showtime
## 1                      叶问3  77060.44         6.4 动作      105  2016/3/4
## 2                    美人鱼 338583.26         6.9 喜剧       93  2016/2/8
## 3             女汉子真爱公式   6184.45         4.5 喜剧       93 2016/3/18
## 4 西游记之孙悟空三打白骨精 119956.51         5.7 喜剧      120  2016/2/8
## 5                  澳门风云三 111693.89         4.0 喜剧      112  2016/2/8
## 6                  功夫熊猫3  99832.53         7.7 喜剧       95 2016/1/29
##   director   star1 index1    star2 index2 pre
## 1   叶伟信  甄子丹  11385     张晋   4105   1
## 2   周星驰    邓超  41310     林允   9292   2
## 3   郭大雷  赵丽颖 181979     张翰  44277   3
## 4   郑保瑞  郭富城  12227     巩俐   8546   4
## 5     王晶 周润发  16731   刘德华  30277   5
## 6   吕寅荣 杰克布莱克    178 安吉丽娜朱莉   1540   6
```

以上方法虽然实现简单，但并不适用于大规模增加、合并信息，这种方法更适合数据处理中"新变量生成"阶段。当需要把描述同一对象（即至少有一个共同列）但包含不同信息的几张表合在一起时，就需要另外一个强大的函数——merge()来实现。该函数的基本用法是：merge(x, y, by)，其中 x, y 分别是要合并的两个数据框，by 是它们共有的列。如果这个共有的列在两个数据框中的名字不同，还需要通过 by.x，by.y 分别定义识别。另外，和数据库中的操作类似，我们经常会发现两个数据框中匹配列的值域并不相同，这时还需要用 all 类的参数设置以哪个所包含的值域为准，如以下示范代码：

```
# merge实现的效果是：将movie和stars按照列star1匹配并合并起来
(movie.star = merge(movie[1:3, ], stars,by = "star1"))

##     star1              name boxoffice doubanscore type duration  showtime director
## 1    邓超           美人鱼 338583.26         6.9 喜剧       93 2016/2/8   周星驰
## 2 赵丽颖 女汉子真爱公式   6184.45         4.5 喜剧       93 2016/3/18   郭大雷
##    index1 star2 index2 pre birthyear gender
## 1  41310   林允   9292   2     1980     男
## 2 181979   张翰  44277   3     1987     女


# all.x=T,即取前一个数据框movie中star1列所有的值做合并，匹配不到赋值NA
(movie.star = merge(movie[1:3, ], stars[1:5, ], by = "star1", all.x = T))

##     star1              name boxoffice doubanscore type duration  showtime director
## 1    邓超           美人鱼 338583.26         6.9 喜剧       93 2016/2/8   周星驰
## 2 赵丽颖 女汉子真爱公式   6184.45         4.5 喜剧       93 2016/3/18   郭大雷
## 3  甄子丹            叶问3  77060.44         6.4 动作      105 2016/3/4   叶伟信
##    index1 star2 index2 pre birthyear gender
## 1  41310   林允   9292   2     1980     男
## 2 181979   张翰  44277   3     1987     女
## 3  11385   张晋   4105   1       NA   <NA>
```

4. 变小——数据框的筛选引用

信息稀缺是问题，信息过载也是障碍。对一个数据框缩小聚焦也是常用的技能，主要运用的是引用、筛选功能。基本的引用语法与矩阵类似，使用 A[i,j]就可以提取出 A 中第 i 行第 j 个元素，即通过行列号来引用。筛选分为选列和选行，选列很简单，通过符号 $ 配列名即可实现（例如，用 movie$name 可以提取出 name 这一列）；选行则一般通过行号，或者条件语句返回一个逻辑结果向量，而后 R 把其中为 TRUE 的行摘出来。

```
### 4.变小--数据的筛选、引用
# 引用
movie[3, ]    # 查看第3行的电影信息
```

```
##             name boxoffice doubanscore type duration  showtime director    star1
## 3  女汉子真爱公式    6184.45                 4.5 喜剧        93 2016/3/18  郭大雷 赵丽颖
##   index1 star2 index2 pre
## 3 181979  张翰  44277   3
```

```
movie[, 8]    # 查看第8列主演者的名字
```

```
##  [1] "甄子丹"     "邓超"       "赵丽颖"     "郭富城"     "周润发"
##  [6] "杰克布莱克"  "白敬亭"     "陈晓"       "梁家辉"     "姚晨"
## [11] "宋茜"       "黄宗泽"     "黄晓明"     "洪金宝"     "陈坤"
## [16] "陶泽如"     "刘亦菲"     "何润东"
```

```
# 筛选
movie$star1    # 用$符号通过列名引用
```

```
##  [1] "甄子丹"     "邓超"       "赵丽颖"     "郭富城"     "周润发"
##  [6] "杰克布莱克"  "白敬亭"     "陈晓"       "梁家辉"     "姚晨"
## [11] "宋茜"       "黄宗泽"     "黄晓明"     "洪金宝"     "陈坤"
## [16] "陶泽如"     "刘亦菲"     "何润东"
```

```
(action = movie[movie$type == "动作", ])    # 选择数据中的动作电影
```

```
##            name boxoffice doubanscore type duration  showtime director  star1
## 1         叶问3  77060.44         6.4 动作      105  2016/3/4   叶伟信 甄子丹
## 9       冰河追凶   4262.14         5.6 动作      102 2016/4/15     徐伟 梁家辉
## 14  我的特工爷爷  32009.37         5.3 动作       99  2016/4/1   洪金宝 洪金宝
## 18          钢刀    924.86         4.3 动作       94 2016/5/20      阿甘 何润东
##    index1 star2 index2 pre
## 1   11385  张晋   4105   1
## 9    6911 佟大为   5614   9
## 14   9148 刘德华  30277  14
## 18  11822 李学东    521  18
```

```
(action_long = movie[movie$type == "动作" & movie$duration > 100, ])  # 放映时间超过100分钟的动作电影
```

```
##       name boxoffice doubanscore type duration  showtime director  star1 index1
## 1    叶问3  77060.44         6.4 动作      105  2016/3/4   叶伟信 甄子丹  11385
## 9  冰河追凶   4262.14         5.6 动作      102 2016/4/15     徐伟 梁家辉   6911
##    star2 index2 pre
## 1   张晋   4105   1
## 9 佟大为   5614   9
```

5. 变序——数据框的内部排序

　　为了使数据框更加整齐有序，我们拿到数据后可能需要对它先进行排序工作。前面提到对一个向量排序很简单，用 sort( )整理就行，可是对于

一个大的数据框该如何操作呢？在 Excel 中，我们经常用到先按某一列排序，再按另一列排序的功能，这样的功能在 R 中也能实现吗？可以按照下面的做法，其中 decreasing 参数用来设置是按升序还是降序排列。

```
### 5.变序--数据框的内部排序
# 按照票房降序排列
movie = movie[order(movie$boxoffice, decreasing = T), ]; head(movie)

##                           name boxoffice doubanscore type duration   showtime
## 2                         美人鱼 338583.26         6.9 喜剧       93 2016/2/8
## 4      西游记之孙悟空三打白骨精 119956.51         5.7 喜剧      120 2016/2/8
## 5                   澳门风云三 111693.89         4.0 喜剧      112 2016/2/8
## 6                     功夫熊猫3  99832.53         7.7 喜剧       95 2016/1/29
## 1                         叶问3  77060.44         6.4 动作      105 2016/3/4
## 15                    火锅英雄  36624.84         7.3 犯罪       95 2016/4/1
##    director    star1 index1       star2 index2 pre
## 2    周星驰     邓超  41310        林允   9292   2
## 4    郑保瑞   郭富城  12227        巩俐   8546   4
## 5      王晶   周润发  16731      刘德华  30277   5
## 6    吕寅荣 杰克布莱克    178 安吉丽娜朱莉   1540   6
## 1    叶伟信   甄子丹  11385        张晋   4105   1
## 15     杨庆     陈坤   5763      白百何  10585  15

# 先按电影类型排序, 再按照豆瓣评分排序
movie = movie[order(movie$type, movie$doubanscore, decreasing = T), ]; head(movie)

##                           name boxoffice doubanscore type duration   showtime
## 6                     功夫熊猫3  99832.53         7.7 喜剧       95 2016/1/29
## 2                         美人鱼 338583.26         6.9 喜剧       93 2016/2/8
## 4      西游记之孙悟空三打白骨精 119956.51         5.7 喜剧      120 2016/2/8
## 12                    刑警兄弟   3005.96         5.2 喜剧       97 2016/4/22
## 3                女汉子真爱公式   6184.45         4.5 喜剧       93 2016/3/18
## 5                   澳门风云三 111693.89         4.0 喜剧      112 2016/2/8
##    director    star1 index1       star2 index2 pre
## 6    吕寅荣 杰克布莱克    178 安吉丽娜朱莉   1540   6
## 2    周星驰     邓超  41310        林允   9292   2
## 4    郑保瑞   郭富城  12227        巩俐   8546   4
## 12   戚家基   黄宗泽   9823        金刚   4010  12
## 3    郭大雷   赵丽颖 181979        张翰  44277   3
## 5      王晶   周润发  16731      刘德华  30277   5
```

6.变形——长表宽表互换

有丰富数据处理经验的读者可能见过这种情形：拿到一个数据集，虽然也是规规整整的表格形状，但它与常见的一行一个观测、一列一个变量的表有点差别，比如表 2-9 中，每一列分别记录了熊大和水妈在 2020—2022 年的粉丝数（表中数据纯属虚构）。

表 2-9　2020—2022 年熊大和水妈的粉丝数（宽表）

	Name	Type	2020	2021	2022
1	熊大	帅哥	300	500	1 000
2	水妈	美女	100	350	886

表 2-9 中后三列都在时间这个维度上，那么可以直接添加时间维度变量并列出取值吗？这就是著名的宽表变长表问题，变换之后如表 2-10 所示。

表 2-10　2020—2022 年熊大和水妈的粉丝数（长表）

	Name	Type	Year	Value
1	熊大	帅哥	2020	300
2	水妈	美女	2020	100
3	熊大	帅哥	2021	500
4	水妈	美女	2021	350
5	熊大	帅哥	2022	1 000
6	水妈	美女	2022	886

如何才能把宽表整理成长表呢？可以使用 reshape2 包中的 melt( )函数。下面先来看从表 2-9 变身为表 2-10 的详细代码。

```
## (1) 宽表变长表 ##
mWide = data.frame(Name = c("熊大", "水妈"), Type = c("帅哥", "美女"),
                   GF2020 = c(300, 100), GF2021 = c(500, 350), GF2022 = c(1000, 886))
                        # 由于构造数据框时列名不可以为纯数字, 在数字前添加GF
# 将列名中的GF去掉
colnames(mWide)[3:5] = gsub("GF", "", colnames(mWide)[3:5])
mWide #查看原表
##    Name Type 2020 2021 2022
## 1 熊大 帅哥  300  500 1000
## 2 水妈 美女  100  350  886
(mLong = melt(mWide, id.vars = c("Name", "Type"), variable.name = "Year"))
##    Name Type Year value
## 1 熊大 帅哥 2020   300
## 2 水妈 美女 2020   100
## 3 熊大 帅哥 2021   500
## 4 水妈 美女 2021   350
## 5 熊大 帅哥 2022  1000
## 6 水妈 美女 2022   886
## (2) 长表变宽表 ##
# 将列Year从字符型变成数值型
mLong$Year = as.numeric(mLong$Year)
```

melt() 是一个可以把数据从宽格式转换为长格式的函数，它能把诸如"2020""2021""2022"这样的多列数据直接转化为两列，将原始的列名转化成为新列的取值。具体而言，参数 id. vars 用来设定要把哪列定住不动，然后其他列就会自动收入这一列中；参数 variable. name 用来设定这个新列的列名。以上的代码就是以 id. vars 为基准，其他所有的原始变量都排成一个新列，然后原始列下面的数值就会被记录在一个新的 value 列中。比如在上面的例子中，melt(mWide, id. vars = c("Name","Type"), variable. name = "Year") 这一句关键性的代码是如何发挥作用的呢？它是保证 Name 和 Type 两列不变，其他的 2020、2021、2022 三列的列名组合成为一个新列的取值。这个新列的列名呢？由 variable. name 来界定，就是"Year"。

了解了从宽表变为长表，那么如何从长表变成宽表呢？我们可以使用函数 dcast()，它同样在 reshape2 包中。其中，dcast() 函数的第一个参数是要变形的数据框，第二个参数是公式参数形式，实现的代码如下：

```
# 长表变宽表
dcast(mLong, Name + Type ~ Year)
##    Name Type   1    2    3
## 1 水妈 美女  100  350  886
## 2 熊大 帅哥  300  500 1000
```

这行代码的意思是，将 mLong 这个数据框展开成宽表，展开的具体形式是 Name 和 Type 保持不变，Year 这列变量的不同取值分别作为新数据框的一列，由此表 2－10 就变成了表 2－9。

7. R 中的数据透视表——神奇的 ddply()

在数据分析实战中，Excel 最常用的功能应该是 vlookup 和数据透视表，尤其是后者。那么在 R 中，什么函数可以完成类似数据透视表的分组计算不同量的功能呢？那就是 ddply()。ddply() 是 plyr 包中的函数，常用于数据整理汇总等。下面就介绍一下 ddply() 的使用方式。

```
library(plyr)
# 根据电影类型进行分组，查看不同类型电影票房的平均水平
popular_type = ddply(movie, .(type), function(x) {mean(x$boxoffice)}); head(popular_type)
##    type      V1
## 1 爱情 11206.95
## 2 动作 28564.20
## 3 犯罪 36624.84
## 4 剧情  6671.91
## 5 喜剧 95116.85
# 根据电影类型和电影时长同时分组，查看电影票房的平均水平
long = ddply(movie, .(type,duration), function(x) {mean(x$index1)}); head(long)
##    type duration    V1
## 1 爱情       84 58355
## 2 爱情       95 13251
## 3 爱情      108 14759
## 4 动作       94 11822
## 5 动作       99  9148
## 6 动作      102  6911
```

从以上代码可知，ddply()是一个把数据框按某种属性分组，然后分别应用同一函数的操作。其基本用法是 ddply(.data, .variables, .fun = NULL)，第一个参数是要处理的数据框；第二个参数是分组标记，这个标记可以是多个分类变量，例如上面的代码中就同时加入了类型和时长；第三个参数便是一个函数。ddply()处理数据的逻辑是按照第二个参数定义的分组变量把数据框分组成多个子数据框，然后作为第三个函数的输入。如果第三个函数需要有额外的参数输入，需要在第四个参数的位置设定，感兴趣的读者可以详细阅读 ddply()的帮助文档。关于这类分组计算统计量的函数还有很多，比如 base 包中的 by()函数，它运用与 ddply()相似的语法可以完成一些分组计算，但最后会返回一个"by"类对象，它可以被转换为向量但却无法轻易变成数据框对象，大家可以根据个人情况选择合适的函数进行数据处理。感兴趣的读者还可以继续查看其他相关函数①。

数据框作为最常用的数据结构，处理解决它的函数多不胜数，完成同

---

① Grouping functions (tapply，by，aggregate) and the apply family.［2023 - 08 - 25］. http://stackoverflow. com/questions/3505701/r-grouping-functions-sapply-vs-lapply-vs-apply-vs-tapply-vs-by-vs-aggregate.

一个功能的函数也不一而足，读者在熟悉了前面介绍的基本函数后，还要养成持续关注 R 相关网站、博客的习惯，了解新包、新功能的开发与应用，思考和比较不同函数的异同，以及时补充自己的函数库，不断优化、简化自己的程序。

2.1.5　列表

下面接着介绍一个像机器猫的口袋一样神奇的数据结构——列表（见图 2-8）。

图 2-8　神奇的列表

列表可以容纳各种类型的数据对象，向量、矩阵、数据框，甚至一个列表也可以成为另一个列表的元素。下面的对象 example 就是一个列表，它的第一个元素是一个字符，第二个元素是一个数值向量，第三个元素是一个矩阵，第四个元素则是一个数据框。

```
(example = list("abc", 3:5, matrix(1, nrow = 3, ncol = 4), data.frame(x = 1:4, y = paste0("boy_", 1:4))))
## [[1]]
## [1] "abc"
##
## [[2]]
## [1] 3 4 5
```

```
## 
## [[3]]
##      [,1] [,2] [,3] [,4]
## [1,]   1    1    1    1
## [2,]   1    1    1    1
## [3,]   1    1    1    1
## 
## [[4]]
##   x   y
## 1 1 boy_1
## 2 2 boy_2
## 3 3 boy_3
## 4 4 boy_4
```

列表同样是一种非常重要的数据结构，很多复杂的统计函数最终的返回结果就是列表形式，方便后续分析时按需索引。下面介绍处理列表数据的常用操作。

1. 创建

创建一个新列表很容易，采用函数 list(a, b, c, d) 就可以把 a，b，c，d 四个对象组合成一个 list 对象。请读者尝试生成上面的示例列表 example，顺便复习前面所讲的各种类型变量的创建方法。

2. 基本操作

面对一个 list 对象，首先要学会的三种基本操作是：查看、引用和添加元素。查看时仍使用函数 str()，尤其是在列表这种数据结构中，快速查看列表内容有时在帮我们理清头绪方面大有用处。先来玩个小游戏，你能否在 10 秒内观察说出下面这个 list 的每个元素分别是什么？

```
## $first
## $first[[1]]
## [1] 1 2
## 
## 
## $second
## $second[[1]]
##  [1] "a" "b" "c" "d" "e" "f" "g" "h" "i" "j" "k" "l" "m" "n" "o" "p" "q"
## [18] "r" "s" "t" "u" "v" "w" "x" "y" "z"
## 
```

```
## $second[[2]]
## $second[[2]][[1]]
##      [,1] [,2]
## [1,]    1    3
## [2,]    2    4
```

可能你已经看晕了，这时采用 str() 函数就可以帮我们理清楚。别看这个函数非常简单，但它在实际处理列表数据时大有用处。它用层级告诉我们，这个 list 对象由两个子 list 构成，其中第一个 list 包含两个整数，第二个 list 包含两个对象：一个是英文字母的文本向量，一个是一个小 list。这样就比之前清楚多了。

```
str(complex)
##  List of 2
##   $ first :List of 1
##   ..$ : int [1:2] 1 2
##   $ second:List of 2
##   ..$ : chr [1:26] "a" "b" "c" "d" ...
##   ..$ :List of 1
##   .. ..$ : int [1:2, 1:2] 1 2 3 4
```

关于引用，可以采用 list 对象中子元素的名字引用，也可以使用它们的序号来引用，添加 list 元素的操作也类似。下面的示范展示了如何用名字、序号来引用 complex 的第一个元素，以及如何通过这两种方式为其添加新元素。

```
# 利用名字引用元素
complex$first
## [[1]]
## [1] 1 2
# 利用序号引用元素
complex[[1]]
## [[1]]
## [1] 1 2
```

```
# 利用序号添加元素
complex[[3]] = matrix(1, 2, 3); complex
## $first
## $first[[1]]
## [1] 1 2
##
##
## $second
## $second[[1]]
##  [1] "a" "b" "c" "d" "e" "f" "g" "h" "i" "j" "k" "l" "m" "n" "o" "p" "q"
## [18] "r" "s" "t" "u" "v" "w" "x" "y" "z"
```

```
##
## $second[[2]]
## $second[[2]][[1]]
##      [,1] [,2]
## [1,]    1    3
## [2,]    2    4
##
##
##
## [[3]]
##      [,1] [,2] [,3]
## [1,]    1    1    1
## [2,]    1    1    1
```

```
# 利用名字添加元素
complex$new = 1:5; complex
## $first
## $first[[1]]
## [1] 1 2
##
##
## $second
## $second[[1]]
##  [1] "a" "b" "c" "d" "e" "f" "g" "h" "i" "j" "k" "l" "m" "n" "o" "p" "q"
## [18] "r" "s" "t" "u" "v" "w" "x" "y" "z"
##
## $second[[2]]
## $second[[2]][[1]]
##      [,1] [,2]
## [1,]    1    3
## [2,]    2    4
```

```
##
##
##
## [[3]]
##      [,1] [,2] [,3]
## [1,]    1    1    1
## [2,]    1    1    1
##
## $new
## [1] 1 2 3 4 5
```

3. 列表中的 **ply 函数

前面介绍过一个非常有用的可以对数据进行"高效分组，同步计算"的函数：ddply()。这个函数的优点在于把一整块数据按照某种规则拆分成多个部分，然后同步计算，各个击破。对比这里介绍的数据结构，它已经天然地把数据分好块，存储在一个列表中。我们不禁要问，有没有一种函数能够对列表中的每个元素同步计算，继续执行类似 ddply() 的第二步呢？当然有，常用的 lapply()，sapply()，mapply()，以及 tapply()，vapply()，rapply() 等都可以实现这类操作，而且各具特色，感兴趣的读者可以查看相应的帮助文档。

下面以一份模拟的"老王耗子药的销售数据"为例，来说明这三个函数到底能帮我们做什么。

2014—2016 年老王卖耗子药的价格如下：

```
# 老王耗子药的单价,单位(元/袋)
(price = list(year2014 = 36:33, year2015 = 32:35, year2016 = 30:27))
## $year2014
## [1] 36 35 34 33
##
## $year2015
## [1] 32 33 34 35
##
## $year2016
## [1] 30 29 28 27
```

老王基本上每年每个季度都要调整一次价格，那怎么看这三年耗子药价格的水平呢？——求均值？其实 lapply() 就可以同时求出所有的均值。

```
# lapply返回列表
lapply(price, mean)
## $year2014
## [1] 34.5
##
## $year2015
## [1] 33.5
##
## $year2016
## [1] 28.5
```

lapply() 函数可以对列表中的每个元素实施某种"相同的操作"，在上面的示例中这个"相同的操作"就是求均值，当然也可以换成求方差、求分位数等其他可以对数值向量操作的函数，如下所示：

```
lapply(price, sd)
## $year2014
## [1] 1.290994
##
## $year2015
## [1] 1.290994
##
## $year2016
## [1] 1.290994
lapply(price, quantile)
## $year2014
##     0%    25%    50%    75%   100%
## 33.00  33.75  34.50  35.25  36.00
##
## $year2015
##     0%    25%    50%    75%   100%
## 32.00  32.75  33.50  34.25  35.00
##
## $year2016
##     0%    25%    50%    75%   100%
## 27.00  27.75  28.50  29.25  30.00
```

均值求出来了，但它仍以列表形式输出，那么如何以向量、矩阵形式输出呢？此处就可以使用函数 sapply()。sapply()与 lapply()的工作原理类似，只是输出的结果就是想要的矩阵或向量，无须再做转换，操作结果如下所示：

```
# sapply默认返回向量或矩阵
sapply(price, mean)
##   year2014 year2015 year2016
##     34.5     33.5     28.5
sapply(price, sd)
##   year2014 year2015 year2016
##   1.290994 1.290994 1.290994
sapply(price, quantile)
##        year2014 year2015 year2016
## 0%       33.00    32.00    27.00
## 25%      33.75    32.75    27.75
## 50%      34.50    33.50    28.50
## 75%      35.25    34.25    29.25
## 100%     36.00    35.00    30.00
```

最后要介绍的函数是 mapply()，它能对多个 list 中相同位置的元素共同作用，也就是 sapply()的多变量版本。以老王耗子药的数据为例，假如现在老王已经大概了解了这几年耗子药价格的波动，但是还不够，老王想知道自己每年最终收入是多少，这就需要结合耗子药的销量数据。老王找出了他每年年底统计的各个季度的销量数据，即下面的 amount：

```
# mapply实现了将price与amount对应元素相乘的效果
(amount = list(year2014 = rep(200, 4), year2015 = rep(100, 4), year2016 = rep(300, 4)))
## $year2014
## [1] 200 200 200 200
##
## $year2015
## [1] 100 100 100 100
##
## $year2016
## [1] 300 300 300 300
```

接下来需要做的是：把每年每个季度的价格与它对应的销量相乘，算出每个季度的总收入。这似乎需要在两个数据对象（列表）中操作，lapply()和 sapply()都不符合要求。此时，就需要用到 mapply()函数，如下所示：

```
(income_quarter = mapply("*", price, amount))
##          year2014 year2015 year2016
## [1,]       7200     3200     9000
## [2,]       7000     3300     8700
## [3,]       6800     3400     8400
## [4,]       6600     3500     8100
```

这里，mapply()函数分别把 price 的第一个元素 year2014 与 amount 的第一个元素 year2014 相乘，price 的第二个元素 year2015 与 amount 的第二个元素 year2015 相乘，依次类推。由于这里所指的每个元素都是一个向量，因此它们相乘的结果仍然是一个向量，最终组合起来即是一个矩阵。需要注意的是：使用 mapply()函数需要在第一个参数中规定一个函数（这里是"＊"），后面几个参数填入列表、向量等，mapply()的作用原理就是对后面几个参数对应位置的元素作用相应函数。

本节介绍了向量、矩阵、数据框及列表这四种常用的结构。后面还会学习各种各样的数据分析算法的 R 语言实现过程，亲眼见证一个有力的工具如何帮我们实现精妙的点子，如何一点点挖掘数据，让规律现身，让事实说话。当然，这一切实现的基础就是我们对数据的类型、结构的精准把握。

2.2　数据读入

2.2.1　结构化数据读入

本章 2.1 节介绍了 R 中各种各样的数据结构，下面介绍如何将数据读入 R 中。分两个部分分别讲解 R 中的数据可以从哪两种渠道获得，常用的

txt，csv，xls 文件里，数据又该如何一键导入 R 中。

1. 创建

数据的第一个来源就是自己创建。尽管这种方法不常用，但还是需要掌握，可以作为辅助。创建数据最重要的就是明确自己需要生成的数据结构及数据类型。前面已经针对每种结构的数据的生成方法做了详细介绍，包括向量(c())，矩阵(matrix())，数据框(data.frame())和列表(list())这四种基本结构。

2. 读入

R 可以从很多常用的统计软件中导入数据，比如 Minitab，SAS，Stata，Sql 里的数据都可以导入。这里以最常见的三种数据格式——txt，csv 和 xls(xlsx)为例来详细说明。

（1）txt。很多时候，我们手里会拿到一个文本文件（后缀名为 .txt），如图 2 - 9 所示。

name	boxoffice	doubanscore	type	duration	showtime	director	star1	index1	star2	index2
叶问3	77060.44	6.4	动作	105	2016/3/4	叶伟信	甄子丹	11385	张晋	4105
美人鱼	338583.26	6.9	喜剧	93	2016/2/8	周星驰	邓超	41310	林允	9292
刑警兄弟	3005.96	5.2	喜剧	97	2016/4/22	戚家基	黄宗泽	9823	金刚	4010
大唐玄奘	3271.44	5.1	剧情	90	2016/4/29	霍建起	黄晓明	32595	徐峥	10318
冰河追凶	4262.14	5.6	动作	102	2016/4/15	徐伟	梁家辉	6911	佟大为	5614
梦想合伙人	8058.15	3.8	剧情	101	2016/4/29	张太维	姚晨	7315	唐嫣	66756

图 2 - 9 电影数据文本格式

对于文本文件，用命令 read.table() 就可以将其数据对象顺利导入，具体使用的语法是：read.table (file_name, header＝logical_value, sep＝"")，其中，file_name 表示文件名，header 用于设置是否把数据的第一行识别为变量名，sep 则用来指定文件中的分隔符。若想把图 2 - 9 所示的电影数据读入 R 中，可以采用如下命令实现：

```
movie_txt = read.table("movie.txt", header = T, fileEncoding = "UTF-8")
head(movie_txt)
##                          name boxoffice doubanscore type duration  showtime
```

```
## 1            叶问3     77060.44        6.4 动作   105  2016/3/4
## 2            美人鱼    338583.26        6.9 喜剧    93  2016/2/8
## 3        女汉子真爱公式   6184.45        4.5 喜剧    93 2016/3/18
## 4 西游记之孙悟空三打白骨精 119956.51        5.7 喜剧   120  2016/2/8
## 5            澳门风云3  111693.89        4.0 喜剧   112  2016/2/8
## 6            功夫熊猫3   99832.53        7.7 喜剧    95 2016/1/29
##    director     star1 index1     star2 index2
## 1    叶伟信    甄子丹  11385    张晋   4105
## 2    周星驰    邓超   41310    林允   9292
## 3    郭大雷    赵丽颖 181979    张翰  44277
## 4    郑保瑞    郭富城  12227    巩俐   8546
## 5    王晶     周润发  16731    刘德华  30277
## 6    吕寅荣  杰克布莱克    178 安吉丽娜朱莉   1540
```

操作非常简单，但要注意，比如你从狗熊会微信公众号下载了数据，输入命令，却出现了以下结果：

```
> movie_txt=read.table("movie.txt",header = T)
Error in file(file, "rt") : 无法打开链结
此外: Warning message:
In file(file, "rt") : 无法打开文件'movie.txt': No such file or directory
```

明明下载了文件，但 R 显示没有这个文件。其实这里缺少了"设定路径"。当你把数据下载下来时，你的数据在哪里？下载文件夹里？但是 R 读入它时，并不知道这个数据文件具体下载到了哪里。这时有两种解决方法。第一种方法是清楚地告诉 R，数据文件存储在哪里，即输入要读取的数据文件的完整路径（也就是存储文件的位置）。

```
# 输入完整路径，可以顺利读入文件,下面命令可读入存在Downloads文件夹中的movie文件, 用户请根据自己的文件路径修改运行
movie_txt = read.table("C:/Users/Dell/Downloads/movie.txt", header = T, fileEncoding = "UTF-8")
head(movie_txt)
##                 name boxoffice doubanscore type duration  showtime
## 1            叶问3    77060.44        6.4 动作   105   2016/3/4
## 2            美人鱼  338583.26        6.9 喜剧    93   2016/2/8
## 3        女汉子真爱公式  6184.45        4.5 喜剧    93  2016/3/18
## 4 西游记之孙悟空三打白骨精 119956.51        5.7 喜剧   120   2016/2/8
## 5            澳门风云三 111693.89        4.0 喜剧   112   2016/2/8
## 6            功夫熊猫3  99832.53        7.7 喜剧    95  2016/1/29
```

```
##   director     star1 index1      star2 index2
## 1  叶伟信      甄子丹  11385      张晋    4105
## 2  周星驰        邓超  41310      林允    9292
## 3  郭大雷      赵丽颖 181979      张翰   44277
## 4  郑保瑞      郭富城  12227      巩俐    8546
## 5    王晶      周润发  16731    刘德华   30277
## 6  吕寅荣  杰克布莱克    178 安吉丽娜朱莉    1540
```

第二种方法是找到下载的数据文件，将其拷贝到工作目录（working directory）。当我们打开一个 R 文件时，它会自动设定一个工作目录（其实就是一个文件夹），在这个工作目录下面读写文件最方便，只需输入完整的文件名即可。默认情况下，工作目录是 R 软件的安装路径，当然也可以通过 setwd()更改工作的文件夹。在实际应用中，通常的做法是先把 R 的工作目录设定在某个文件夹内，再把要用到的数据文件都放入其中，以方便读写。

比如，首先可以用 getwd()获取 R 语言的工作目录，这样把数据 movie.txt 放入该文件夹时，就不需要再输入长长的路径，直接用文件名读入即可。

```
# 用getwd获得工作目录
getwd()
## [1] "D:/狗熊会/R语千寻/R语千寻code&data/第二章 R语言数据操作/2.2 数据读入/2.2.1 结构化数据读入"
# 先把movie文件转移到该工作目录下，即可采用以下命令直接用文件名读取
movie_txt = read.table("movie.txt", header = T, fileEncoding = "UTF-8")
head(movie_txt)
##                   name boxoffice doubanscore type duration  showtime
## 1                 叶问3  77060.44         6.4 动作      105  2016/3/4
## 2                美人鱼 338583.26         6.9 喜剧       93  2016/2/8
## 3           女汉子真爱公式   6184.45         4.5 喜剧       93 2016/3/18
## 4 西游记之孙悟空三打白骨精 119956.51         5.7 喜剧      120  2016/2/8
## 5              澳门风云三 111693.89         4.0 喜剧      112  2016/2/8
## 6              功夫熊猫3  99832.53         7.7 喜剧       95 2016/1/29
##   director     star1 index1      star2 index2
## 1  叶伟信      甄子丹  11385      张晋    4105
## 2  周星驰        邓超  41310      林允    9292
## 3  郭大雷      赵丽颖 181979      张翰   44277
## 4  郑保瑞      郭富城  12227      巩俐    8546
## 5    王晶      周润发  16731    刘德华   30277
## 6  吕寅荣  杰克布莱克    178 安吉丽娜朱莉    1540
```

（2）csv。第二种常见的数据文件格式是 csv，打开如图 2-10 所示。

name	boxoffice	doubanscore	type	duration	showtime	director	star1	index1	star2	index2
叶问3	77060.44	6.4	动作	105	2016/3/4	叶伟信	甄子丹	11385	张晋	4105
美人鱼	338583.26	6.9	喜剧	93	2016/2/8	周星驰	邓超	41310	林允	9292
女汉子真爱公式	6184.45	4.5	喜剧	93	2016/3/18	郭大雷	赵丽颖	181979	张翰	44277
西游记之孙悟空三打白骨精	119956.51	5.7	喜剧	120	2016/2/8	郑保瑞	郭富城	12227	巩俐	8546
澳门风云三	111693.89	4	喜剧	112	2016/2/8	王晶	周润发	16731	刘德华	30277
功夫熊猫3	99832.53	7.7	喜剧	95	2016/1/29	吕寅荣	杰克布莱克	178	安吉丽娜朱莉	1540
谁的青春不迷茫	17798.89	6.4	爱情	108	2016/4/22	姚婷婷	白敬亭	14759	郭姝彤	755
睡在我上铺的兄弟	12561.55	5	爱情	95	2016/4/1	张琦	陈晓	13251	秦岚	9549
冰河追凶	4262.14	5.6	动作	102	2016/4/15	徐伟	梁家辉	6911	佟大为	5614
梦想合伙人	8058.15	3.8	剧情	101	2016/4/29	张太维	姚晨	7315	唐嫣	66756
我的新野蛮女友	3336.83	3.4	喜剧	107	2016/4/22	赵根植	宋茜	81163	车太贤	1789
刑警兄弟	3005.96	5.2	喜剧	97	2016/4/22	戚家基	黄宗泽	9823	金刚	4010
大唐玄奘	3271.44	5.1	剧情	90	2016/4/29	霍建起	黄晓明	32595	徐峥	10318
我的特工爷爷	32009.37	5.3	动作	99	2016/4/1	洪金宝	洪金宝	9148	刘德华	30277
火锅英雄	36624.84	7.3	犯罪	95	2016/4/1	杨庆	陈坤	5763	白百何	10585
百鸟朝凤	8686.14	8	剧情	108	2016/5/6	吴天明	陶泽如	1139	李岷城	3290
夜孔雀	3260.42	4.7	爱情	84	2016/5/20	戴思杰	刘亦菲	58355	刘烨	11248
钢刀	924.86	4.3	动作	94	2016/5/20	阿甘	何润东	11822	李学东	521

图 2 - 10　电影数据 csv 格式

　　csv 的全称是 comma separated values，它是一种用逗号分隔的文件，其跨平台支持性能很好，大部分的数据软件都可以对它直接处理。严格来说，csv 是一种文本文件。图 2 - 11 是用文本编辑器打开的 movie 数据集，从图中可以看到，除了用文本编辑器打开文件时非常凌乱外，它的每个数据列都使用逗号分隔开，而且是半角逗号（就是英文的逗号）。

```
name,boxoffice,doubanscore,type,duration,showtime,director,star1,index1,star2,index2
叶问3,77060.44,6.4,动作,105,2016/3/4,叶伟信,甄子丹,11385,张晋,4105
美人鱼,338583.26,6.9,喜剧,93,2016/2/8,周星驰,邓超,41310,林允,9292
女汉子真爱公式,6184.45,4.5,喜剧,93,2016/3/18,郭大雷,赵丽颖,181979,张翰,44277
西游记之孙悟空三打白骨精,119956.51,5.7,喜剧,120,2016/2/8,郑保瑞,郭富城,12227,巩俐,8546
澳门风云三,111693.89,4,喜剧,112,2016/2/8,王晶,周润发,16731,刘德华,30277
功夫熊猫3,99832.53,7.7,喜剧,95,2016/1/29,吕寅荣,杰克布莱克,178,安吉丽娜莉,1540
谁的青春不迷茫,17798.89,6.4,爱情,108,2016/4/22,姚婷婷,白敬亭,14759,郭姝彤,755
睡在我上铺的兄弟,12561.55,5,爱情,95,2016/4/1,张琦,陈晓,13251,秦岚,9549
冰河追凶,4262.14,5.6,动作,102,2016/4/15,徐伟,梁家辉,6911,佟大为,5614
梦想合伙人,8058.15,3.8,剧情,101,2016/4/29,张太维,姚晨,7315,唐嫣,66756
我的新野蛮女友,3336.83,3.4,喜剧,107,2016/4/22,赵根植,宋茜,81163,车太贤,1789
刑警兄弟,3005.96,5.2,喜剧,97,2016/4/22,戚家基,黄宗泽,9823,金刚,4010
大唐玄奘,3271.44,5.1,剧情,90,2016/4/29,霍建起,黄晓明,32595,徐峥,10318
我的特工爷爷,32009.37,5.3,动作,99,2016/4/1,洪金宝,洪金宝,9148,刘德华,30277
火锅英雄,36624.84,7.3,犯罪,95,2016/4/1,杨庆,陈坤,5763,白百何,10585
百鸟朝凤,8686.14,8,剧情,108,2016/5/6,吴天明,陶泽如,1139,李岷城,3290
夜孔雀,3260.42,4.7,爱情,84,2016/5/20,戴思杰,刘亦菲,58355,刘烨,11248
钢刀,924.86,4.3,动作,94,2016/5/20,阿甘,何润东,11822,李学东,521
```

图 2 - 11　使用文本编辑器打开 csv 文件

　　弄清楚一个文件包含什么分隔符有什么用呢？我们最终想读出来的是一个整整齐齐、横行竖列的数据框，但文本却是以一行一行的形式呈现的，因此就要告诉计算机，这个文件中列与列之间是如何划分的，也就是分隔符是什么。这也正是命令 read.table() 的参数 sep 要设置的内容。函数 read.table() 中的 sep，默认选项是空格。如果想用 read.table() 读取 csv 文件，该如何设置分隔符呢？如果不设置，读入的数据将是什么样呢？如下所示：

如果添加分隔符，结果是这样的：

```
##                        name boxoffice doubanscore type duration  showtime
## 1                      叶问3  77060.44         6.4 动作      105  2016/3/4
## 2                     美人鱼 338583.26         6.9 喜剧       93  2016/2/8
## 3                女汉子真爱公式   6184.45         4.5 喜剧       93 2016/3/18
## 4       西游记之孙悟空三打白骨精 119956.51         5.7 喜剧      120  2016/2/8
## 5                   澳门风云三 111693.89         4.0 喜剧      112  2016/2/8
## 6                   功夫熊猫3  99832.53         7.7 喜剧       95 2016/1/29
##   director     star1 index1      star2 index2
## 1    叶伟信       甄子丹  11385         张晋   4105
## 2    周星驰        邓超  41310         林允   9292
## 3    郭大雷       赵丽颖 181979         张翰  44277
## 4    郑保瑞       郭富城  12227         巩俐   8546
## 5      王晶       周润发  16731        刘德华  30277
## 6    吕寅荣    杰克布莱克    178    安吉丽娜朱莉   1540
```

如果不添加分隔符，结果却是这样的：

```
##    name.boxoffice.doubanscore.type.duration.showtime.director.star1.index1.star2.index2
## 1                  叶问3,77060.44,6.4,动作,105,2016/3/4,叶伟信,甄子丹,11385,张晋,4105
## 2                 美人鱼,338583.26,6.9,喜剧,93,2016/2/8,周星驰,邓超,41310,林允,9292
## 3           女汉子真爱公式,6184.45,4.5,喜剧,93,2016/3/18,郭大雷,赵丽颖,181979,张翰,44277
## 4    西游记之孙悟空三打白骨精,119956.51,5.7,喜剧,120,2016/2/8,郑保瑞,郭富城,12227,巩俐,8546
## 5                澳门风云三,111693.89,4,喜剧,112,2016/2/8,王晶,周润发,16731,刘德华,30277
## 6            功夫熊猫3,99832.53,7.7,喜剧,95,2016/1/29,吕寅荣,杰克布莱克,178,安吉丽娜朱莉,1540
```

其实读入 csv，一般不常用 read.table()，而是用专有函数 read.csv()，前面的介绍主要是为了详细阐释分隔符的含义。如果使用 read.table() 前拿到的是十分工整且正好以空格分隔的文件，那么万事大吉，但如果稍遇到不规整的数据用了比较奇特的符号分隔，那么不仔细观察并特别设置这个参数就会出现问题。

下面正式介绍函数 read.csv() 的使用。它的用法与 read.table() 类似，也是 read.csv("file_name", header＝logical_value)。其实，它就是为 csv

这种数据格式量身定做的。首先无须特别设定分隔符；其次它的参数 header 的默认值就是 TRUE（read. table 的参数 header 的默认值是 FALSE），这也完美契合了大部分实际数据的数据格式。

此外，read. csv() 中还有很多有趣的参数，通过翻阅帮助文档就可一探究竟。有时当按照常规读入却报错时，往往设置一个参数就可以解决，比如本书 1.3 节中介绍过文件的编码问题，可通过设定参数 fileEncoding 解决；再如，发现无法对文字运用文本函数时，可能是读入时 R 默认把它变成了 factor，需要通过设置 stringsAsFactors 参数解决等。这些都是比较常见的问题。

```
#专用函数read.csv
movie_csv = read.csv("电影数据.csv", fileEncoding = "UTF-8"); head(movie_csv)
##                    name boxoffice doubanscore type duration  showtime
## 1                  叶问3  77060.44         6.4 动作      105  2016/3/4
## 2                 美人鱼 338583.26         6.9 喜剧       93  2016/2/8
## 3             女汉子真爱公式   6184.45         4.5 喜剧       93 2016/3/18
## 4 西游记之孙悟空三打白骨精 119956.51         5.7 喜剧      120  2016/2/8
## 5                澳门风云3 111693.89         4.0 喜剧      112  2016/2/8
## 6                功夫熊猫3  99832.53         7.7 喜剧       95 2016/1/29
##    director      star1 index1    star2 index2
## 1    叶伟信     甄子丹  11385     张晋   4105
## 2    周星驰       邓超  41310     林允   9292
## 3    郭大雷     赵丽颖 181979     张翰  44277
## 4    郑保瑞     郭富城  12227     巩俐   8546
## 5      王晶     周润发  16731   刘德华  30277
## 6    吕寅荣 杰克布莱克    178 安吉丽娜朱莉   1540
```

（3）xls（xlsx）。xls（xlsx）是 Excel 中的"原生态"表格数据格式。这可能是 R 初学者最关注的形式了，它的打开与 csv 文件界面类似。

虽然常用，但在 R 里我们并不经常直接读取 xls（xlsx）文件，不仅因为在基础 base 包里没有可以对它直接处理的函数，也因为 xls（xlsx）这种数据格式并不如 csv 的跨平台兼容性好。推荐的做法是将其另存为 csv 格式，然后按照读取 csv 的方法读取。

当然，如果想直接读取 xls（xlsx）文件也不是没有办法。2016 年，

Hadley Wickham（见图 2 - 12）就发布了一个读取 Excel 数据的新包 readxl。

图 2 - 12　readxl 作者 Hadley Wickham

该包中的函数 read_excel() 即可读取一个 xls 或者 xlsx 表格中的某个 sheet，具体用法如下：

```
library("readxl")
# 其中col_names参数仍然是为了设定是否把第一行当作变量名
movie_excel = data.frame(read_excel("电影数据.xlsx", col_names = T)); head(movie_excel)
##                         name boxoffice doubanscore type duration  showtime
## 1                      叶问3  77060.44         6.4 动作      105  2016/3/4
## 2                    美人鱼 338583.26         6.9 喜剧       93  2016/2/8
## 3               女汉子真爱公式   6184.45         4.5 喜剧       93 2016/3/18
## 4 西游记之孙悟空三打白骨精 119956.51         5.7 喜剧      120  2016/2/8
## 5                  澳门风云3 111693.89         4.0 喜剧      112  2016/2/8
## 6                  功夫熊猫3  99832.53         7.7 喜剧       95 2016/1/29
##    director      star1 index1       star2 index2
## 1    叶伟信     甄子丹  11385        张晋   4105
## 2    周星驰       邓超  41310        林允   9292
## 3    郭大雷     赵丽颖 181979       张翰  44277
## 4    郑保瑞     郭富城  12227        巩俐   8546
## 5      王晶     周润发  16731      刘德华  30277
## 6    吕寅荣 杰克布莱克    178 安吉丽娜朱莉   1540
```

2.2.2　非结构化数据——文本数据读入

2.2.1 节介绍了普通数据读入的方法，一般来说，如果数据够规矩、够整齐，按照这一节中介绍的方法，注意路径、分隔符等常见问题，就能顺利读入 R 开始分析了。然而，现实中干净整齐的数据往往是可遇不可求的，再加上数据形式越来越丰富，总会遇到全新出现的数据（见图 2-13），此时首先需要解决的就是如何才能将这些杂乱无章、高度非结构化的数据读入软件。这就是本节要介绍的内容。非结构化数据的形式有很多，本节重点关注文本数据的读入，并展示一些常见"坑"的原因和解决办法。

图 2-13　生活中的文本数据

首先要说明的是，文本数据并非都是非结构化的，有时虽然拿到的数据中包含文本，但它们却是整整齐齐归在一个表里，存储为相对规范的结构化形式。比如狗熊会微信公众号曾推出过一期网络小说排行榜分析，它所使用的数据就包含大量经过结构化的文本数据。这时，只需按照 2.2.1 节中介绍的读入 csv 等标准式数据的方法读入，即可进行后续的分析。需要注意的是，如果包含中文文本，往往需要关注文件的编码问题，比如下面的示例，就用 fileEncoding 参数设定了用 UTF-8 的格式来读取文件。你还可以根据文件的具体编码，为该参数设置 GBK 系列编码来完成读入。

```
novel = read.csv("novel.csv", fileEncoding = "UTF-8")
head(novel)
##   人气排序 小说名称     作者 小说类型 总点击数 会员周点击数   总字数 评论数
## 1        1 一念永恒     耳根 仙侠小说 4383898        10691 1155534 435429
## 2        2 斗战狂潮 骷髅精灵 仙侠小说 1678379        36587  422116  23159
## 3        3     天影     萧鼎 仙侠小说 1248708        32019  373763  25253
## 4        4 不朽凡人 鹅是老五 仙侠小说 2457382         9610  995669 146715
## 5        5 玄界之门     忘语 仙侠小说 3736897         6709 1784999 238113
## 6        6 龙王传说 唐家三少 玄幻小说 2968846         3080 1552654 293934
##   评分 小说性质 写作进程 授权状态       更新时间
## 1  9.8 公众作品   连载中 A级签约 2016/10/23 11:50
## 2 10.0 公众作品   连载中 A级签约 2016/10/22 17:05
## 3  9.8 公众作品   连载中 A级签约 2016/10/23 10:40
## 4  9.9 公众作品   连载中 A级签约 2016/10/22 20:50
## 5  9.8 公众作品 新书上传 A级签约 2016/10/23 10:15
## 6  9.8 公众作品 新书上传 A级签约  2016/10/23 7:00
##
                                    内容简介
## 1
           一念成沧海，一念化桑田。一念斩千魔，一念诛万仙。???
```

图 2-14 是一个典型的微博文本示例。下面以一个微博数据为例，详细介绍非结构化数据的读入操作。

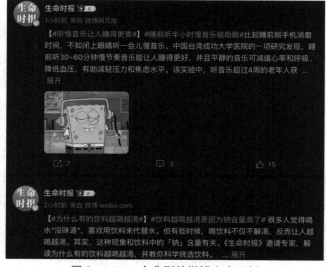

图 2-14　一个典型的微博文本示例

1. 用 read. table()读入

我们首先展示如何读入一份相对整齐的、将文本规整到表格数据的例子。图 2 - 15 展示的是我们的微博数据示范，具体的指标包括脱敏的微博名、所在地、性别、粉丝数、关注人数、微博数、创建时间以及个人描述。

熊粉1	北京	朝阳区	f	371068	183	2862	Wed Nov 24 15:54:44 +0800 2010	职业占星师，占星专栏作者，心理学、神秘学探索者。
熊粉2	甘肃	白银	m	7	314	2	Fri Oct 07 16:42:39 +0800 2011	
熊粉3	海外	英国	f	686	600	1089	Sun Apr 18 22:12:07 +0800 2010	
熊粉4	上海	杨浦区	f	728201	202	11	Mon Aug 31 15:38:13 +0800 2009	日常更新在微信：znxmyzn 工作联系：助理余小姐
熊粉5	北京	东城区	f	508	336	536	Mon Mar 22 22:54:18 +0800 2010	愤青 宝妈 白领 普通青年 伪小资
熊粉6	上海		m	577	499	698	Thu May 06 00:42:56 +0800 2010	
熊粉7	其他		f	147	2000	1272	Thu Nov 01 21:24:44 +0800 2012	
熊粉8	浙江	杭州	m	2189	15	48	Mon Feb 06 11:02:23 +0800 2012	淘宝商城 tmall 天猫 .数据挖掘 数据分析
熊粉9	上海		m	272	307	2403	Thu May 05 16:30:54 +0800 2011	极目楚天舒
熊粉10	海外	其他		17887	2	705	Sun Dec 12 16:29:40 +0800 2010	一个飘在江湖的带刀女人。

图 2 - 15　微博数据文本格式（来源于网络）

显然，可以使用前面介绍的 read. table()进行操作。把文件放入工作空间，并观察它的分隔符，输入命令：read. table("weibo. txt", sep=" \ t")，但一运行，发现 R 给出如下提示：

```
> test=read.table("weibo.txt", sep = "\t")
Error in scan(file = file, what = what, sep = sep, quote = quote, dec = dec, :
  80行没有8元素
```

这可能是在读入数据时经常遇到的 Error（错误）。这个错误的产生通常是由于 read. table()只能读入完整的横行竖列的数据。当某些行存在空字段时，就无法构成完整的表格，因此 R 告诉你某些行并没有该表格每行所需要的 8 个元素。这个问题的解决需要设置一个参数：fill=T，意思就是让 R 在所有空字段部分补上一个空格，从而填满这个表格，即输入read. table("weibo. txt", sep=" \ t", fill=T)。当输入这个命令时会发现，工作空间有了 test 这个对象，似乎是一个 92 行 8 列的数据。但不幸的是又出现了一个警告（Warning）：

```
> test=read.table("weibo.txt", sep = "\t", fill = T)
Warning message:
In scan(file = file, what = what, sep = sep, quote = quote, dec = dec, :
  EOF within quoted string
```

对待这里的 Warning message，可能有读者会选择直接忽略它。既然数据已经读入空间，也没有报错，只是出现了警告，是不是可以放心地使用呢？不然。无视警告的存在很可能会为整个分析埋下隐患，除非你真的了解这个警告无关紧要。比如这里出现的警告，它在拉响什么警报呢？EOF 是 end of file 的缩写，这个错误大致在告诉我们在文件的末尾有一个被引号括起来的字符串有问题。当我们再去查看这个看似被正常读入的文件的最后一行时，会出现如下情况：

```
> test[92,]
         V1            V2 V3 V4 V5 V6                              V7
92 熊粉89  湖北 武汉  m  204 199 437 Fri Apr 09 17:57:51 +0800 2010

   V8
92 Im gonna make him an offer he cannot refuse.\n熊粉90 \t北京 朝阳区 \tf \t376 \t349 \t500 \tFri S
ep 11 20:48:40 +0800 2009 \n熊粉91 \t海外 \tf \t6991 \t665 \t793 \tThu Jan 07 13:44:49 +0800 201
0 \t新华社驻伦敦记者. 言论不代表本单位观点和立场. \n熊粉92\t北京 东城区 \tm \t3333 \t1753 \t15687 \tSat Feb
04 00:19:24 +0800 2012 \t常保松----旅游产品策划人、旅游操作师: 探索旅游发展新思路, 创新旅游营销新模式; 整合旅游
资源打造旅游精品! 愿与各旅游爱好者及同行探讨学习. \n熊粉93 \t北京 海淀区 \tm \t1992 \t730 \t4268 \tMon Jan 1
8 01:55:23 +0800 2010 \t我要做个思想上的女流氓, 生活上的好姑娘, 外形上的柔情少女, 心理上的变形金刚\n熊粉94 \t
北京 \tm \t194252 \t334 \t893 \tSun Nov 01 02:40:46 +0800 2009 \t去哪儿(Qunar.com)旅游搜索联合创始人/C
EO\n熊粉95 \t北京 朝阳区 \tm \t1524 \t430 \t1499 \tWed Feb 16 10:11:01 +0800 2011 \tPE\n熊粉96 \t北京
东城区 \tm \t330 \t372 \t1557 \tFri Feb 25 18:41:38 +0800 2011 \tSomething doesn't kill you will m
ake you stronger!\n熊粉97 \t北京 朝阳区 \tf \t1079 \t909 \t4157 \tSat May 08 22:38:29 +0800 2010
\t专注机器学习和海量数据. 专注互联网及互联网广告. \n熊粉98 \t北京 海淀区 \tf \t322 \t355 \t945 \tThu Feb 11
21:06:09 +0800 2010 \t人生平常, 吃饭穿衣. \n熊粉99 \t北京 朝阳区 \tm \t5114 \t1053 \t3269 \tWed Jun 23
18:19:08 +0800 2010 \t北京共想学院院长: 北京市美发美容行业协会副会长\n熊粉100 \t北京 朝阳区 \tm \t801 \t547
\t568 \tFri Feb 03 11:11:59 +0800 2012 \t网络营销 - 微博营销 - 整合营销 - 立体营销 - 宅营销 - 全民营销
```

再仔细一看，它里面包含了很多 \ n \ t 的换行制表符，而且似乎原本应该读入到下面行的记录被莫名其妙地统统挤在了这一个格子里。如果把 EOF within quoted string 这个错误输入 Stack Overflow 中，会马上看到大家提供的解决办法：将 read. table() 参数中的 quote 重新设置为空，即加入 quote＝""。这样完整的命令是：test＝ read. table("weibo. txt", sep ＝ " \ t", fill ＝ T, quote ＝ ""）。

这次运行完命令后，发现再没有 Error 和 Warning，数据被成功读入了。

再来看 quote 的功能。其实这是一个设置引用字符串的参数，其默认取值是 quote＝" \ "'"（这里单、双引号全部为英文半角，下同），表明默认情况下采用单、双引号表示引用字符串，将其设置为 quote ＝ ""的意思是需要 R 完全禁用引用。仔细看原始数据，会发现这样一个现象：数据中有些行的最后一列描述中会出现带着单引号的字样，比如：

```
I'm gonna make him an offer he cannot refuse.
Something doesn't kill you will make you stronger!
```

在 R 中，单引号被认为是字符串开始或结束的标记，所以只要遇到单引号，R 就会将其后的所有文字当作一个字符。前面看到的密密麻麻的文字，其实就是因为第 92 行微博信息的描述中出现了 "I'm gonna make him an offer he cannot refuse"，被 R 当作一个字符圈进来了。当设置 quote＝""告诉 R 完全禁用引用时，它就不再把 " " 识别为一个字符开始或结束的标记。

需要特别注意的是：有时 R 在发生这个错误时并不提示 Error 和 Warning，但实际上读入的数据比真实的数据行数要少[①]。这提示我们，在将一份数据读入 R 前，最好能在其他软件中先看看它的行列数等基本情况，然后再读入，或许一定程度上能让我们提前察觉某些隐秘错误的产生。

到此为止，就把数据全部读入了。但细心的读者可能还记得，在微博数据的例子中第 80 行数据曾经出现过问题，它现在是什么样的呢？（见图 2－16）

77	熊粉77		北京 朝阳区	m	322963	1550	12048
78	敬请关注【创业人】杂志官方微信，让创业更轻松，资讯更…				NA	NA	NA
79					NA	NA	NA
80	订阅…				NA	NA	NA
81	熊粉78		北京 海淀区	m	287	384	1055
82	熊粉79		北京 朝阳区	m	614	3	34

图 2－16　原始数据缺失情况

这里出现了异常数据才让我们的表格数据不规整，由于这些行与其他数据有很大不同，这个问题的处理留给读者自己思考解决。

2. 用 readLines()读入

函数 read. table()对读入数据格式要求非常高，既要表格齐整，又要

---

① Quotation marks and R's read. Table function. [2023－08－25]. https://biowize. word-press. com/2013/10/08/quotation-marks-and-rs-read-table-function/.

注意各种符号。readLines()则不同，它的必需参数只有一个文件名，即可实现将文本按行读入，然后每一行作为一个字符存储起来，所以整个文本文件读入就是一个字符串。

```
# weibo1是个字符向量
weibo1 = readLines("weibo.txt", encoding = "UTF-8")
head(weibo1)
## [1] "熊粉1 \t北京 朝阳区 \tf \t371068 \t183 \t2862 \tWed Nov 24 15:54:44 +0800 2010 \t职业占星师，占星专栏作者，心理学、神秘学探索者。"
## [2] "熊粉2 \t甘肃 白银 \tm \t7 \t314 \t2 \tFri Oct 07 16:42:39 +0800 2011 \t"
## [3] "熊粉3 \t海外 英国 \tf \t686 \t600 \t1089 \tSun Apr 18 22:12:07 +0800 2010 \t"
## [4] "熊粉4 \t上海 杨浦区 \t728201 \t202 \t11 \tMon Aug 31 15:38:13 +0800 2009 \t日常更新在微信，xnxmyzn 工作联系，助理杂小姐"
## [5] "熊粉5 \t北京 东城区 \tf \t508 \t336 \t536 \tMon Mar 22 22:54:18 +0800 2010 \t愤青 宝妈 白领 普通青年 伪小资"
## [6] "熊粉6 \t上海 \tm \t577 \t499 \t698 \tThu May 06 00:42:56 +0800 2010 \t"
```

如此简单就顺利地读入程序就是它的优势所在。另外，还可以直观地看到各个文字之间的分隔符，方便对各种分隔符、空白符不熟悉的读者查看。

很显然，这里的文字是用 \ t（制表符）分隔的，因此首先要将文字按该分隔符分开。这就涉及文本处理中的一个重要分隔函数——strsplit()，它的基础用法是 strsplit(x, split)，它可实现根据 split 将 x 分割，最终分隔结果以列表形式输出。

```
# 使用字符分割函数将weibo1分开
tmp = strsplit(weibo1, " \t")
class(tmp)
## [1] "list"
tmp[1:2]
## [[1]]
## [1] "熊粉1"
## [2] "北京 朝阳区"
## [3] "f"
## [4] "371068"
## [5] "183"
## [6] "2862"
## [7] "Wed Nov 24 15:54:44 +0800 2010"
## [8] "职业占星师，占星专栏作者，心理学、神秘学探索者。"
##
## [[2]]
## [1] "熊粉2"                              "甘肃 白银"
## [3] "m"                                  "7"
## [5] "314"                                "2"
## [7] "Fri Oct 07 16:42:39 +0800 2011"
```

经过函数 strsplit() 的处理，已经把数据文件变成一个列表。原先每一行的数据变成了列表的一级元素，而该行内的各个指标就成为每个一级元素下面的二级元素，这就初步完成了把指标分开的任务。

需要注意的是，原始数据中包含许多无用的行，需要先把这些杂乱的行去掉再合并成表。这些问题行的特征是，只在第 1 和第 2 列有文字，后面指标取值基本全是空白，而这反映到列表上的特征就是这些行元素的长度"与众不同"，因此应该通过提取列表的元素长度来识别问题行。操作如下：

```
# 查出每个list的元素的长度，来查看异常值
ll = sapply(tmp, length)
# 长度为0和1是异常行，长度为7和8的可以采用
table(ll)
## ll
##  0  1  7  8
##  2  3 26 74
```

果然，这些列表显示原数据有的长度为 0，即对应空行；有的长度为 1，即对应一个空格以及一个异常字符；长度为 7 的是缺少最后一列描述的行；长度为 8 的是正常行。因此，在长度为 7 的行后填补一个空格，就能与长度为 8 的行合并成一个规整的数据框。

```
tmp[ll == 7][1]
## [[1]]
## [1] "熊粉2"                   "甘肃 白银"
## [3] "m"                       "7"
## [5] "314"                     "2"
## [7] "Fri Oct 07 16:42:39 +0800 2011"
# 对含有7个字符补充一个空字符，使得最后选择数据框较完整
tmp[ll == 7] = lapply(tmp[ll == 7], function(x) c(x, ""))
tmp[ll == 7][1]
## [[1]]
## [1] "熊粉2"                   "甘肃 白银"
## [3] "m"                       "7"
## [5] "314"                     "2"
## [7] "Fri Oct 07 16:42:39 +0800 2011" ""
# 将原来含有7个字符和8个字符的合在一起
infoDf = as.data.frame(do.call(rbind, tmp[ll == 7 | ll == 8]), stringsAsFactors = F)
colnames(infoDf) = c("name", "location", "gender", "Nfollowers",
                     "Nfollow", "Nweibo", "createTime", "description")
```

最终合成的数据框如图 2 - 17 所示，实现了和 read. table()一样的效果。

name	location	gender	Nfollowers	Nfollow	Nweibo	createTime	description
熊粉1	北京 朝阳区	f	371068	183	2862	Wed Nov 24 15:54:44 +0800 2010	职业占星师，占星专栏作者，心理学、神秘学探索者。
熊粉2	甘肃 白银	m	7	314	2	Fri Oct 07 16:42:39 +0800 2011	
熊粉3	海外 英国	f	686	600	1089	Sun Apr 18 22:12:07 +0800 2010	
熊粉4	上海 杨浦区	f	728201	202	11	Mon Aug 31 15:38:13 +0800 2009	日常更新在微信：znxmyzn 工作联系：助理佘小姐
熊粉5	北京 东城区	f	508	336	536	Mon Mar 22 22:54:18 +0800 2010	愤青 宝妈 白领 普通青年 伪小资
熊粉6	上海	m	577	499	698	Thu May 06 00:42:56 +0800 2010	
熊粉7	其他	f	147	2000	1272	Thu Nov 01 21:24:44 +0800 2012	

图 2 - 17　合成的数据框示意

3. 用 readLines()读入纯文本数据

文本的分析其实并不一定非要变成结构化数据，有时可直接对文本做处理，比如常见的分词、分段操作等，下面就利用小说《倚天屠龙记》的文本数据来展示其他几种文本预处理操作。

首先仍然通过 readLines()逐行读取小说文本。

```
yitian = readLines("倚天屠龙记.Txt", encoding = "UTF-8")
yitian[1:10]
##  [1] "                一  天涯思君不可忘"
##  [2] "    "春游浩荡，是年年寒食，梨花时节。白锦无纹香烂漫，玉树琼苞堆雪。静夜沉沉，"
##  [3] "浮光霭霭，冷浸溶溶月。人间天上，烂银霞照通彻。浑似姑射真人，天姿灵秀，意气殊高"
##  [4] "洁。万蕊参差谁信道，不与群芳同列。浩气清英，仙才卓荦，下土难分别。瑶台归去，洞"
##  [5] "天方看清绝。""
##  [6] "    作这一首《无俗念》词的，乃南宋末年一位武学名家，有道之士。此人姓丘，名处机"
##  [7] "，道号长春子，名列全真七子之一，是全真教中出类拔萃的人物。《词品》评论此词道，"
##  [8] ""长春，世之所谓仙人也，而词之清拔如此"。这首词诵的似是梨花，其实词中真意却是"
##  [9] "赞誉一位身穿白衣的美貌少女，说她"浑似姑射真人，天姿灵秀，意气殊高洁"，又说她"
## [10] ""浩气清英，仙才卓荦"，"不与群芳同列"。词中所颂这美女，乃古墓派传人小龙女。"
```

然而，段落是小说的意群，readLines()函数把每行读成了一个字符，破坏了原本的段落结构。因此，可以做的一个处理就是分隔段落，将每个段落变成一个字符。完成这个操作需要两步：一是识别段首的标记；二是将段首之间的文本粘在一起成为一个元素。

第一步识别段首的标记。什么是一个段落开始的标记呢？段落开头空两格。因此，可以通过查找开始包含空格的文本来定位段首标记。这里就要用到一个在 R 中"查找固定模式数据"的得力助手——grep()函数，它的用法是 grep(pattern, x)，即查找 x 向量中符合 pattern 模式的字符位置，

pattern 可以是一些固定字符，也可以采用正则表达式规则。如果不熟悉正则表达式，可以参考介绍 help("regex")。此处采用"s＋"这个正则表达式来匹配至少包含一个空格的文本，para_head 就给出了段落开始地方所在的行数。

```
# 在每个字符中找至少有一个空格的标号
para_head = grep("\\s+", yitian, perl = T)
para_head[1:10]
##   [1]  1  2  6 14 20 22 28 55 61 81
```

另外，需要特别注意的是：该函数最后还用到了参数 perl，它用来设定我们采用哪种正则表达式规则。R 中有三类正则表达式可以选择：grep(extended＝TRUE)是默认的 extended 正则表达式；grep(extended＝FALSE)可以改用 basic 正则表达式；grep(perl＝TRUE)则使用 perl 正则表达式，它可以让 R 理解 perl 语言下的正则表达式规则。

提取出段首标记后，就要想办法把中间的文字粘住，读者可以先想想该如何实现这个目的。下面是我们给出的参考方法：

```
# 首先构造一个矩阵，第一列是一段之首的序号，第二列是一段之尾的序号
cut_para1 = cbind(para_head[1:(length(para_head) - 1)], para_head[-1] - 1)
head(cut_para1)
##      [,1] [,2]
## [1,]    1    1
## [2,]    2    5
## [3,]    6   13
## [4,]   14   19
## [5,]   20   21
## [6,]   22   27
# 编写一个函数，将属于一段的文字粘贴起来
yitian_para = sapply(1:nrow(cut_para1), function(i) paste(yitian[cut_para1[i, 1]:cut_para1[i, 2]], collapse = ""))
yitian_para[1:4]
## [1] "                    — 天罡思君不可忘"

## [2] "    春游浩荡，是年年寒食，梨花时节。白锦无纹香烂漫，玉树琼苞堆雪。静夜沉沉，浮光霭霭，冷浸溶溶月。人间天上，烂银霞照通彻。浑似姑射真人，天姿灵秀，意气殊高洁。万蕊参差谁信道，不与群芳同列。浩气清英，仙才卓荦，下土难分别。瑶台归去，洞天方看清绝。"

## [3] "    作这一首《无俗念》词的，乃南宋末年一位武学名家，有道之士。此人姓丘，名处机，道号长春子，名列全真教七子之一，是全真教中出类拔萃的人物。《词品》评论此词道，"长春，世之所谓仙人也，而词之清逸如此。"这首词诵的是梨花，其实词中真意却是赞誉一位身穿白衣的美貌少女，说她"浑似姑射真人，天姿灵秀，意气殊高洁"，又说她"浩气清英，仙才卓荦"，"不与群芳同列"。词中所颂这美女，乃古墓派传人小龙女。她一生爱穿白衣，当真如风拂玉树，雪裹琼苞，兼之生性清冷，实当得起"冷浸溶溶月"的形容，以"无俗念"三字赠之，可说十分贴切。长春子丘处机和她在终南山上比邻而居，当年一见，便写下这首词来。"
```

　　分好段，就可以继续研究诸如人物关系、情节发展等有趣的问题了。在本书第 4 章的文本分析中，会具体介绍小说《倚天屠龙记》的文本分析，读者不妨先思考一下，针对文本这种"不拘一格"的数据，还有哪些"脑洞大开"的分析。

　　总的来说，数据读入可能很简单，也可能很难，解决好这个问题需要对 R 的很多底层编码规则和实现原理有深入了解。

　　需要说明的是，本节介绍的文件读入方式，基本适用于处理常见格式的小规模数据。企业真实生产环境中的数据往往存放于数据库中，那么，如何用 R 与数据库交互读写？感兴趣的读者可以查询狗熊会微信公众号案例一探究竟。

　　本章介绍了 R 语言中的基本数据类型和数据结构，以及常用的数据操作。它们是整理数据、归纳结果的利器。实际数据分析过程中，往往组合使用，如能熟练掌握，则威力无穷。学习本章过程中，不必死记硬背，读者不妨尝试分析实际数据，在实际问题场景中锻炼提升这项技能。

R 语言与统计分析

3.1 描述分析及可视化

3.1.1 基础描述分析

历史上有这样一幅著名的图，它出自克里米亚战争中，一名叫南丁格尔的护士利用一幅扇状的玫瑰饼图展示了她所管理的野战医院里不同月份中死于不同病因的病人数变化（见图 3-1），直观地让英国政府看到：每年死于感染的士兵数（蓝色区域）比死于战场（红色区域）和其他原因（黑色区域）的要多得多，这才终于使得政府开始制定措施改善战地士兵的卫生条件，降低了士兵的死亡率。因此这幅图被称为拯救生命的图表，这也是较早使用统计图形传达信息的例子。

本章将讲述如何画基本统计图形，即对数据的描述分析。描述分析在整个数据分析中占据重要的地位。建模前，它是观察数据、发现问题、识别异常与规律的有力武器；建模后，它是总结规律、表现结论、传递信息的生动方式。因此了解和学习基本的作图方法，无疑会对数据分析大有裨益。下面从 R 语言中的 base 包入手，来介绍统计基本图形的实现。

统计的基本图形并不多，简单来说，柱箱点、折直饼就是我们最常用的图形，具体有柱状图、箱线图、散点图、折线图、直方图和饼图。它们

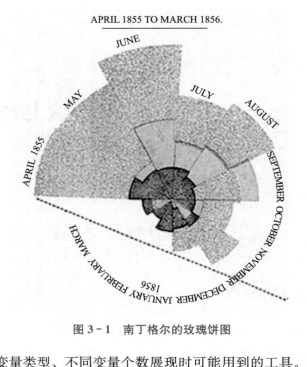

图 3-1　南丁格尔的玫瑰饼图

是针对不同变量类型、不同变量个数展现时可能用到的工具。所谓"工具为用途而生"，用好工具，首先要知道为谁画图。简单来说，问自己两个问题：（1）描述一个变量还是两个变量（多个变量展示通常都是前面基础图的组合，不恰当地使用立体图可能在表面酷炫之下使信息传达失真）；（2）描述的变量是什么类型，是定性变量还是定量变量。回答了这两个问题，就可以参考下面的介绍来选用图形了。接下来介绍各种图形使用的场景及其 R 语言实现。

　　这里面我们选取一份小说数据来展示各种作图方式，数据主要变量如表 3-1 所示。

表 3-1　小说数据变量说明

变量类型	变量名	详细说明	取值范围
因变量	人气排序	单位：名	1～1 549

续表

变量类型		变量名	详细说明	取值范围
自变量	小说信息	小说名称	定性变量：1 548 个水平	例：艾泽拉斯之人族大元帅
		作者	定性变量：1 384 个水平	例：唐家三少
		小说类型	定性变量：13 个水平	例：仙侠小说、都市小说、科幻小说
		总字数	单位：个	3～21 410 000
		小说性质	定性变量：2 个水平	公众作品、VIP 作品
		写作进程	定性变量：11 个水平	例：连载中、新书上传、已经完本
		授权状态	定性变量：8 个水平	A 级签约、A 级、签约作品、专属作品、书坊签约、授权作品、驻站作品、潜力签约
		更新时间	单位：年 - 月 - 日　小时：分钟	例：2016 - 10 - 23　11：50
		内容简介	定性变量：1 549 个水平	例：一念成沧海，一念化桑田，一念斩千魔，一念诛万仙，唯我念……永恒。这是耳根继《仙逆》《求魔》《我欲封天》后，创作的第四部长篇小说《一念永恒》
	会员评价	总点击数	单位：个	12 920～149 800 000
		会员周点击数	单位：个	0～36 590
		评论数	单位：个	107～604 600
		评分	单位：分	0.000～10.000

1. 单变量作图

（1）单个定性变量。所谓定性变量，就是性别、国籍这类描述一个事物质的特性的变量，其取值只能是离散的，比如男、女，中国、英国等。描述该类型变量的图形有两种：柱状图和饼图。

1）柱状图。柱状图适合展示一个定性变量的频数分布，也可用来观察不同类别样本的分布。R 中主要采用 barplot() 函数完成，它的用法是 barplot （height，names. arg），其中 height 是柱子的高度，names. arg 是柱子的名称。例如在小说数据中，小说类型就是一个有不同取值的定性变量，如果想看数据中排名前五的小说类型的频数分布，便可画一幅柱状图（见图 3-2）。

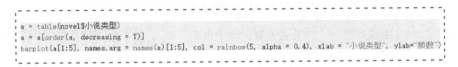

```
a = table(novel$小说类型)
a = a[order(a, decreasing = T)]
barplot(a[1:5], names.arg = names(a)[1:5], col = rainbow(5, alpha = 0.4), xlab = "小说类型", ylab="频数")
```

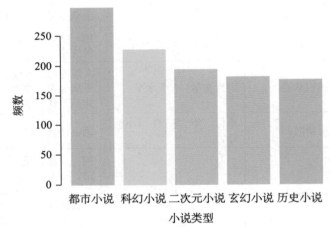

图 3-2　不同类型小说分布柱状图

图 3-2 显示，发布数量最多的是都市小说，其次是科幻小说，然后是二次元、玄幻和历史小说，后三者的数量相差不大。

另外，从代码演示可以看出，barplot()函数的基本参数只需要每个类别的数量，也就是说定义不同柱子高度的向量。后面的常用参数包括：names. arg 可定义每个柱子的名字，即分类变量的类别名称；col 可定义柱子的颜色；main 可定义图标题；等等。需要特别提醒的是：在定义颜色时采用了 rainbow()函数，它可以生成漂亮的彩虹色，还可以通过 alpha 参数来调节透明度，让显示出来的颜色不那么突兀。图 3-2 中的柱状图看似简单，但画不好也很容易突兀难看。

2）饼图。柱状图能用"高度"展现每个类别的数量多少，那还有没有其他展现数量对比的手段呢？有，饼图就是另外一个常用选择。

在 R 中画饼图的核心函数是 pie()，其用法是 pie(numerical vector, labels)，也就是要传入用于画饼图的数字向量（即各类别的频数）以及每块小饼的标签，其他诸如定义颜色、标题等的参数与 barplot()用法相同。简单来说，任意定义一个数值向量，就可以马上为它画张饼图，来展示各自的比例（见图 3 - 3）。

```
pie(c(4000, 3000, 2000, 1000), labels = c("北京", "天津", "上海", "广州"), main = "熊粉成员分布", col = 2:5)
```

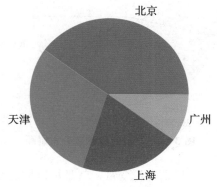

图 3 - 3　熊粉成员分布饼图

当然，这样简单画出来的饼图可能并不满足我们展示的需求。下面结合小说数据，来看看如何让饼图看起来美观。这里新生成一列"小说类别"的变量来辅助说明。

```
# 将小说类型进行简要合并
novel$'小说类别' = "其他"
novel$'小说类别' [novel$小说类型 == "都市小说" | novel$小说类型 == "职场小说"] = "都市类小说"
novel$'小说类别' [novel$小说类型 == "科幻小说" | novel$小说类型 == "玄幻小说" | novel$小说类型 == "奇幻小说"] = "幻想类小说"
novel$'小说类别' [novel$小说类型 == "武侠小说" | novel$小说类型 == "仙侠小说"] = "武侠类小说"
# 求出每一类所占百分比
ratio = table(novel$'小说类别') / sum(table(novel$'小说类别')) * 100
# 定义标签
label1 = names(ratio)
label2 = paste0(round(ratio, 2), "%")
# 画饼图
pie(ratio, col = heat.colors(5, alpha = 0.4), labels = paste(label1, label2, sep = "\n"), font = 1)
```

以上代码展示了画饼图所需要的常用技巧：合并小类、计算百分比以及如何展示各块饼的标签。另外，此处特别推荐另一组颜色设置函数：heat.colors()，它类似于前面讲到的 rainbow()，是一套"配色模板"。heat.colors()可以产生类红色的一组邻近色，适用于渐变色的场景，而且同样可以设置透明度（见图 3 - 4）。

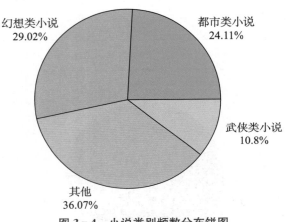

图 3 - 4　小说类别频数分布饼图

（2）单个定量变量。所谓定量变量，就是可以取连续数值的变量，比如年龄、收入等。常见的变量取值可以是不同对象在该变量上的取值，即横截面数据，如电视剧《人民的名义》里所有男演员的身高；也可以是一个变量在不同时期的取值，即时间序列数据，比如《人民的名义》的主角侯亮平在不同时期的收入变化。针对这两种变量，有哪些合适的图来描述呢？

1）直方图。对横截面数据来说，最重要的就是它的分布。分布这个概念在统计学中非常重要，直方图能够直观地展现数据的分布形态及异常值，是清洗和描述数据的小帮手。

R 语言中画直方图的命令是 hist()，直接使用 hist（x）可以简单地画出变量 x 的直方图。当然，如果想展示更全面的信息，就需要设置 hist() 中的其他参数，比如 xlab 可用来设置直方图的横坐标题目，ylab 可用来设置直方图的纵坐标题目，breaks 可用来设置直方图的组数或分割点。设定不同的组数能够展示数据的不同细节，比如将小说字数这个变量取对数后做不同的分组，显示效果如图 3-5 所示。

```
novel$总字数 = novel$总字数 / 10000
par(mfrow = c(1, 2))
chara = sort(novel$总字数)[1:1500]   # 去掉异常值
hist(chara, breaks = 10, xlab = "总字数(万字)", ylab = "频数", main = "", col = "lightblue")
hist(chara, breaks = 100, xlab = "总字数(万字)", ylab = "频数", main = "", col = "lightblue")
```

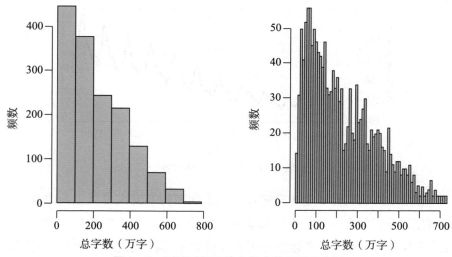

图 3-5　不同组距下的小说字数对比直方图

通过对比观察可以看出，图 3-5 中左图简单直观，可看出小说的数量随着其字数增多而逐渐减少，大部分小说在 200 万字以内；右图则展示了更多的细节，不仅可以观察到总字数在 100 万字左右的小说最多，而且可以看到 200 万字之后还有几个小高峰出现。可见组数越多，可以获取的信息就越丰富。

2）折线图。针对时间序列数据，通常想观察的是该指标随时间变化的趋势，那么折线图就是可以帮助"观趋势，看走向"的有效工具。

在 R 中画折线图很简单，如果数据已经是 R 中的某种数据格式（比如 ts），那么直接采用 plot(x)即可（见图 3-6）。

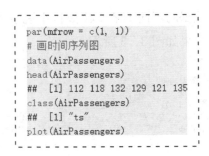

```
par(mfrow = c(1, 1))
# 画时间序列图
data(AirPassengers)
head(AirPassengers)
## [1] 112 118 132 129 121 135
class(AirPassengers)
## [1] "ts"
plot(AirPassengers)
```

图 3 - 6　乘客时间序列图

如果数据仅仅是一个普通向量，又该如何将其变成可用于画图及后续时间序列分析的数据格式呢？如果数据是年、月或者季度数据，可以采用 ts()函数直接转换；如果数据是天数据或者不等间隔的时序数据，可以选择另外一个包 zoo 来生成。下面以电视剧《人民的名义》的百度搜索指数为例示范后一种情况。

首先，生成时间序列数据仅需两步：①设定好时间标签（如本例中的date）；②使用 zoo()函数将时间标签及对应的数据"组合"在一起。将数据改为时间序列格式后，直接采用 plot()函数即可画出折线图（见图 3 - 7）。

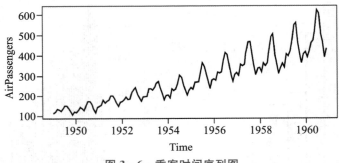

```
# 将搜索指数index变成时间序列格式
index = c(127910, 395976, 740802, 966845, 1223419, 1465722, 1931489, 2514324, 3024847, 3174056, 3208696, 3644736, 4198117, 3868350, 3576440, 3524784, 3621275, 3695967, 3728965, 3845193, 3525579, 3452680, 3535350, 3655541, 3884779, 3780829) / 10000
date = seq(as.Date("2017-3-28"), length = 26, by = "day")
people_index = zoo(index, date)
class(people_index)
## [1] "zoo"
plot(people_index, xlab = "时间", ylab = "百度搜索指数（万）", main = "《人民的名义》搜索指数折线图")
```

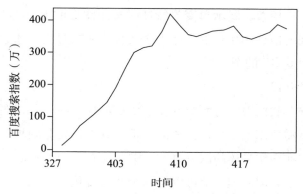

图 3-7　《人民的名义》搜索指数折线图（1）

　　直接使用 plot()函数画出的图的横轴往往会显示时间序列的索引值，如果对横轴显示时间的格式不满意，还可以通过 axis()函数中的 tick 和 label_name 参数来自定义标签，其中 tick 用来确定横轴标记（即小竖线）的位置，label_name 用来设定显示的标签（见图 3-8）。

```
# 更改坐标轴显示内容
plot(people_index, xaxt = "n", xlab = "时间", ylab = "百度搜索指数（万）", main = "《人民的名义》搜索指数折线图")
times = date #or directly times = x.Date
ticks = seq(times[1], times[length(times)], by = "weeks")   # month, weeks, year etc.
label_name = c("3月28日", "4月4日", "4月11日", "4月18日")
axis(1, at = ticks, labels = label_name, tcl = -0.3)
```

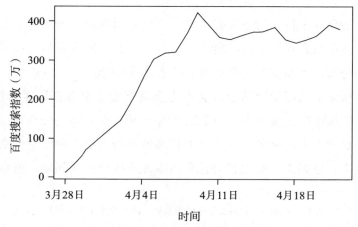

图 3-8　《人民的名义》搜索指数折线图（2）

以上就是在探索、展示单变量特征时常用图形的 R 语言实现。当然，一个变量展现的信息往往有限，有些含义和特征在对比中才愈加明显，下面继续介绍两变量①的图形展示。

2. 两变量作图

很多时候，我们需要将两个或多个变量数据放在一起来洞察更多的规律，这时候就需要用到多变量作图的技术，其中，切分画板是一项重要的基础性功能。在介绍具体的图形之前，需要注意，两变量其实就是两个单变量结合在一起，因此理论上可以将两个变量各放一张图，然后摆在一起对着看。那么怎么让两幅图甚至多幅图摆在一起看呢？这就要用到切分画板功能，最常用的是一种叫规则划分的技术，即使用 par(mfrow＝c(a, b)) 函数将画图的屏幕切分成 a 行 b 列个小格子，然后每画一幅图就放在画图板的一个小格子里，整齐划一。知道如何实现切分画板，下面我们就来看一下不同类型变量应该如何实现多变量作图功能。

（1）定性变量与定量变量。先来探讨如何表现定性变量与定量变量的关系。探索定性变量与定量变量之间的关系是数据分析中很常见的需求，比如，比较不同教育水平的收入差异，比较不同地段的房价差异，比较在电视剧里是好人活的集数多还是坏人活的集数多，这些就是在某个分类变量的标准下，比较另一个定量变量的表现。

可以达到这个目的的方法有很多，这里特别推荐一种图——分组箱线图，一种好用且直观的工具，能够让我们一目了然地看清两组数据的对比及各自的分布。下面就以一个小例子具体说明其用法。

现在市面上的阅读网站经常会推出会员制度来服务不同需求的用户，而我们的数据中就记录了不同的小说是属于 VIP 作品还是公众作品。那么是公众作品的点击数更多，还是 VIP 作品的点击数更多呢？是公众作品的评论数更多，还是 VIP 作品的评论数更多呢？探究这些问题，就可以使用

---

① 多于两个变量的作图往往以两变量作图为基础，故本小节主要介绍两变量作图，并适当延伸至多变量作图。

分组箱线图（见图 3-9）。

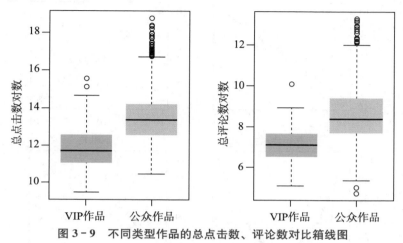

图 3-9　不同类型作品的总点击数、评论数对比箱线图

从图 3-9 可以看到，平均来看，每篇公众作品无论是总点击数还是总评论数都显著比 VIP 作品更多。这种现象不难解释，因为公众作品的读者数量一般都远大于 VIP 作品，点击量和评论量也相对更多。

画分组箱线图的 R 语言命令是 boxplot()，参数可以用"公式形式"表示，即 boxplot(y～x)，其中 y 是要对比的定量变量，x 是分组变量。这表示将 y 按照 x 分组，分别画箱线图。

```
# 将画板分成1行2列
par(mfrow = c(1, 2))
# 不同性质的小说总点击数和评论数有差别吗
boxplot(log(总点击数) ~ 小说性质, data = novel, col = rainbow(2, alpha = 0.3), ylab = "总点击数对数")
boxplot(log(评论数) ~ 小说性质, data = novel, col = rainbow(2, alpha = 0.3), ylab = "总评论数对数")
```

（2）两个定量变量。如果想探究两个定量变量之间的关系，最常用的就是散点图了，它为我们观察两变量的相关方向及相关程度提供了直观的阐释（见图 3-10）。

R 中实现散点图的命令是 plot(x, y)，后面可以加设很多有趣的参数来丰富它，比如为图添加标题的 main，在图上添加文本的 text，设置坐标轴

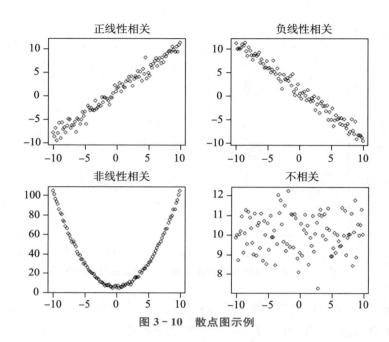

图 3-10　散点图示例

的 xlab，ylab 等，还可以用 col 来设置点的颜色，pch 设定点的形状，cex 设定符号的大小等。

举例来说，想看看小说的总点击数和评论数有何关联，便可以画出如图 3-11 所示的散点图（为显示清晰，这里选取总评论数在 8 000 以下且总点击数在 20 万以下的小说数据做示范）。

从图 3-11 中模模糊糊可以看出一点正相关的迹象，但相关程度并不高。遇到这种情况，可以考虑把某个连续变量离散化，也就是把它分组，变成定性变量，比如这里将总点击数离散化，再与评论数做箱线图（见图 3-12），这时相关关系就更加明显了。

```
# 去除较大的异常值后画图
test = novel[novel1$评论数 < 8000 & novel1$总点击数 < 200000, ]
x = test$总点击数
y = test$评论数
plot(x, y, pch = 1, cex = 0.6, xlab = "总点击数", ylab = "评论数")
```

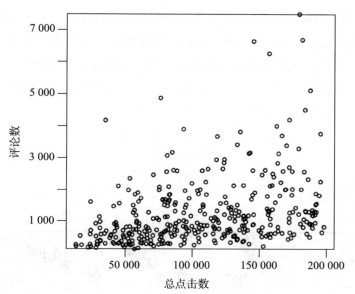

图 3 - 11　总点击数与评论数散点图

```
# 分组做分组箱线图
aa = cut(x, breaks = c(0, 50000, 100000, 150000, 200000), labels = c("(0-5w]", "(5w-10w]", "(10w-15w]", "(15w-20w]"))
boxplot(y ~ aa, col = rainbow(4, alpha = 0.4), xlab = "总点击数", ylab = "评论数")
```

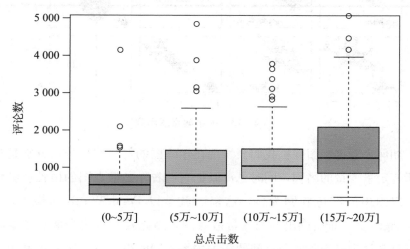

图 3 - 12　不同点击数的评论数分组箱线图

当然，实践中除了要看两个变量的相关图，可能还要同时看很多变量的相关图，那是不是需要提取出两两变量分别画图呢？当然不用，plot(data.frame)就可以输出一个散点图矩阵，每个元素都对应着数据框中每两列对应的散点图（见图 3-13），这样就可以一次性观察所有变量的相关关系。

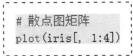

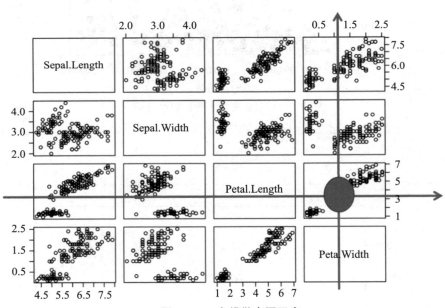

图 3-13　多维散点图示意

如何来看这幅图呢？我们会发现在矩阵图的对角线部分，分别是数据中所有定量变量的名称，同时也可以把它们看作是散点图的横轴和纵轴名称，以图中的红色圆圈为例，这幅图就是以 Petal.Width 为横轴，Petal.Length 为纵轴所画出的两变量散点图，因此我们从这个散点图矩阵可以批量观察定量变量两两之间的相关关系，同时也能够一眼看出其中存在的模式和异常，非常方便。

（3）两个定性变量。前面讲到，一个定性变量可以用柱状图来表示各个水平的取值，而两个定性变量则可采用柱状图的变形——堆积柱状图和并列（分组）柱状图来表现。此处仍采用小说数据做示范，选择包含 2 个水平的变量"小说性质"以及包含 4 个水平的变量"小说类别"作图。首先看两种柱状图的效果（见图 3-14）。

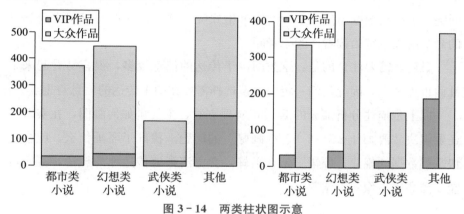

图 3-14　两类柱状图示意

画这种柱状图仍然采用 barplot（）函数，只需要在其中添加参数 beside，将其设为 T 就画出并列柱状图，设为 F 就画出堆积柱状图，所以图 3-14 中的两幅图看起来不同，其实在程序上只不过一个参数的差异。需要注意的是：画这样的图，需要输入给 barplot（）的数据格式是什么呢？

前面介绍柱状图时已经讲到，画单变量柱状图需要输入一个向量，或者类似向量的数据（比如之前用 table（）函数生成的 table 类数据），总之就是让 R 知道每个柱子的高度就行。而如果画堆积或者并列柱状图，又该输入什么格式呢？两个向量？或者一个矩阵？通常会使用矩阵来生成如图 3-14 所示的复合柱状图。图 3-14 所示的两个图就是用以下矩阵生成的。

##	都市类小说	幻想类小说	其他	武侠类小说
## VIP作品	34	45	188	18
## 大众作品	339	404	370	149

仔细比较图 3 - 14 和上面的矩阵可以看出，R 是按列读数画图。将 be-side 设置为 T，R 会将列累计在一个大柱子上；将 beside 设置为 F，R 会将一列的几个数字（所对应的小柱子）紧紧靠在一起。这就是 R 的工作方式。

理解了画图的原理，接着思考：如果要把小说性质（即 VIP 作品/大众作品）放到横轴，让柱子按照小说类别堆积或者并列起来，又该怎么画图呢？怎么把数据整理成上面的矩阵格式呢？这些需求都可以用之前学过的命令解决，留给读者作为思考题。

最后，需要注意的是：这类图由于传达的信息较多，很容易看起来杂乱而重点全无，因此我们一定要谨慎选择需要在图中传达的信息与重点。

以上是描述分析部分的 R 语言实现方法，主要讲如何画图，在实践中还要解决"要画什么"和"怎么画好"的问题。找准了要画什么，就会更快掌握数据的规律；领悟了怎么画好，会更清晰地传达你的想法，甚至可能"漂亮得不像实力派"！

3.1.2　ggplot2 绘图

前面仅仅介绍了 R 中基础作图系统可以达到的效果，下面介绍可以达到更加出众效果的软件包——ggplot2。

1. ggplot2 是什么？

ggplot2 是由 Hadley Wickham 于 2009 年开发的一个 R 包，它提供了一个基于 Wilkinson 所描述的图形语法（并进行一定扩展）的图形系统，目的是提供一个基于语法的、连贯一致的、比较全面的图形生成系统，为用户自己创建各种创新性的数据可视化作品建立基础。官方文档这样描述这个包：它是一个基于图形语法的陈述式绘图系统（"declaratively"crea-ting graphics），你准备好数据，然后告诉 ggplot2 如何把变量映射到坐标轴，使用什么样的图形元素，其他细节它都会自动帮你打理好。简单来说，就是一个帮你画图的 R 包。

这个包自发布以来就一直热度不减，通过 cranlogs 包中的 cran_top_ downloads()可以查看这款包的下载排名（见表 3 - 2）。

表 3 - 2　ggplot2 包热度排名（2023 - 08 - 01 至 2023 - 08 - 30）

Rank	Package	Count
1	ragg	3 361 731
2	textshaping	3 291 571
3	ggplot2	2 439 071
4	devtools	2 109 033
5	pkgdown	2 101 938
6	rgl	1 958 206
7	sf	1 728 950
8	rlang	1 722 034
9	cli	1 528 283
10	vctrs	1 430 142

2. 为什么要用 ggplot2？

为什么要用 ggplot2？如果只需要一个理由，那就是很多人用它。它画出的图与基本款完全不同，且不论 ggplot2 可以画出诸如自画像类的高能图，单从基本图的呈现对比就可初见端倪（见图 3 - 15 和图 3 - 16）。

关于 ggplot2 的设计理念，统计之都创始人谢益辉曾在《ggplot2：数据分析与图形艺术》这本书的中译本序中有过一段精彩论述："R 的基础绘图系统基本就是一个纸笔模型，即一块画布摆在面前，可以在这里画几个点，在那里画几条线，指哪儿画哪儿，但这不是让数据分析者说话的方式，数据分析者不会说这条线用 ♯FE09BE 颜色，那个点用三角形状，他们只会说，把图中的线用数据中的职业类型变量上色，或者图中点的形状对应性别变量，这是数据分析者的说话方式，而 ggplot2 正是以这种方式来表达的。"

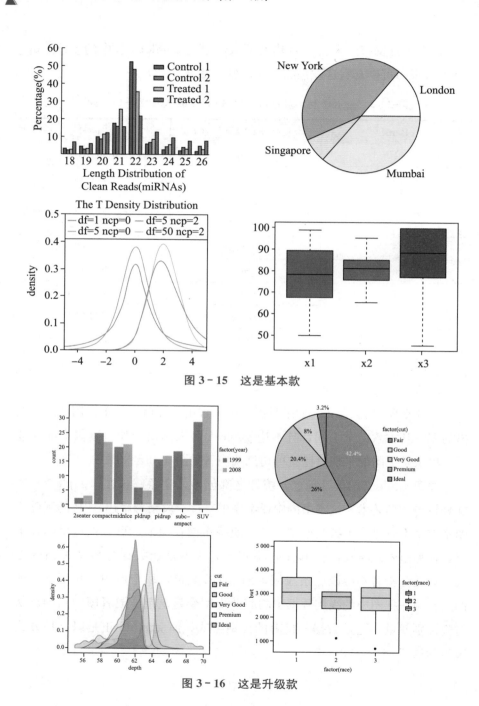

图 3 - 15　这是基本款

图 3 - 16　这是升级款

接下来介绍 ggplot2 的画图理念。具体来讲，ggplot2 画图的核心是采用了图层叠加的设计方式，它基于一套完整的图形语法，这套语法能让你使用相似的元素，包括数据、数据所对应的几何对象以及坐标系来绘制不同的图形。图 3-17 是 *Data Visualization with ggplot2 Cheat Sheet* 一书中的示意图。

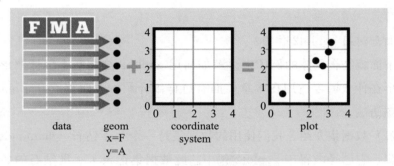

图 3-17　ggplot2 图层映射原理

如图 3-17 所示，数据集中包含 F，M，A 三列变量，将 F 映射到 x 轴，A 映射到 y 轴，再设置这两列变量映射为图中的点，就画出了一幅两个变量的散点图。

还可以将数据集中的某些属性映射为图中几何对象的属性，比如将变量 F 映射为点的颜色属性，把变量 A 映射为点的形状属性，就可以画出如图 3-18 所示的样式。

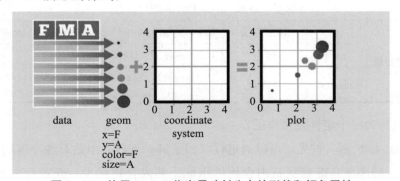

图 3-18　使用 ggplot 将变量映射为点的形状和颜色属性

　　在这个实现过程中，只需要设置把 F 变量映射为点的颜色，但是无须具体规定映射为什么颜色。这就是 ggplot2 的另一个小优点：它会帮你把细节自动处理好，比如颜色选择、图例添加，都会以一种默认颜色和位置输出，如果你对它的设置不满意，也可以自己修改。不过在最初画图探索阶段，它的这项技能可以帮助有效减少对细节的考虑，专注于图形所表达的内容。

　　3. 如何用 ggplot2 作图？

　　下面就结合具体的例子来讲解如何用 ggplot2 绘制基本统计图形。每种图形在什么场合适用在本章前面有过详细介绍，下面重点介绍 ggplot2 的作图语法。

　　（1）数据集介绍。我们使用的数据集是一个关于钻石（diamonds）的数据集，它已经内置于 ggplot2 包中。此数据集记录了一批钻石的各个物理特征及价格等信息，我们将抽取它的前 500 条记录以及 6 个变量作为演示数据，数据的具体情况如表 3-3 和图 3-19 所示。

表 3-3　diamonds 数据变量说明

类型	变量	含义（单位）	范围
定量变量	price	价格（美元）	(366，18 274)
	carat	重量（克拉）	(0.23，2.41)
	z	深度（毫米）	(2.43，5.28)
定性变量	cut	切工等级	Fair, Good, Very Good, Premium, Ideal
	color	颜色	J（worse）-D（best）
	clarity	纯净度	I1（worst），SI2，SI1，VS2，VS1，VVS2，VVS1，IF（best）

　　1）为一个定性变量作图。

　　① 柱状图。首先，可以通过柱状图了解一下数据中钻石纯净度的频数分布。纯净度是度量钻石内含物的指标。其内含物越少，光芒折射越多，也就显得越璀璨。根据美国宝石学院（Gemological Institute of America,

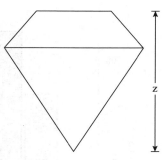

图 3 - 19　钻石变量示意图

GIA）的标准，钻石纯净度可分为 I3，I2，I1，SI3，SI2，SI1，VS2，VS1，VVS2，VVS1，IF，FL 等级别，从前到后依次提高。这里所使用的示例数据范围仅覆盖 I1～IF 部分类型，级别顺序与该标准相同。

前面讲过，ggplot2 采用了图层叠加的原理，因此画柱状图以及其他任何图形之前，要建立一个坐标轴的图层，即定义好数据及坐标映射。采用 ggplot(data，mapping)来设定用哪个数据的哪些变量来作图，将其结果作为第一个图层 p，然后在 p 的基础上叠加柱状图映射命令 geom_bar()即可（见图 3 - 20）。

```
# 基础柱状图
p = ggplot(data = diamond, mapping = aes(x = clarity))
p + geom_bar()
```

从图 3 - 20 可以看出，数据中大多数钻石的纯净度分布在 SI2，SI1，VS2 这三种类型上，频数均在 100 上下。其中 SI2 纯净度用肉眼仔细看可以看到瑕疵，并且内含物通常是黑色的；SI1 纯净度肉眼看不到瑕疵；而 VS2 比 SI1 稍微好点，但差异基本可以忽略不计。所以可以得到结论：数据中所测量的钻石的纯净度大多在中等水平，比较高端的微瑕疵水平 IF，VVS1，VVS2 等则频数较低，当然更低端的 I1 级也较少。

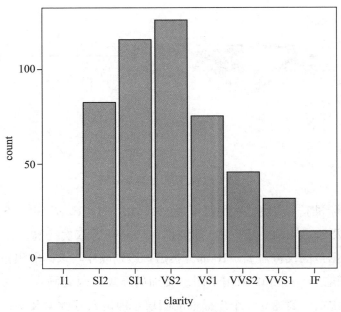

图 3 - 20   钻石纯净度分布直方图

②饼图。通过饼图来了解数据的切工等级（cut）分布。所谓切工，并非指钻石形状，而是指钻石刻面的切磨比例和排列以及工艺质量。钻石的亮度、闪烁和火彩都是由切工决定的。

不像前面介绍的基础画图包，ggplot2 包并没有专门做饼图的命令，它实际上是通过坐标系的转换来完成的，将直角坐标系转换为笛卡儿坐标系。在 ggplot2 的图形语法中，这两种坐标系属于同一个成分，可以自由拆卸替换，笛卡儿坐标系中的饼图正是直角坐标系中的柱状图，其中柱状图中的高就对应饼图中的角度。因此用这个包画饼图时需要先画出柱状图，然后通过坐标系的转换来做出最后的大饼。下面通过拆解步骤来详细讲解。

step 1：统计频数（此处也可使用 table()），即统计出每一类别的频数。

```
df1 = ddply(diamond, .(cut), nrow)
(df1 = df1[order(df1$V1, decreasing = T), ])
##         cut  V1
## 5      Ideal 212
## 4    Premium 130
## 3 Very Good 102
## 2      Good  40
## 1      Fair  16
(pos = (cumsum(df1$V1) - df1$V1/2))
## [1] 106 277 393 464 492
```

step 2：画出堆积柱状图（见图 3-21）。此处采用 cut 变量来进行颜色区分。geom_bar()中设置图形的宽度为 1，并采用原始未经过变换的数据作图（设置参数 stat＝"identity"）。

```
ggplot(df1, aes(x="", y = V1, fill = factor(cut))) +
  geom_bar(width = 1, stat = "identity") +
  scale_fill_manual(values = rainbow(5, alpha = 0.4))
```

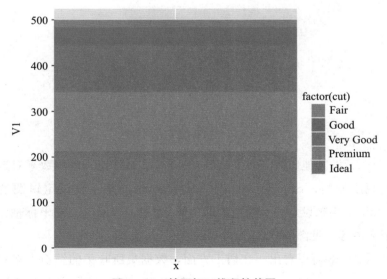

图 3-21   钻石切工堆积柱状图

step3：变成极坐标，并加比例标签。这里最重要的是使用 coord_po-lar()来进行极坐标变换，同时通过 geo_text()来为饼图加标签。需要特别注意的是，上面累计柱状图的总频数为 500，换到极坐标时可以简单地理解为一圈有 500 度，因此在设定标签位置 pos 时需要用到累计频数，并加以适当调整，确保数值标签显示在合适的位置上（见图 3 - 22）。

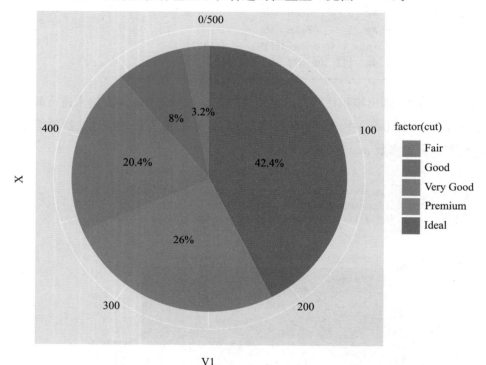

图 3 - 22　钻石切工饼图雏形

step 4：做其他修饰（去框调色）。可以添加其他一些参数来对这个图进行美观度调整，比如通过 scale_fill_manual()来手动设定饼图的颜色（其中 values 用来设定各个颜色的取值），通过 theme()来把坐标轴、外圈的标记去掉等（见图 3 - 23）。

从图 3 - 23 可以看出，在切工方面，数据集所收集的钻石大多集中在 Ideal，Premium 和 Very Good 这三个等级上，可以说集中在非常好的水平。这些等级有什么具体含义呢？严格来说，它们是用来衡量钻石切割打磨后获得的各部分围绕中心点的水平对称程度的，是一项评价切工的重要指标。对称的切割会令闪光及火彩更加强烈。国外钻石证书关于对称性的评价比较详细，从高到低依次有 Ideal（ID），Excellent（EX）（或 Premium），Very Good（VG），Good（G），Fair（F），所以数据中的钻石大多是切工方面的上乘品。

```
ggplot(df1, aes(x="", y = V1, fill = factor(cut))) +
  geom_bar(width = 1, stat = "identity") +
  coord_polar(theta = "y") +
  geom_text(aes(y = pos, label = paste(round(V1 / sum(V1) * 100, 2), "%", ""))) +
  scale_fill_manual(values = rainbow(5, alpha = 0.4)) +
  theme(axis.title = element_blank(), axis.text = element_blank(), axis.ticks = element_blank())
```

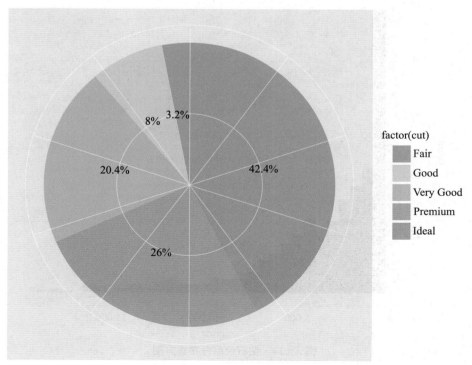

图 3-23　钻石切工分布饼图

2）为一个定量变量作图。

①直方图。通过直方图来了解最关心的问题——这批钻石的价格分布。对一个定量变量做直方图，首先仍然是将数据映射到坐标轴上，然后通过 geom_histgram()来设定做直方图即可（"图层叠加"的好处是可以将数据映射在坐标轴，做好底层图后，再通过不同命令随意添加各种合适的图，一个"＋"号就连接起了各个图层和参数）（见图 3 - 24）。

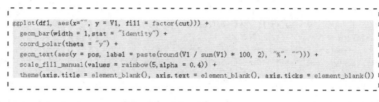

```
ggplot(df1, aes(x="", y = V1, fill = factor(cut))) +
  geom_bar(width = 1, stat = "identity") +
  coord_polar(theta = "y") +
  geom_text(aes(y = pos, label = paste(round(V1 / sum(V1) * 100, 2), "%", ""))) +
  scale_fill_manual(values = rainbow(5, alpha = 0.4)) +
  theme(axis.title = element_blank(), axis.text = element_blank(), axis.ticks = element_blank())
```

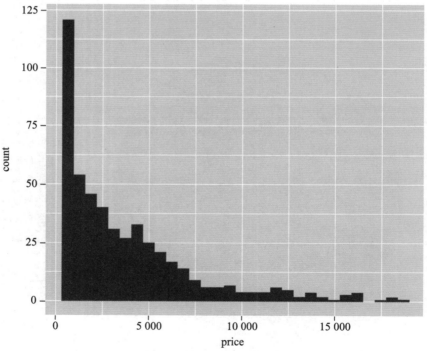

图 3 - 24　钻石价格分布直方图

图 3 - 24 显示，这批钻石的价格以低价为主，大部分钻石集中在 5 000

美元以下，也有部分钻石在 5 000 美元和 10 000 美元之间，再昂贵的钻石数量就很少了。

同样，如果想观察更多数据上的细节，可以通过变换组距、组数来完成，仅需要在 geom_histogram( )中设定参数 bins 或 binwidth 就可实现（见图 3-25）。

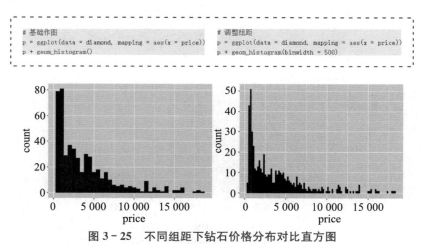

```
# 基础作图
p = ggplot(data = diamond, mapping = aes(x = price))
p + geom_histogram()
```

```
# 调整组距
p = ggplot(data = diamond, mapping = aes(x = price))
p + geom_histogram(binwidth = 500)
```

图 3-25　不同组距下钻石价格分布对比直方图

变换了组数之后，便可在分布图中看到更多的小突起，比如在 10 000 美元以上的钻石中，12 000 美元、14 000 美元左右的钻石也相对较多。

②折线图。还有一类变量也是定量变量，一般以时间序列的格式呈现，这时通常会用折线图来表现它随时间变化的趋势。折线图的绘制通过＋geom_line( )即可完成（见图 3-26）①。

```
# 将搜索指数index变成时间序列格式
index = c(127910, 395976, 740802, 966845, 1223419, 1465722, 1931489, 2514324, 3024847, 3174056, 3208696, 3644736, 4198117, 3868350, 3576440, 3524784, 3621275, 3695967, 3728965, 3845193, 3525579, 3452680, 3535350, 3655541, 3384779, 3780629) / 10000
dat = seq(as.Date("2017/3/28"), length = 26, by = "day")
people_index = data.frame(date = dat, index = index)
p = ggplot(people_index, mapping = aes(x = date, y = index))
p + geom_line()
```

①　由于 diamonds 数据中并不包含时间序列格式的变量，因此用电视剧《人民的名义》搜索指数来展示折线图的画法。

　　想要让图形更好看，还可以通过添加 colour 参数及＋geom_area()函数来绘制面积图（见图 3 - 27）。

```
p + geom_line(colour = "green") + geom_area(colour = "green", alpha = 0.2)
```

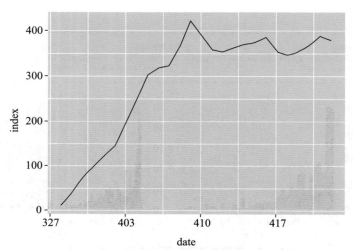

图 3 - 26　　《人民的名义》搜索指数分布折线图（原始版）

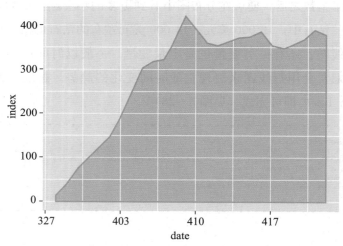

图 3 - 27　　《人民的名义》搜索指数分布折线图（阴影版）

从图 3-27 可以看出，《人民的名义》自 2017 年 3 月 28 日开播，搜索指数一路飙升；4 月 9 日左右到达顶峰，高达 410 多，这段时间也是该电视剧持续涨粉的阶段；4 月 9 日之后每天的搜索指数就稳定在 350~400，说明这段时间的搜索主要来自日常追剧的固定粉丝们。

3）为两个变量画图。

①定性变量与定量变量——箱线图。前面讲到，箱线图也是表现定量变量尤其是对比分组定量变量分布的利器。在 ggplot2 包中，直接使用 geom_boxplot() 做出箱线图，里面的参数设置更加直观：用 a 分组就把 aes() 中的 x 设置为 a，探求因变量 b 的分布就把 aes() 中的 y 设置为 b。想要用颜色更明显地区分效果，还可以通过 fill 把柱子的填充色映射为分类变量。沿用表 3-3 的数据，切工是决定一颗钻石闪不闪亮的重要指标，那么高等级的切工是否对应着高价格呢？可以用分组箱线图来回答这个问题（见图 3-28）。

```
# 分组箱线图
ggplot(diamond) + geom_boxplot(aes(x = cut, y = price, fill = cut))
```

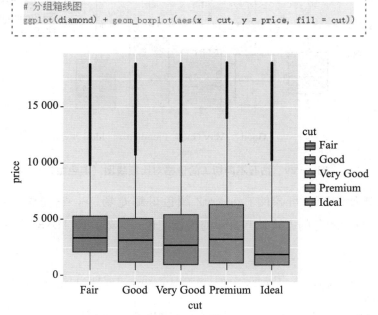

图 3-28　钻石不同切工的价格对比箱线图（原色版）

　　从图 3-28 来看，切工的等级与价格没有特别明显的关系，可见钻石的贵贱还需要综合其他很多因素来看。

　　若要更换柱子的颜色同样可以采用 scale_fill_manual()函数。在绘制饼图时展示了将 value 直接设置为彩虹色 rainbow()的情形，这里展示另一种设定方法——直接指定各个颜色的顺序来为柱子填色（见图 3-29）。

```
# 增加自定义配色
ggplot(diamond) + geom_boxplot(aes(x = cut, y = price, fill = cut)) + scale_fill_manual(values = c("lightpink", "lightyellow", "lightgreen", "lightblue", "mediumpurple1"))
```

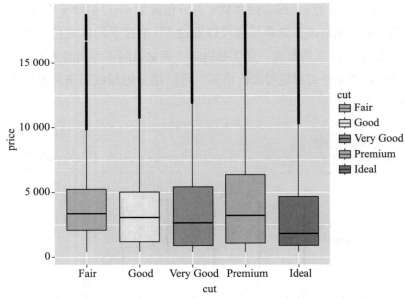

图 3-29　钻石不同切工的价格对比箱线图（填色版）

　　关于如何配色可参阅"ggplot2 颜色讲解专场"[1]，它完整地讲解了 ggplot2 设置颜色的方式及其自带的模板配色；另外，RCHARTS 网站[2]也

展示了从 16 个 R 包中搜集的 497 个配色模板，只需要在 paletter 包中一键即可获取，方便极了！

②两个定量变量——散点图。其操作思路和箱线图一样，即做出基本图层 p，然后加 geom_point()就绘制出了散点图。下面可以看看经常让大家哗然的"鸽子蛋"是不是价格真的比其他钻石高（见图 3 - 30）。

```
# 基础作图
p = ggplot(data = diamond, mapping = aes(x = carat, y = price))
p + geom_point()
```

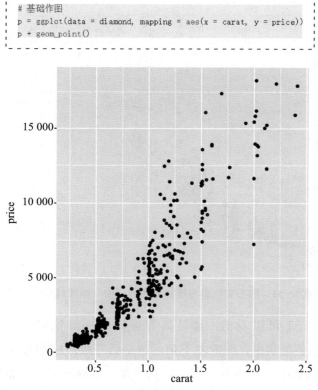

图 3 - 30　钻石克拉数与价格分布散点图（原始版）

如图 3 - 30 所示，钻石的克拉数越大，其价格就越高，而且趋势略显陡峭，这也就意味着：在大钻石中，克拉数每增长一个单位，价格涨得更快。

当然，可以画的散点图并不都是这么单调，加上几个参数，就可以轻松把其他几何属性映射进去。比如想分出不同纯净度的钻石点来，就可以做出图 3 - 31。

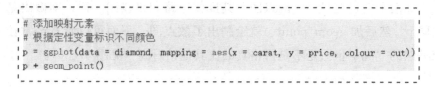

```
# 添加映射元素
# 根据定性变量标识不同颜色
p = ggplot(data = diamond, mapping = aes(x = carat, y = price, colour = cut))
p + geom_point()
```

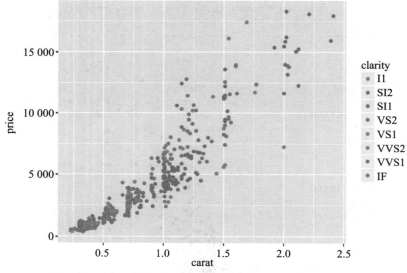

图 3 - 31　钻石克拉数与价格分布散点图（颜色对应纯净度）

从图 3 - 31 可以看出，越是高等级对应的鲜艳颜色（IF，VVS1，VVS2）的点就越集中在图的左下角，越是低等级对应的较暗颜色（SL1，SL2）的点越集中在图的右上方。也就是说，数据测量的这批钻石，纯净度高的大多是克拉数小的，因此也就多处于低价位区间；纯净度低的大多是克拉数大的，所以也有个别处于较高的价位。如果映射一个类别数目小的定性变量可能就看得更清楚了，读者可以自行变换尝试。

当然，谈到可以映射为颜色的变量，并不一定是定性变量，定量变量也可以。比如把 z（即钻石深度）作为颜色添加进去，就可以发现深度更大的钻石价格也更高（见图 3 - 32）。

```
# 根据定量变量标识不同颜色
p = ggplot(data = diamond, mapping = aes(x = carat, y = price, colour = z))
p + geom_point()
```

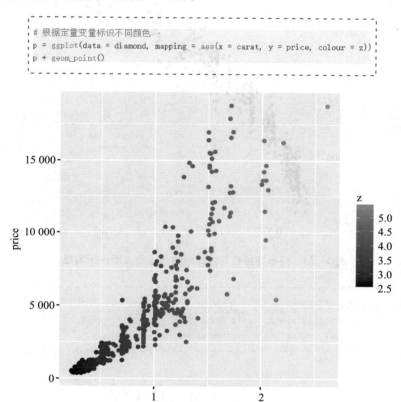

图 3 - 32　钻石克拉数与价格分布散点图（颜色对应深度）

除了增加映射，还可以把各种想用的、常用的操作直接加在后面，比如：y 值做了变换后再画图，直接加 scale_y_log10( ) 即可对 y 值取以 10 为底的对数（见图 3 - 33）；要增加一条拟合曲线，则通过 stat_smooth( ) 即可，这就是 ggplot2 的美妙与方便之处（见图 3 - 34）。

```
# 增加统计变换
p = ggplot(diamond, aes(x = carat, y = price)) + geom_point()
p + scale_y_log10()
```

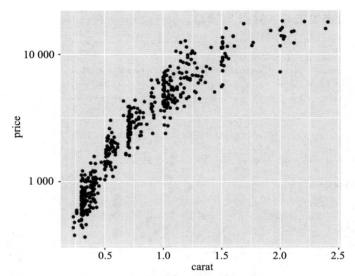

图 3 - 33　钻石克拉数与对数价格分布散点图（原始版）

```
# 增加拟合曲线
p = ggplot(diamond, aes(x = carat, y = price)) + geom_point()
p + scale_y_log10() + stat_smooth()
```

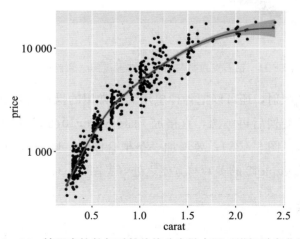

图 3 - 34　钻石克拉数与对数价格分布散点图（增加拟合曲线）

③两个定性变量——柱状图。下面介绍用于表现两个定性变量关系的分组柱状图如何用 ggplot2 包实现。

前面用柱状图展示了钻石中各等级纯净度的频数分布，如果想在其中同时展示不同等级的钻石对应的切工情况，就可以设计把这两个变量交叉，画出累计柱状图，即直接通过 fill 把切工等级映射为颜色（见图 3 - 35）。

```
# 增加其他映射元素,成为累计柱状图
p = ggplot(data = diamond, mapping = aes(x = clarity, fill = cut))
p + geom_bar()
```

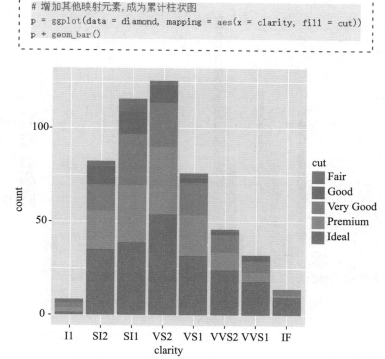

图 3 - 35　不同纯净度、切工等级的钻石分布累计柱状图

从图 3 - 35 中不但可以看到不同纯净度钻石的分布，还可以看到，除 I1 外，每种纯净度的钻石中都是切工等级为 Ideal 的最多，等级为 Fair 的最少，尤其是比较高的等级 IF 中几乎全是 Very Good 以上级别的切工，这些都是让人眼前一亮的精品钻石。

如果想看切工为 Ideal，Premium，Very Good 级别的钻石在哪个纯净度上分布最多，可能分组柱状图表现得更明显。那么只需要在 geom_bar() 中设定 position＝"dodge"，累积柱状图就变成了分组柱状图（见图 3-36）。

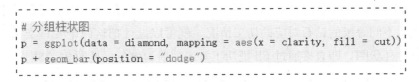

```
# 分组柱状图
p = ggplot(data = diamond, mapping = aes(x = clarity, fill = cut))
p + geom_bar(position = "dodge")
```

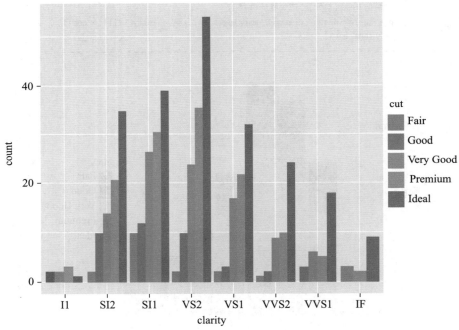

图 3-36　不同纯净度、切工等级的钻石分布分组柱状图

从图 3-36 可以看出，高级别的切工质量基本上集中分布在纯净度为 VS2 的等级。当然，如果觉得图中的颜色太多太艳，还可以参考前面介绍的颜色设置来调整。

上面介绍了 ggplot2 的基本使用方法，领略了一种全新的基于图层的绘图思想，以及一些具体统计图形的绘制方法，并穿插了诸如更换颜色、增加分面、添加拟合线、对数据进行对数变换等小技巧①。

3.1.3　交互数据可视化

前面介绍了通过把数据可视化，可以方便地了解信息，而如果让图像动起来，甚至能随着我们的操作而展示不同细节的信息，这样无疑会让我们的探索更加有趣，也让我们有机会以不同的视角观察不同的数据。

下面就来介绍一款可以实现交互可视化的 R 包——plotly，看看它在表现常规统计图形时有哪些新意。

plotly 是个交互式可视化的第三方库，官网提供了 Python，R，Matlab，JavaScript，Excel 等接口，因此可以很方便地在这些软件中调用 plotly，从而实现交互式的可视化绘图（见图 3-37）。

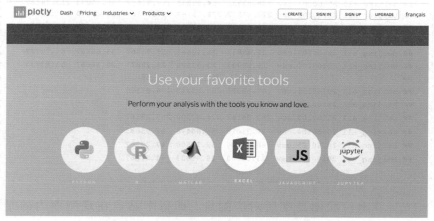

图 3-37　plotly 官网主页（**https://plot.ly/**）

下面就来介绍如何在 R 中调用 plotly。使用 plotly 绘制各种图形时，其基本语法的构造类似于 ggplot2 包，均是采用同一个函数 plot_ly( ) 来画图，仅仅通过设置其中的参数 type 来变换图表类型。

———————

① 更多的技巧可通过谷歌搜索，以及参照 Wickham 的《ggplot2：数据分析与图形艺术》一书获得。

（1）一个定性变量。

1）柱状图。前面提到，柱状图可以用来表现一个定性变量的频数分布，这是最常见的用法。其核心是可以比较不同数字的大小。下面以不同组别的平均值画柱状图的例子讲解交互式柱状图的画法。

雾霾是近年大家密切关注的问题。这里采用收集的北京市 2016 年 1 月 1 日至 2016 年 12 月 17 日 PM2.5 每日均值的数据来演示柱状图的画法。

数据的情况如下所示，每一列代表收集的地点所测出的 PM2.5 数值。

```
head(beijing)

##                               东四        奥体中心      农展馆        万柳          丰台花园
## beijing_all_20160101.csv  178.83333   164.95833   199.91667   158.45833   212.29167
## beijing_all_20160102.csv  278.12500   272.79167   299.54167   226.08333   275.29167
## beijing_all_20160103.csv  245.62500   263.37500   229.25000   286.04167   269.45833
## beijing_all_20160104.csv   45.75000    45.45833    45.91667    44.91667    59.08333
## beijing_all_20160105.csv   36.45833    31.16667    30.91667    35.66667    44.72727
## beijing_all_20160106.csv   25.58333    23.87500    24.20833    35.16667    53.83333
##                               前门        西直门北      南三环
## beijing_all_20160101.csv  187.50000   183.08333   196.87500
## beijing_all_20160102.csv  287.58333   278.91667   309.08333
## beijing_all_20160103.csv  243.04167   274.87500   255.29167
## beijing_all_20160104.csv   49.31818    56.90476    67.95833
## beijing_all_20160105.csv   40.12500    39.12500    47.29167
## beijing_all_20160106.csv   33.00000    28.95833    44.41667
```

先计算出柱状图高度所对应的量，即每个站点在观测期内的平均 PM2.5 值，提取出地点名称，就可以输入函数 plot_ly() 来做柱形图了。

plot_ly() 函数的基本用法是：plot_ly(x, y, type)，其中 x 用来设定映射到横坐标的向量，y 用来设定映射到纵坐标的向量，type 可以设置图像的类型，此处将 type 设置为 bar 就可以绘出柱状图（见图 3-38）。当把鼠标移动到任何一根柱子上时，就会实时显示出它的数值和对应的地点（这就是交互图形的意思）。

```
(region = colnames(beijing))
## [1] "东四"      "奥体中心" "农展馆"    "万柳"      "丰台花园" "前门"
## [7] "西直门北" "南三环"
(ave = colMeans(beijing, na.rm = TRUE))
##      东四 奥体中心    农展馆      万柳 丰台花园      前门 西直门北    南三环
## 75.94799 70.38502 72.32767 68.08196 77.22076 75.91348 76.10136 83.26484
(p = plot_ly(x = region, y = ave, type = "bar"))
```

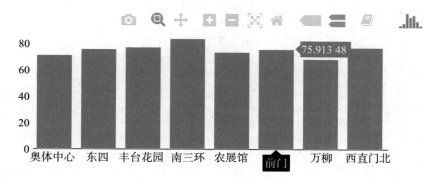

图 3 - 38　北京各地区 PM2.5 分布柱状图

从图 3 - 38 可以直观看出，在 2016 年南三环、丰台花园以及西直门北等地区的 PM2.5 污染相对严重，但各地区整体差异并不十分明显。

如果并不满足于此，还想通过颜色的设置突出这一年中平均 PM2.5 值最高的地区，就可以通过 marker 来设置。marker 中 color 可以用来设置各个柱子对应的颜色，将想要的颜色的 RGB 值以及 alpha 透明度值输入 rgba 就可以达到目的（见图 3 - 39）。

2）饼图。饼图是一个表现整体各个组成部分比例的好工具，可是常规的饼图往往为了简洁，只用标签显示各个类别的数值或者比例之一，如果还想知道另一项怎么办呢？这时要用到交互式饼图。

```
(p = plot_ly(x = region, y = ave, type = "bar",
        marker = list(color = c('rgba(204, 204, 204, 1)', 'rgba(204, 204, 204, 1)', 'rgba(204, 204, 204, 1)',
                                'rgba(204, 204, 204, 1)', 'rgba(204, 204, 204, 1)', 'rgba(204, 204, 204, 1)',
                                'rgba(204, 204, 204, 1)', 'rgba(222, 45, 38, 0.8)'))
))
```

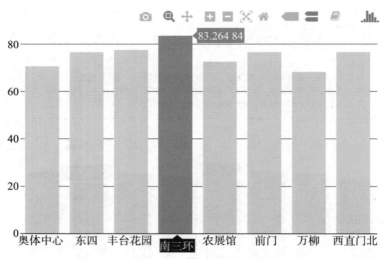

图 3 - 39　突出显示平均 PM2.5 最高的地区

一般来讲，画饼图之前要先统计出各个类别的频数，形成一个数据框，然后用它来绘制图形。这里为简单起见，直接生成一组示例数据 pie-Data，其中 value 是各类别的频数，group 是类别的标号。

```
(pieData = data.frame(value = c(10, 30, 40), group = c("A", "B", "C")))
##    value group
## 1   10     A
## 2   30     B
## 3   40     C
```

有了这个数据，就可以输入 plot_ly()，设置 type＝"pie"来绘制图形。不同于绘制柱状图，这里不需要设定 x，y，而关键是要设定 labels 和 values 的参数，labels 用来设置类别名称，values 用来指定类别的频数。

```
(p = plot_ly(pieData, values = ~ value, labels = ~ group, type = "pie"))
```

这样就画出了一个基本的图形（见图 3 - 40）。鼠标移到相应类别，就会显示出它的其他信息。

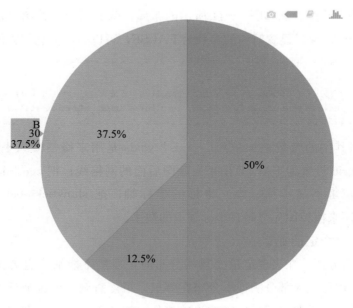

图 3 - 40　动态饼图

当然，如果 R 版本不够新，很可能输入以上命令后，R 会跳出如图 3 - 41
所示的一幅图：附带着横纵坐标以及多余的网格线。

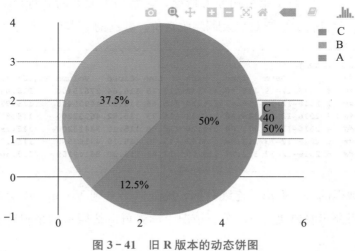

图 3 - 41　旧 R 版本的动态饼图

　　如果不希望看到如图 3 - 41 所示的布局，就要用到调整图片外观的函数 layout()，通过设置对应的参数为 FALSE，可以一一把它们去掉。

```
# layout(p,
#        xaxis = list(showgrid = FALSE, zeroline = FALSE, showticklabels = FALSE),
#        yaxis = list(showgrid = FALSE, zeroline = FALSE, showticklabels = FALSE))
```

　　再对其中的参数稍加解释。xaxis，yaxis 是用来修整横纵坐标轴的；将 showgrid 设置为 FALSE 用来去除图后面的网格线；把 zeroline 设置为 FALSE 用来不显示横（纵）坐标的坐标轴；把 showticklabels 设置为 FALSE 用来擦掉原先分布在坐标轴上的数字。

　　（2）一个定量变量。

　　1）直方图。在表现定量变量的分布时，当然不能缺少直方图。通过直方图可以看到大部分的样本分布在哪里，虽然直观，但也缺乏细节。如果不仅要展示整体，而且要展示关键部分的细节数据，那么动态图就是必然选择。

　　下面以苹果公司的股价数据为例。我们收集了 2010 年 2 月 1 日至 2016 年 12 月 19 日苹果公司股价情况，包括当天股票的开盘价、最高点、最低点、收盘价、成交量以及调整收盘价。数据的基本结构如下所示：

```
head(AAPL)
##         Date   Open   High    Low  Close   Volume Adj.Close
## 1 2016-12-19 115.80 117.38 115.75 116.64 27675400    116.64
## 2 2016-12-16 116.47 116.50 115.65 115.97 44055400    115.97
## 3 2016-12-15 115.38 116.73 115.23 115.82 46232200    115.82
## 4 2016-12-14 115.04 116.20 114.98 115.19 33433200    115.19
## 5 2016-12-13 113.84 115.92 113.75 115.19 43167500    115.19
## 6 2016-12-12 113.29 115.00 112.49 113.30 26149100    113.30
```

　　该数据的每一列都是连续数据，此处以第 6 列 Volume 成交量为例来展示苹果公司股票成交量的分布情况。读者可以仿照示例来观察其他变量的分布。

　　直方图同样采用 plot_ly() 函数绘制，但需要注意的是，设置 type＝

"histogram"；x 坐标的命名方法是用符号 "～"，表示将 Volume 变量映射到 x 轴上（见图 3 - 42）。

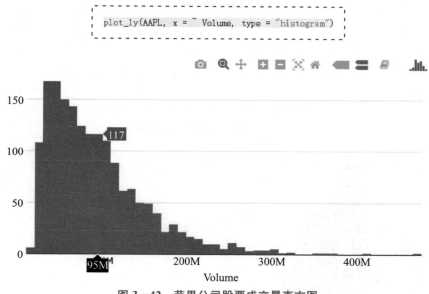

图 3 - 42　苹果公司股票成交量直方图

从图 3 - 42 可以看出，由于成交量的数值都是在百万级别的，所以 plot_ly() 自动将数值做简化显示，用 M 表示 100 万（million）。总体来讲，苹果公司股票的成交量分布很广泛，从最低的 1 140 多万股的成交量到最高 4.7 亿股的成交量都有，但大多数时候，成交量集中在 5 000 多万到 1 亿股之间，且以较低的区间为主。

需要注意的是，在交互图形中，对于坐标轴、横纵坐标的内容、直方图的标题等的设定，是否可以直接在 plot_ly() 函数中加入 title 或者 xlab 这类的参数来命名呢？答案是否定的。如果需要设置图形的标题和横纵轴内容，需要另外采用 layout() 函数来单独定义。在饼图中，通过设置 xaxis（yaxis）中的三个参数成功把坐标轴等零件隐藏了起来，此处需要设置坐标轴标题时，同样可以用 xaxis 中的参数完成。这里为了让图片显示完整，还另外用 margin 增加了对图形左右下上边界的限制（见图 3 - 43）。

```
# 增加坐标轴及标题信息
p = plot_ly(AAPL, x = ~ Volume, type = "histogram")
layout(p,
       title = "苹果股票成交量分布直方图",
       xaxis = list( title = "股票成交量", showgrid = F),
       yaxis = list( title = "频数"),
       margin = list(l = 50, r = 50, b = 50, t = 50, pad = 4)
)
```

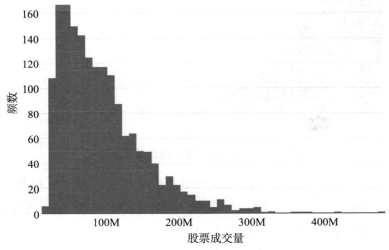

图 3 - 43　添加画图元素的直方图

因此，当要调整涉及图形外观方面的属性时，就可以用 layout() 函数，比如标题属性、横纵坐标轴属性、图例属性、图形外边距属性，这些属性包括字体、颜色、尺寸等。

2）折线图。表达时间连续变量变化趋势的另一种有效工具是时间序列的折线图。下面仍然采用苹果公司股票数据来做说明。

苹果公司在发布一款新产品时，对发布的时间点一定是精挑细选的，因为新品发布对该公司的股价、旧款产品的市场销售量都有很大的影响。

那么数据是否也支持这种说法呢？股价是否真的在发布新品时出现波动呢？下面用股价数据来回答这个问题。

这里将采用折线图观察苹果公司每日的调整收盘价变化。绘制折线图的关键参数在于设置 type＝"scatter"，同时设置 mode＝"lines"。（回想 R 的基础绘图包是不是也基于同样的思路？）

图 3-44 展示了 plot_ly 的交互功能既可以同步显示鼠标所在地方的信息，也可以通过上面的一排小按钮对其进行放大、缩小等操作，比如右图就是把图放大，只看顶峰的那一部分图。

```
# 苹果公司股价变化图，Date为时间，Adj.Close为股票每日的调整收盘价
mat = data.frame(Date = AAPL$Date,
                 AAPL = round(AAPL$Adj.Close, 2))
p = plot_ly(mat, x = ~ Date, y = ~ AAPL, type = 'scatter', mode = 'lines')
layout(p, xaxis = list(title = "", showticklabels = TRUE, tickfont = list(size = 8)))
```

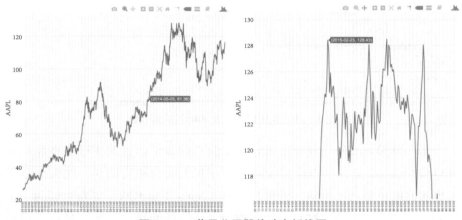

图 3-44　苹果公司股价动态折线图

从图 3-44 可以看出，2010 年 2 月 1 日至 2016 年 12 月 19 日，苹果公司的股价总体呈现上升状况，第一个小高峰出现在 2012 年的第一季度和第三季度，之后有所回落，到 2013 年 4 月左右跌到谷底，之后继续攀升，在 2015 年 2—7 月攀至峰顶，收盘价一度达到了每股 128 美元。

　　观察到这些趋势之后，你可能会问：那些股价攀升或者下跌剧烈的时间里，苹果公司发生了什么，与新品发布有多大关系？于是，另外收集 iPhone 4 至 iPhone 7 所有新品手机的发布时间并标记在图中，就能看到一些蛛丝马迹（见图 3-45）。

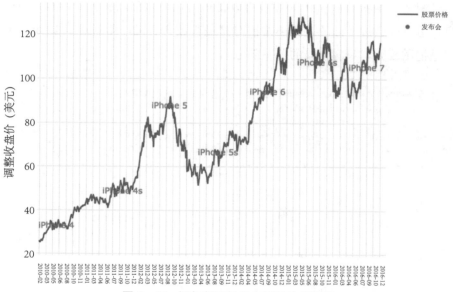

图 3-45　添加新手机发布标签的折线图

　　果不其然，在新品发布之时，苹果公司的股价都会发生一些波动，尤其以 iPhone 5，iPhone 5s，iPhone 7 等手机发布时最为明显。在大部分手机发布时股价都会产生新一轮攀升，但 iPhone 5 却不然，发布之后的一段时间里股价持续下跌。据当时媒体报道，这可能与产品功能、销量表现令投资者失望有关（见图 3-46）。

图 3-46　网友吐槽 iPhone 5

（3）两个变量。下面使用小说数据（见表 3 - 1）来介绍两个变量的动态图。

1）两个定量变量——散点图。散点图常常用来表达两个定量变量的关系。如果关心一部网络小说是否总点击数越多，它的总评论数也越多，就可以画出散点图来观察（见图 3 - 47）。用 plot_ly()画基本散点图的命令为：

```
(p = plot_ly(novel, x = ~ 总点击数, y = ~ 评论数, type = "scatter", mode = "markers"))
```

需要注意的是：除了要设置 type＝"scatter"散点图外，还需要以符号"～"来引出作图变量。

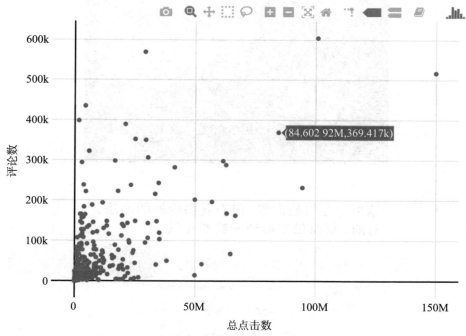

图 3 - 47　网络小说点击数与评论数散点图

从图 3 - 47 可以看出，对于大部分小说来说，其点击数越多，带来的评论数也就越多（但有一些小说在点击数不多的情况下也有不俗的评论数，感兴趣的读者可以探究一下原因），绝大部分小说的总点击数在 5 000 万次以内，但个别极受欢迎的小说的总点击数能达到 1 亿多次，评论也在 50 万条以上，也就是图 3 - 47 最右边的点，该点对应的是起点中文网的白金作家天蚕土豆所著的《斗破苍穹》（见图 3 - 48）。

图 3 - 48　《斗破苍穹》小说封面（来自网络）

2）定量变量与定性变量——分组箱线图。分组箱线图可谓是表现定性变量与定量变量交叉关系的首选工具，自然也能用其探索小说数据中的种种规律。如果小王想读一本字数比较少、方便速读的小说，那他该选择哪种类型的小说呢？一个简单的箱线图就能帮小王回答这个问题。这里选择数据中已经完结或者接近尾声的小说来绘图，仅需要更改 type＝"box"，color 映射为小说类型就可以了（见图 3－49）。

```
(p = plot_ly(novel_finish, y = ~ 总字数, color = ~ 小说类型, type = "box"))
```

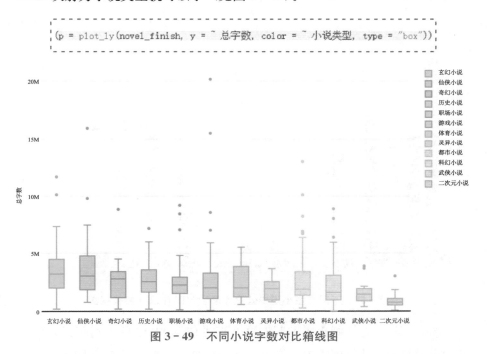

图 3－49　不同小说字数对比箱线图

从图 3－49 可以看出，从平均水平（中位数）来看，玄幻小说、仙侠小说和奇幻小说通常都是大部头的代表类型，而大部分二次元小说、武侠小说则字数较少，基本在 150 万字以下，因此，小王可以选择武侠小说、二次元小说。

3）两个定性变量——分组柱状图。在表 3－1 中，有一列变量标记了该小说是公众作品还是 VIP 作品。公众作品就是所有人都可以浏览全部小说的作品，而 VIP 作品则是公众只能少量试读，只有 VIP 用户才可以饱览全貌的小说。那么各个类别的小说中，是为了积攒人气而推出的公众作品多，还是只为服务高端用户而推出的 VIP 作品多？下面做一个简单的分组柱状图便可一目了然（见图 3－50）。

从图 3－50 可以看出，大部分小说都主要服务于 VIP 用户，推出的 VIP

作品相对较多，但其中有一个类型特别醒目，就是二次元小说。二次元小说的公众作品远远多于 VIP 作品，可能是为了向更广大的用户进行推广。

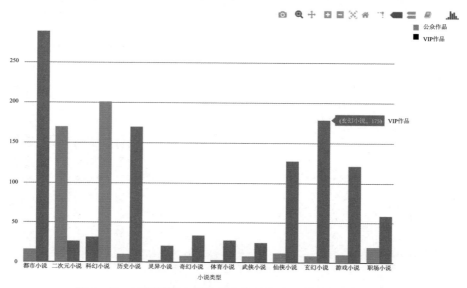

图 3 - 50　不同类型小说中公众作品和 VIP 作品数量柱状图

图 3 - 50 是怎样画出来的呢？这有点类似 ggplot2 的映射思维，将变量"小说类型"映射到横轴，将变量"小说性质"映射为颜色即可。需要注意的是，画分组柱状图应设置 type="histogram"。

```
p = plot_ly(novel, x = ~ 小说类型, color = ~ 小说性质, type = "histogram")
layout(p,
        title = "不同小说的作品类型分布",
        xaxis = list( title = "小说类型", showgrid = F, showticklabels = TRUE, tickfont = list(size = 10)),
        yaxis = list( title = "频数"),
        margin = list(1 = 50, r = 50, b = 50, t = 50, pad = 4)
)
```

一直以来，静态的可视化方式让人们获得了很多对数据的理解，如今通过对数据交互式的探索，就能深入这些图表的细节，改变我们观察的角度，体察数字背后的故事。希望大家都能善用图表，透过它们看到不一样的世界。

3.2　统计检验

3.2.1　单个总体均值的 t 检验

1. 什么是检验？

检验（test）是统计学中最重要的概念之一，在科学研究和实际业务中有着广泛的应用。用一句话概括，人们希望通过掌握的数据和其他背景知识确认某个假设是否成立（比如某种药物是否有效，股价是否有上扬的趋势，一种汽车的油耗是否为 15mpg，一组病人血压的均值是否大于 120mmHg 等）。

考虑一个只有赢或者输两种情况的赌局，每次获胜的概率 p 是未知的。一个赌徒希望自己进入一个有获胜优势的赌局，就需要对每场赌局获胜的概率做一定猜测。如果每次获胜的概率等于甚至小于 0.5，那么这个赌徒就不希望进入这个赌局。在这里，这个未知的参数 p 是关键。假如这个赌徒旁观了其他人参加这个赌局获胜的情况，其他人一共赌了 100 局，其中获胜 30 局，那么如何通过这组数据（样本）来判断获胜概率是不是 0.5 呢？

在这个例子中，我们掌握了赌 100 次的获胜情况（数据），并且知道这个赌局只有输赢两种情况，每次获胜的概率 p 都是一样的（背景知识），我们希望确认 $p=0.5$ 这个假设是否成立。统计学中解决此类问题的思路是：假设未知参数（p）是特定的值，然后通过数据判断这个假设是否合理（建立检验统计量等）。如果不合理，可以拒绝这个假设；如果合理，那么持保留意见，不去拒绝假设。

这里，假设 $p=0.5$，统计学中也常常写作 H_0：$p=0.5$，也就是原假设：$p=0.5$。

如果这个赌局是公平的，那么一个人赌 100 局却只赢 30 局甚至更少的概率是多少呢？通过计算可知，这个概率约为 4×10^{-5}，也就是说，在一个公平的赌局下，一个人输那么惨，或者比这还惨的可能性是 4×10^{-5}（小概率事件），这看起来不太可能。更可能是因为这个赌局本身就是不公平的（p 不是 0.5）才导致这个人输得那么惨。在这种情况下，我们认为之前的假设是不对的，统计学中也称作拒绝原假设。因此，认为这个赌局并不是公平的，也就是拒绝了 $p = 0.5$ 这个假设。

2. 学生 t 检验

对于不同的假设和问题，统计学上有不同的检验来处理，以上的例子只是检验的一个特例而已。下面介绍的是非常常用的单个总体均值的假设检验，也称为学生 t 检验。学生 t 检验简称 t 检验，最早由 William Sealy Gosset 于 1908 年提出。Gosset 受雇于都柏林的健力士酿酒厂并担任统计学家，他提出了 t 检验以降低啤酒质量监控的成本，并于 1908 年在 *Biometrika* 期刊上公布 t 检验，但由于商业机密的原因而被迫使用笔名 Student，因此这个检验就叫作学生 t 检验。那么 t 检验通常用来解决哪类问题呢？

如果有一组从正态总体（背景知识）中抽出的样本（数据），但总体的平均水平未知，希望通过这组样本确认总体的平均水平是多少，那么 t 检验就可以发挥作用了。下面通过著名的 iris 数据来说明 t 检验的思想和在 R 语言中的实现。

iris 数据测量了三种鸢尾花卉的一些值，我们只看山鸢尾（setosa）这种植物的花萼长度的测量。首先在 R 中取出数据集：

```
(sepal = iris[iris$Species == 'setosa', 1])
## [1] 5.1 4.9 4.7 4.6 5.0 5.4 4.6 5.0 4.4 4.9 5.4 4.8 4.8 4.3 5.8 5.7 5.4
## [18] 5.1 5.7 5.1 5.4 5.1 4.6 5.1 4.8 5.0 5.0 5.2 5.2 4.7 4.8 5.4 5.2 5.5
## [35] 4.9 5.0 5.5 4.9 4.4 5.1 5.0 4.5 4.4 5.0 5.1 4.8 5.1 4.6 5.3 5.0
```

iris 数据集对 50 个 setosa 的花萼进行了测量，假设每个花萼的长度都来自一个正态分布，但这个正态分布的总体均值（位置参数）μ 和总体方差（尺度参数）σ^2 并不知道。如果植物学家通过对基因组的分析表明，setosa 花萼的总体均值是 4.5cm，那么通过数据可以看一下他的分析是否值得信赖。假设 H_0：$\mu=4.5$cm。R 可以计算最后的结果，也即是否同意 μ 是 4.5cm。

```
t.test(sepal, mu = 4.5)
##
##       One Sample t-test
##
## data:  sepal
## t = 10.151, df = 49, p-value = 1.223e-13
## alternative hypothesis: true mean is not equal to 4.5
## 95 percent confidence interval:
##  4.905824 5.106176
## sample estimates:
## mean of x
##    5.006
```

结果看起来有点杂乱，下面给出查看结果最快的两种方式。这两种方式是等价的，可选用任何一种，但这两种方式也忽略了一些其他信息，稍后再做说明。

（1）p-value：如果 p-value 小于 0.05，就拒绝原假设，也即花萼的均值不是 4.5cm；如果 p-value 大于 0.05，就不能拒绝原假设，也即花萼的均值很有可能是 4.5cm。

（2）如果 4.5 不在"95 percent confidence interval"（95％置信区间）内，即 4.5 不在（4.905 824，5.106 176）之间，（在 0.05 的显著性水平下）拒绝原假设，否则的话不能拒绝原假设。

3. t 检验进阶

以上内容介绍了 t 检验的思想和应用，接下来介绍一些 t 检验的变种形式和一些其他信息。

（1）进行 t 检验的一个重要前提是数据来自一个正态分布，其中方差未知。如果知道方差，就可以利用这一信息获得更佳结果，这时应该使用

z 检验（检验统计量服从正态分布）。

（2）如何确认数据是否来自正态分布？一般有两种方法：一是问专家，查看历史情况，这是比较理想的；二是对数据缺少背景知识的情况下，可以利用 Q-Q 图或者正态性检验（非参数检验方法）进行判断。

（3）如果数据不是来自正态分布，该怎么办呢？如果样本量很大，可以继续使用 t 检验，虽然不是特别精确。当然保守一点可以使用非参数的方法，此处不详述。

（4）如果植物学家认为花萼的长度是一个大于 4.5cm 的数值，但是具体是多少不太清楚。在这种情况下只需要调整一个参数就可以（单边假设检验）了。

```
t.test(sepal, mu = 4.5, alternative = "less")
##
##      One Sample t-test
##
## data: sepal
## t = 10.151, df = 49, p-value = 1
## alternative hypothesis: true mean is less than 4.5
## 95 percent confidence interval:
##      -Inf 5.089575
## sample estimates:
## mean of x
##    5.006
```

这里 alternative 参数是指备择假设。

（5）p-value 反映了有多大信心去拒绝原假设。比如抛硬币，如果观察到 100 局中只获胜了 10 局，那么数据更加倾向于拒绝原假设，也即更有信心去拒绝原假设。这种情况下 p-value 都是很小的。换句话说，p-value 越小，越有信心去拒绝原假设。

（6）t.test()输出结果中的 confidence interval 是 95％置信区间。假设检验和置信区间存在一一对应关系，调用函数 t.test()时 R 会一并给出位置参数 μ 的置信区间。对于检验来说，只要假设的数字（这里是 4.5）不在置信区间内，就拒绝原假设，否则就不能拒绝原假设。

（7）为什么 p-value 小于 0.05 才能拒绝原假设？这是因为显著性水平。在此不对显著性追根溯源，只是提醒读者，一般显著性水平会选择 0.1, 0.05 和 0.01 这三个水平。

4. 总结

当有一组来自均值未知、方差未知的正态分布的样本，欲判断其总体均值是否等于（大于等于或者小于等于）某个给定值时，使用的是单样本 t 检验[①]。在 R 中可以调用 t.test() 函数来进行单样本 t 检验，t.test() 的部分参数列表如下：

```
t.test(x, alternative = c("two.sided", "less", "greater"),
mu = 0, conf.level=0.95, …)
```

其中，x 为待检验的数据集，要求是 numeric vector；alternative 为备择假设，分别对应双边、左侧和右侧检验；mu 为原假设中想要检验的总体均值；conf.level 为置信水平，对应输出的置信区间。

3.2.2　两总体均值对比

前面介绍了单个总体均值的检验问题，它是利用样本提供的信息来判断原假设是否成立。只要把数据输入 R，然后调出 t.test()，就能得出结果。下面要讲的是两总体均值对比。

假如某公司要检验两种不同的药物对改善睡眠的效果是否相同。这就是一个典型的两总体均值的 t 检验。

两总体均值 t 检验的目的是检验两个正态分布总体均值之间是否有显著差异。比如，比较两个不同品种鸢尾花的花瓣平均长度是否一样，在 R

---

① 做单边假设检验时，很可能搞不清哪边作为原假设，哪边作为备择假设。一般情况下，我们能够控制犯第一类错误的概率（拒真），也就是我们更希望得到拒绝原假设的结论，因此常常把样本支持的证据放在备择假设。

中如何实现呢？回想一下，单样本总体均值检验用的是 t.test()，那么它对两总体均值检验是否适用呢？答案是肯定的。具体代码如下：

```
data("iris")
x = iris[iris$Species == 'setosa', 3]
y = iris[iris$Species == 'versicolor', 3]
t.test(x, y)
##
##      Welch Two Sample t-test
##
## data:  x and y
## t = -39.493, df = 62.14, p-value < 2.2e-16
## alternative hypothesis: true difference in means is not equal to 0
## 95 percent confidence interval:
##   -2.939618 -2.656382
## sample estimates:
## mean of x mean of y
##     1.462     4.260
```

从结果看，p 值小于 0.05，拒绝原假设，即认为两个品种花瓣平均长度不等。但问题是：是否考虑了正态分布和两总体方差？t.test()默认两总体方差是不等的，所以上面所做的检验是基于两总体方差不等的假设的。如果两总体方差相等呢？其实也很简单，只要在 t.test()里添加 var.equal＝TRUE 即可。代码虽然简单，但是做 t 检验一定要有这个意识，即是不是正态分布，是不是满足方差齐性的假设[①]。

回到药物的例子，我们使用 R 中自带的 sleep 数据集来模拟问题场景。如下所示，该数据包含了三列信息：第一列是病人吃药之后睡眠的增加时间（负数则代表时间有所减少）；第二列代表病人吃了哪一种药（共包括药物 1 和药物 2 两种）；第三列则是识别病人的 ID 号。因此该数据就分别记录了不同药物作用下病人睡眠的改善情况，而服用不同药物的群体就构成了两个总体。我们希望去了解：服用药物 1 和药物 2 对改善睡眠的效果

---

① 在实际数据分析时，往往采取"放弃治疗"的态度，直接做 t 检验。

是否一样。这是一个典型的两总体均值检验问题。

```
##   extra group ID
## 1   0.7     1  1
## 2  -1.6     1  2
## 3  -0.2     1  3
## 4  -1.2     1  4
## 5  -0.1     1  5
## 6   3.4     1  6
```

我们采用筛选的语法分离出这两组病人的数据之后，就可以进行均值检验，结果如下所示：

```
x = sleep[sleep$group == 1, 1]
y = sleep[sleep$group == 2, 1]
t.test(x, y)
##
##      Welch Two Sample t-test
##
## data:  x and y
## t = -1.8608, df = 17.776, p-value = 0.07939
## alternative hypothesis: true difference in means is not equal to 0
## 95 percent confidence interval:
##  -3.3654832  0.2054832
## sample estimates:
## mean of x mean of y
##      0.75      2.33
```

结果显示，p 值是 0.079 39，在 5% 的显著性水平下无法拒绝两组均值相等的原假设。好，似乎到这里，问题已经被我们解决了。然而，再看看原始数据，我们会发现有个问题，就是 sleep 数据最后一列包含了被试者的 ID！你会发现，服用药物 1 和服用药物 2 的竟然是同一批人，这个问题就有意思了，它代表着，我们实际并不是随机选择了两批人去"分别"服用药物 1 和药物 2；而是只选择了一批人先去吃药物 1，再去吃药物 2，这样的话我们实际上面对的就是一个"配对样本"了，配对样本的均值检验仍然可以使用 t.test( ) 进行，只是需要多增加一个参数 paired ＝ TRUE，即可得到以下结果：

```
x = sleep[sleep$group == 1, 1]
y = sleep[sleep$group == 2, 1]
t.test(x, y, paired = TRUE)
##
##        Paired t-test
##
## data:  x and y
## t = -4.0621, df = 9, p-value = 0.002833
## alternative hypothesis: true difference in means is not equal to 0
## 95 percent confidence interval:
##   -2.4598858 -0.7001142
## sample estimates:
## mean of the differences
##                   -1.58
```

从结果看，p 值小于 0.05，说明在 5% 的显著性水平下可以干净利落地拒绝原假设！可以认为，两种药的效果是有差别的。因此，在做两总体均值检验之前，先分清楚是独立总体还是配对总体很重要。

细心的读者可能会发现，配对样本 t 检验就是单样本 t 检验。两个样本数据做差，就变成了一个样本。下面来看看结果是不是一样的。

```
x = sleep[sleep$group == 1, 1]
y = sleep[sleep$group == 2, 1]
t.test(x - y)
##
##        One Sample t-test
##
## data:  x - y
## t = -4.0621, df = 9, p-value = 0.002833
## alternative hypothesis: true mean is not equal to 0
## 95 percent confidence interval:
##   -2.4598858 -0.7001142
## sample estimates:
## mean of x
##     -1.58
```

对比发现，配对总体均值 t 检验和单总体均值 t 检验完全等价。

总的来说，在做 t 检验时，需要注意以下几点：

（1）两总体 t 检验比较的是总体均值。一般情况下，想比较的是两总体均值是否相等，即是否有显著差异，这时原假设是 H_0：$\mu_1 = \mu_2$。如果有特定的研究目的，也可以检验它们的差异是否等于某个特定的值，即 H_0：$\mu_1 - \mu_2 = \Delta$。

（2）做检验时，一定要弄清楚数据是独立还是配对，两种情况下使用的检验统计量不同，得到的结论也有差异。在 t. test()中，可以非常容易地用 paired＝TRUE 来指定配对数据的情形。

（3）在学习 t 检验时，会学习到各种假设、各种情形，比如总体是正态分布，两总体方差已知、未知、比值已知等。学习理论知识时，弄清楚这些假设和情形非常有必要，能帮你形成完整的知识体系，打下坚实的理论基础。但是在做实际数据分析时，往往会遇到假设不成立的情况，尽管如此，在大样本的情况下，直接使用这些统计方法即可。

上面详细介绍了两总体 t 检验，这是在实际（尤其是医学统计）中经常用到的检验方法。事实上，数据分析中的检验无处不在，比如在回归模型中对于估计系数的检验、模型整体的检验等。它们的原理大同小异，这里不做赘述，而是把重点放在对检验结果的解读上。

3.3　回归分析

3.3.1　线性回归

线性回归是统计学的基础知识，但它并不是看上去那么简单，原因在于：一是现实不是教科书，需要分析的数据未必符合回归模型的基本假定；二是建立了回归模型，也得到了模型系数，但如果不知道结果代表什么含义，不能准确解读，也是无用的。基于以上问题，本节以数据分析岗位招聘薪酬 jobinfo[①] 为例，重点介绍建立回归模型的主要流程：从确定数

[①]　数据来自狗熊会微信公众号推文《精品案例｜数据分析岗位招聘情况及薪资影响因素分析》（进入狗熊会微信公众号，输入关键词"数据分析"，点击阅读原文）。

据分析目标到最终用 R 进行线性回归建模。数据的主要变量如表 3－4 所示。

表 3－4   jobinfo 数据变量说明

变量类型		变量名	详细说明	取值范围	备注
因变量		平均薪资	单位：元/月	1 500～50 000	最低薪资与最高薪资的平均
自变量	定性变量	公司类别	定性变量共 6 个水平	合资、外资、上市公司、民营公司、国企、创业公司	"民营公司"为基准组
		公司规模	定性变量共 6 个水平	少于 50 人，50～500 人，500～1 000 人，1 000～5 000 人，5 000～10 000 人，10 000 人以上	"少于 50 人"为基准组
		地区	定性变量共 2 个水平	0（非北上深）、1（北上深）	公司所在地是否为北上深
		公司行业类别	定性变量共 443 个水平	例如：计算机软件、互联网/电子商务	
		学历要求	定性变量共 7 个水平	无、中专、高中、大专、本科、硕士、博士	"无"为基准组
		软件要求	共 12 个定性变量	0（不要求掌握）、1（要求掌握）	包括 R，SPSS，Excel，Python，Matlab，Java，SQL，SAS，Stata，EViews，Spark，Hadoop 12 种软件
	数值型变量	经验要求	单位：年	0～10	要求工作经验年限

1. 数据分析目标

做好数据分析，首先要确定好目标（target），比如分析数据分析岗位，关心的是招聘薪酬主要受哪些因素影响，以及能不能根据自身条件预测薪资水平等。由此就确定了 target 因变量是岗位薪酬（平均薪资），自变量则是各种可能的影响因素（包括软件要求、经验要求、公司属性等），而分析目标就是通过建立因变量与自变量之间的多元线性回归模型，估计模型系数，检验系数显著性以确定自变量是否对因变量有影响，并将自变量新值代入模型预测因变量新值。

2. 数据预处理

确定分析目标以及使用线性回归模型以后，要进行数据预处理。数据预处理就是整理数据，使之变成可以直接建模分析的数据格式，在线性回归时就是数据矩阵。一般来说，数据矩阵的因变量可以是分类变量或定量变量，自变量可以是 0-1 定性变量或定量变量。

为了得到数据矩阵，对于 jobinfo. xlsx，需要进行以下几步预处理：

（1）每个数据岗位的"职位描述"变量是一段文本，无法直接作为数据矩阵中的自变量。从中提取该岗位对于软件能力的要求：根据"职位描述"是否要求 R，SPSS，Excel，Python，Matlab，Java，SQL，SAS，Stata，EViews，Spark，Hadoop 这 12 种软件的应用能力，生成 12 个 0-1 定性变量（每种软件 1 个），其中 0 代表不要求掌握相应软件，1 代表要求掌握相应软件。

（2）每个数据岗位的"地区"变量是多水平变量（岗位来自许多地区）。参照经验，地域是否影响薪酬的关键是工作岗位是否在北上深等几个特大城市，因此，根据提供该岗位的公司所在地是否为北上深，重新生成 1 个 0-1 定性变量"地区"：0 代表所在地不是北上深，1 代表所在地是北上深。

（3）每个数据岗位的公司类别、公司规模、公司行业类别、学历要求等 4 个变量是多水平变量，例如"学历要求"变量包括：$X=$ 无、中专、高中、大专、本科、硕士、博士等 7 个水平。对于多水平变量需要将其用虚拟变量表示，基准水平为"无"，具体解决方案示例如图 3-51 所示。

解决方案：

$X_1 = 1$（博士）；$= 0$（非博士）

$X_2 = 1$（硕士）；$= 0$（非硕士）

$X_3 = 1$（大专）；$= 0$（非大专）

$X_4 = 1$（高中）；$= 0$（非高中）

$X_5 = 1$（中专）；$= 0$（非中专）

$X_6 = 1$（本科）；$= 0$（非本科）

问题：

（1）是否需要 X_7？

（2）如果有 P 个水平，需要几个 0-1 变量？

图 3-51　解决方案示意图

【友情提示】

步骤（3）会由线性回归建模代码 lm( ) 自动执行，无须另外编码。

需要注意的是：此处 p 个水平变量只能表示成 $p-1$ 个 0-1 定性变量，否则会出现多重共线性。当 X_1 至 X_6 全部为 0 时，就意味着岗位的最高学历要求为无，因此 6 个 0-1 变量便能表示 7 个学历水平。相反，如果使用 p 个 0-1 变量表示，则 p 个 0-1 变量之和一定为 1（每个岗位的最高学历要求有且仅有 7 个水平中的 1 个），将会造成多重共线性问题。

【友情提示】

在完成数据预处理后记得使用 summary( ) 命令看看生成的新数据集，判断数据情况是否符合预处理时的预想。示例如下所示：

```
summary(dat0)  # 查看数据
##     aveSalary          R                 SPSS              Excel
##   Min.   : 1500   Min.   :0.00000   Min.   :0.00000   Min.   :0.0000
##   1st Qu.: 5250   1st Qu.:0.00000   1st Qu.:0.00000   1st Qu.:0.0000
##   Median : 7000   Median :0.00000   Median :0.00000   Median :0.0000
##   Mean   : 8980   Mean   :0.06671   Mean   :0.08088   Mean   :0.2082
##   3rd Qu.:12000   3rd Qu.:0.00000   3rd Qu.:0.00000   3rd Qu.:0.0000
##   Max.   :50000   Max.   :1.00000   Max.   :1.00000   Max.   :1.0000
```

```
##
##     Python          MATLAB            Java              SQL
##   Min.   :0.00000  Min.   :0.00000  Min.   :0.00000  Min.   :0.0000
##   1st Qu.:0.00000  1st Qu.:0.00000  1st Qu.:0.00000  1st Qu.:0.0000
##   Median :0.00000  Median :0.00000  Median :0.00000  Median :0.0000
##   Mean   :0.04816  Mean   :0.02011  Mean   :0.03555  Mean   :0.1007
##   3rd Qu.:0.00000  3rd Qu.:0.00000  3rd Qu.:0.00000  3rd Qu.:0.0000
##   Max.   :1.00000  Max.   :1.00000  Max.   :1.00000  Max.   :1.0000
##
##      SAS              Stata            EViews            Spark
##   Min.   :0.00000  Min.   :0.000000  Min.   :0.000000  Min.   :0.00000
##   1st Qu.:0.00000  1st Qu.:0.000000  1st Qu.:0.000000  1st Qu.:0.00000
##   Median :0.00000  Median :0.000000  Median :0.000000  Median :0.00000
##   Mean   :0.07309  Mean   :0.002408  Mean   :0.001983  Mean   :0.01615
##   3rd Qu.:0.00000  3rd Qu.:0.000000  3rd Qu.:0.000000  3rd Qu.:0.00000
##   Max.   :1.00000  Max.   :1.000000  Max.   :1.000000  Max.   :1.00000
##
##     Hadoop            area              compVar              compScale
##   Min.   :0.00000  Min.   :0.0000  创业公司:  90    1000-5000人 : 785
##   1st Qu.:0.00000  1st Qu.:1.0000  国企    : 254    10000人以上 : 262
##   Median :0.00000  Median :1.0000  合资    : 732    50-500人    :3951
##   Mean   :0.03059  Mean   :0.8218  民营公司:4816    500-1000人  : 860
##   3rd Qu.:0.00000  3rd Qu.:1.0000  上市公司: 376    5000-10000人: 154
##   Max.   :1.00000  Max.   :1.0000  外资    : 792    少于50人    :1048
##
##   academic       exp                                     induCate
##   本科:2804  Min.   : 0.000  互联网/电子商务             :1785
##   博士:  11  1st Qu.: 0.000  金融/投资/证券              : 762
##   大专:2925  Median : 1.000  计算机软件                  : 585
##   高中: 109  Mean   : 1.765  快速消费品(食品、饮料、化妆品): 330
##   硕士: 163  3rd Qu.: 3.000  服装/纺织/皮革              : 288
##   无  : 893  Max.   :10.000  贸易/进出口                 : 232
##   中专: 155                  (Other)                     :3078
```

3. 描述性分析

在正式建立模型前，需要进行描述性分析，判断 X 与 Y 相关性的方向。

（1）单变量分析。以因变量"平均薪资"为例展示直方图（见图 3-52）。

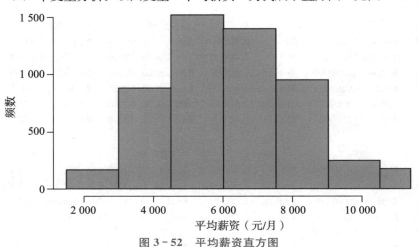

图 3-52 平均薪资直方图

从图 3-52 可以看出，平均薪资的中位数约为 7 000 元，最小值不到 2 000 元，最大值则超过了 10 000 元。不过平均薪资超过 10 000 元的工作岗位比例极小，可以说屈指可数。在原始数据中查看：

1）最小值：1 500 元/月。规模为 1 000～5 000 人的民营公司。不要求掌握任何软件，没有经验要求。

2）最大值：50 000 元/月。规模为 50～500 人的金融/投资/证券行业公司。地点在北上深，要求 6 年工作经验。

（2）自变量与因变量关系分析。如果自变量为定性变量，同时因变量为数值型变量，那么可以通过绘制箱线图来观察 X 与 Y 之间的关系。这里以变量"学历要求"为例展示箱线图（见图 3-53）。在应聘数据分析相关岗位时，随着学历的上升，平均薪资也在增加。

在原始数据中，"经验要求"为取值较为离散的连续型自变量。如果我们直接看"经验要求"与"平均薪资"的散点图无法发现明显的规律，可以尝试将定量变量离散化，将"经验要求"取值划分为 0～3 年、4～6 年、大于 6 年三个水平，并展示岗位薪资关于经验水平的箱线图（见图 3-54）。从

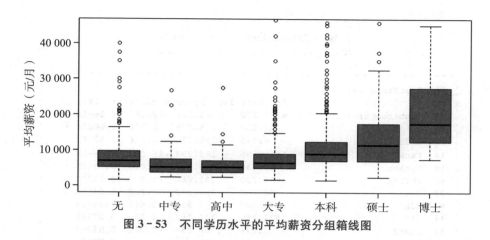

图 3 - 53　不同学历水平的平均薪资分组箱线图

图 3 - 54 可以看出一个相对明显的趋势：要求的经验越丰富，岗位平均薪资便越高。

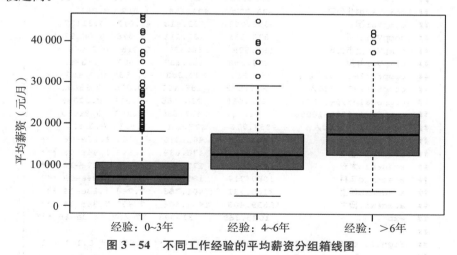

图 3 - 54　不同工作经验的平均薪资分组箱线图

4. 多元线性回归

描述性分析之后，就知道了 X 与 Y 的相关性方向。接下来要做的是，通过命令算出回归模型的结果。使用 lm()命令，就可以直接得到建模结果以及模型整体评价的相关指标。

```
lm1 = lm(aveSalary ~., data = dat0)
```

```
## Coefficients:
##                        Estimate Std. Error t value Pr(>|t|)
## (Intercept)            4852.170    253.276  19.158  < 2e-16 ***
## R                       909.220    305.579   2.975  0.00294 **
## SPSS                      4.583    295.276   0.016  0.98762
## Excel                 -1459.895    143.094 -10.202  < 2e-16 ***
## Python                  793.430    324.425   2.446  0.01448 *
## MATLAB                 -696.028    432.660  -1.609  0.10772
## Java                    596.083    354.349   1.682  0.09258 .
## SQL                    1144.460    211.515   5.411 6.48e-08 ***
## SAS                     571.780    321.262   1.780  0.07515 .
## Stata                  -718.646   1166.837  -0.616  0.53799
## EViews                 -376.306   1253.707  -0.300  0.76407
## Spark                  -146.224    575.099  -0.254  0.79930
## Hadoop                 3054.625    439.690   6.947 4.06e-12 ***
## area                   2923.380    149.957  19.495  < 2e-16 ***
## compVar创业公司         923.337    494.154   1.869  0.06173 .
## compVar国企            -306.045    302.413  -1.012  0.31157
## compVar合资             573.331    185.211   3.096  0.00197 **
## compVar上市公司         594.579    256.835   2.315  0.02064 *
## compVar外资             254.889    181.137   1.407  0.15942
## compScale10000人以上    -52.355    332.383  -0.158  0.87485
## compScale50-500人       -10.279    186.417  -0.055  0.95603
## compScale500-1000人    -238.085    230.166  -1.034  0.30098
## compScale5000-10000人    41.711    407.635   0.102  0.91850
## compScale少于50人      -357.776    227.139  -1.575  0.11527
## academic中专          -1844.523    402.290  -4.585 4.62e-06 ***
## academic高中          -2042.778    470.639  -4.340 1.44e-05 ***
## academic大专          -1462.535    177.770  -8.227 2.27e-16 ***
## academic本科           1080.717    183.358   5.894 3.94e-09 ***
## academic硕士           3109.731    401.753   7.740 1.13e-14 ***
## academic博士          10529.403   1404.504   7.497 7.34e-14 ***
## exp                    1023.368     31.308  32.687  < 2e-16 ***
## ---
## Signif. codes:  0 '***' 0.001 '**' 0.01 '*' 0.05 '.' 0.1 ' ' 1
##
## Residual standard error: 4617 on 7029 degrees of freedom
## Multiple R-squared:  0.3122,    Adjusted R-squared:  0.3093
## F-statistic: 106.4 on 30 and 7029 DF,  p-value: < 2.2e-16
```

（1）模型系数解读。回归系数直接反映了自变量对于因变量的影响。线性回归模型系数的基本含义是，在控制其他自变量不变的条件下，某个自变量每变化 1 个单位导致因变量变化的平均值。下面来探究上面的回归结果该如何解读。

1）自变量为数值型变量时，按以上原则直接解释其回归系数。比如由自变量 exp（经验要求）对应的系数为 1 023.4 可知，在控制其他因素条件下，对数据分析人员的工作经验年限要求每多一年，相应岗位的薪资就平均高出 1 023 元。

2）自变量为 0 - 1 定性变量时，线性回归模型系数可以进一步解释为自变量取分类"1"时，因变量的值平均比自变量取分类"0"时高多少。比如自变量 area（地区）对应的系数为 2 923.4，说明在北上深的岗位，薪资平均比不在北上深的岗位高出 2 923.4 元。

3）自变量为多分类自变量时，线性回归模型系数可以解释为自变量取该分类时，因变量的值平均比基准水平高多少。比如自变量 academic（学历要求），其基准水平为"无"，academic（博士）对应的系数为 10 529.4，说明要求博士学历的岗位薪资平均比无教育水平要求的岗位高 10 529.4 元。

（2）模型检验。

1）模型整体显著性检验：F 检验把所有的 X 打包在一起，判断所有 X 与 Y 之间的线性关系是否显著。检验结果中 F 统计量对应的 p 值远小于 0.05，说明该模型整体线性关系在 0.05 显著性水平下是显著的。

2）模型整体的拟合效果：多元线性回归中，调整 R 方用来刻画模型整体效果。调整 R 方的大小受限于两个因素：模型训练误差越小，调整 R 方越大；引入模型的自变量个数越少，调整 R 方越大。调整 R 方指标体现了线性回归模型"刻画精准但避免过拟合"的基本思想。此处 Adjusted R-squared＝0.309 3，希望回归诊断、改进模型可以使之增大。

3）各个系数显著性检验：即使 F 检验显示模型整体上是显著的，也总有一些"鱼目混珠"的 X 存在。所以需要找到哪些变量是显著的，哪些变量是不显著的。回归结果中带特殊标记的变量为显著变量："＊＊＊"的变量表示其在 0.001 显著性水平下显著，同理"＊＊"表示 0.01 显著，

"＊"表示 0.05 显著，"."表示 0.1 显著。不带这些特殊标志的变量就是非显著变量。

5. 多元线性回归结果诊断

接下来就是对结果进行诊断。根据直接得到的模型结果，看看数据是不是符合模型假设，不符合的话要对数据加以处理、调整，即观察数据的特性，调整数据以适合选用的模型。

在下结论之前，耐心检查线性回归的各个假设是否满足，这就是回归诊断。在 R 中最方便做回归诊断的是使用 plot() 函数，直接将模型作为画图对象就可以一键输出多幅重要的图形，得到重要信息。我们先来看下效果（见图 3-55）。

```
par(mfrow = c(2, 2))    # 画2*2的图
plot(lm1, which = c(1:4))    # 模型诊断图，存在非正态、异常点现象，先解决非正态性：对因变量取对数
```

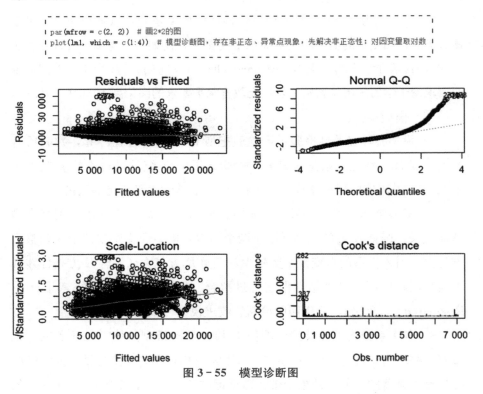

图 3-55　模型诊断图

其中，左上角对应的是残差—拟合值图（Residuals vs Fitted），用来

显示模型的残差（观测值与预测值之间的差异）与模型的拟合值之间的关系。右上角对应的是模型残差的正态 Q-Q 图（Normal Q-Q），这幅图可用来评估模型残差的正态性。左下角对应的是标准化残差—拟合值图（Scale-Location），这幅图用于评估残差的方差是否随着拟合值的变化而变化。而右下角则对应的是 Cook 距离图（Cook's distance），这幅图可以用于识别具有高杠杆（影响度）或高影响的数据点。高杠杆点对回归系数的估计和模型的拟合有较大的影响，是需要我们重点关注的点。

这些图中包含着模型拟合的重要信息，是我们在模型诊断阶段需要重点参考的图形。当然还不仅如此，一般而言，在建模之后，我们需要进行三类最基本的检查：模型检查、样本检查、X 变量检查。我们分别来了解一下三类检查分别要诊断什么问题以及如何根据图像表现来识别问题。

（1）模型检查。线性回归模型有一个重要假设就是残差与整个 X 向量应该是独立的，那么如何检验这个假设是否成立呢？通过绘制 X 变量与残差的散点图，判断残差与 X 变量之间的关系能否解决呢？问题是：X 变量往往是一组，而不是一个，绘制哪些 X 变量呢？如果对 X 变量加权，得到一个新的指标，判断该指标与残差的关系是否可行呢？如何赋权？我们知道，Y 的拟合值是通过 X 的加权组合得到的，那么用 Y 的拟合值来作为这个指标即可，由此残差图（拟合值与残差之间的散点图）就产生了。

接下来就要确定什么样的残差图是有"病"的。先来看几种可能出现的典型"症状"。如图 3-56 所示，残差的均值随着拟合值的变化呈现系统性规律变化，说明模型设定有问题，可能是自变量的 2 次项被遗漏了。

残差图通常还可用来检查异方差问题。如果残差的波动性（方差）随着拟合值的变化出现系统性的变化规律，就说明出现了异方差问题，比如图 3-57，这是典型存在异方差的残差图。而在图 3-55 的左上角，可以看出残差的方差随着拟合值的增大有变大的趋势，说明还是存在一定的异方差问题。对于这样的情况，一般通过对因变量进行变换实现"诊治"，常用的变换是对数变换。

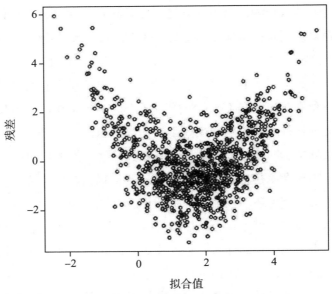

图 3 - 56 遗漏 2 次项的残差图

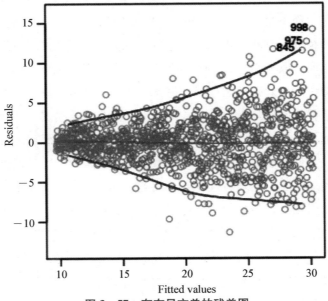

图 3 - 57 存在异方差的残差图

（2）样本检查。对图 3 - 55 右下角的 Cook 距离图进行样本检查，看是否存在强影响点。如果存在强影响点，为了保证模型的稳健性，需要剔除。那么所谓的"Cook 距离"是什么呢？它能够衡量在拟合的回归模型中，如果移除一个数据点，会对模型参数估计产生多大的影响。如果某些样本点的 Cook 距离"特别大"，跟其他样本相比在量级上具有压倒性优势，则认为这些样本点可能是强影响点，否则不认为样本点是强影响点。值得注意的是，尽管图 3 - 55 中样本点"282"被系统标出，但是经过数值比较，发现与其他样本点的 Cook 距离相比，其 Cook 距离不具有压倒性优势（一般认为 Cook 距离＞1 或者＞4/n 为强影响点），且剔除后对回归结果影响不大，所以不认为样本点"282"为强影响点。

（3）X 变量检查。自变量中往往会存在一些"捣蛋鬼"，它们之间高度相关，导致模型系数结果不可靠，我们可以使用 VIF（方差膨胀因子）来找出那些"捣蛋鬼"。VIF 关心的核心问题是，某些 X 变量之间是否存在多重共线性。如果自变量之间相关性非常高，会导致我们难以区分变量各自的影响，从而导致有些自变量的回归系数不显著，甚至回归系数的正负号与现实合理的解释相悖。一旦出现这种症状，就需要对数据进行 X 变量检查。

R_j^2 为把自变量 X_j 对其余所有自变量线性回归而得到的 R 方。如果 R_j^2 为 100%，则说明它可以完全由其他 X 变量代替，相应的 VIF 为无穷大。VIF 的计算公式如下：

$$VIF_j = \frac{1}{1 - R_j^2}$$

因此若某个自变量的 $VIF = 5$，则这个自变量对其余自变量回归的 R 方高达 0.8。显然，自变量的 VIF 值越大，代表多重共线性越严重。那么 VIF 大的标准是什么呢？一般而言，经验上认为 VIF 大于 5 或者 10，则认为存在严重多重共线性。R 中，可以直接利用 vif() 函数求出各个自变量的 VIF 值。由以下 vif() 函数的结果看到，所有变量的 VIF 值都没有超过 5，因此可以认为模型基本不存在多重共线性。

```
vif(lml)    # 计算VIF, >5代表共线性较大（对其他自变量回归的R^2>80%）
##                    R                 SPSS                   Excel
##             1.925806             2.146823                1.118146
##               Python               MATLAB                    Java
##             1.598101             1.222049                1.426085
##                  SQL                  SAS                   Stata
##             1.342095             2.315990                1.083310
##               EViews                Spark                  Hadoop
##             1.030360             1.740410                1.899257
##                 area        compVar创业公司            compVar国企
##             1.090734             1.017947                1.050635
##          compVar合资        compVar上市公司            compVar外资
##             1.055934             1.101691                1.082416
##   compScale10000人以上    compScale50-500人    compScale500-1000人
##             1.307630             2.836782                1.877147
##  compScale5000-10000人    compScale少于50人            academic中专
##             1.174401             2.160182                1.151067
```

　　在三类主要检查之后，输出结果的右上角（即图 3-55 的右上角）还有一幅残差的 Q-Q 图可以帮我们了解"误差正态性"的假设是否合理。如果 Q-Q 图近似一条直线，大概可以推断数据满足误差的正态性假设，但我们看到图 3-55 右上角的 Q-Q 图并不是一条像样的直线，这提示我们数据可能存在问题，不符合正态性假设。对于此问题，我们一般可以通过对因变量 Y 取对数来解决。

　　图 3-58 是我们将 Y 进行对数变换后再次画出的模型诊断图，可以从 Q-Q 图看出，误差非正态性的问题得到了一定的缓解。当然，想让实际分析的数据满足各种诊断假设往往很难，对此不必执念太深，而要把分析重点放在对业务问题的解读上。

```
lm2 = lm(log(aveSalary) ~., data = dat0)
```

```
par(mfrow = c(2, 2))   # 画2*2的图
plot(lm2, which = c(1:4))   # 模型诊断图
```

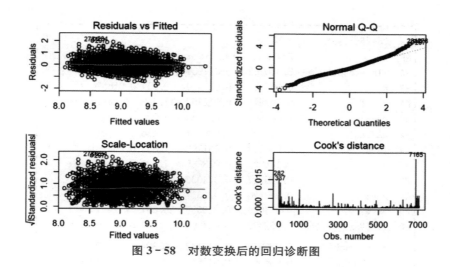

图 3 - 58　对数变换后的回归诊断图

6.模型选择及预测

根据回归诊断，最终对因变量进行对数变换以解决非正态性问题，仍用 lm()命令建立回归模型。此外，还可以为模型添加可能对因变量有影响的交互项（即将两个自变量的乘积作为一个新的自变量引入模型），并用 AIC 原则对模型进行变量选择。当然也可以使用其他准则进行选择（比如 BIC）[①]。

AIC 原则力求在模型简洁（自变量个数越少越好）与模型精度（拟合误差越小越好）之间找到一个最优平衡点，这里不再赘述其细节。在 R 中，使用 step()函数即可轻松完成 AIC 步骤。

```
lm4=lm(log(aveSalary)~. + compScale*area,data=dat0)  # 地区与公司规模之间的交互作用
summary(step(lm4))  # 变量选择: step AIC
```

在以上步骤全部完成后，最终得到的模型系数估计以及刻画模型整体效果的指标如下：

---

①　想要进一步了解，请阅读《熊大胡说｜关于模型选择的那些事》（进入狗熊会微信公众号，输入关键词"模型选择的那些事"，点击阅读原文）。

```
## Coefficients:
##               Estimate Std. Error t value Pr(>|t|)
## (Intercept)   8.456762   0.017967 470.678  < 2e-16 ***
## R             0.065522   0.027340   2.397 0.016576 *
## Excel        -0.143574   0.012763 -11.249  < 2e-16 ***
## Python        0.085599   0.029258   2.926 0.003448 **
## MATLAB       -0.056898   0.038301  -1.486 0.137439
## Java          0.058288   0.031793   1.833 0.066791 .
## SQL           0.145021   0.018985   7.639 2.48e-14 ***
## SAS           0.078317   0.024033   3.259 0.001125 **
## Hadoop        0.229420   0.033317   6.886 6.24e-12 ***
## area          0.394826   0.013335  29.607  < 2e-16 ***
## compVar创业公司 0.082482   0.044609   1.849 0.064501 .
## compVar国企   -0.026972   0.027142  -0.994 0.320391
## compVar合资    0.056369   0.016646   3.386 0.000712 ***
## compVar上市公司 0.058643   0.022498   2.607 0.009165 **
## compVar外资    0.005431   0.016148   0.336 0.736654
## academic中专  -0.227767   0.036399  -6.257 4.14e-10 ***
## academic高中  -0.248540   0.042443  -5.856 4.96e-09 ***
## academic大专  -0.149227   0.016084  -9.278  < 2e-16 ***
## academic本科   0.108561   0.016581   6.547 6.28e-11 ***
## academic硕士   0.269012   0.036317   7.407 1.44e-13 ***
## academic博士   0.807996   0.127023   6.361 2.13e-10 ***
## exp            0.099921   0.002831  35.301  < 2e-16 ***
## ---
## Signif. codes:  0 '***' 0.001 '**' 0.01 '*' 0.05 '.' 0.1 ' ' 1
##
## Residual standard error: 0.4179 on 7038 degrees of freedom
## Multiple R-squared:  0.3778,    Adjusted R-squared:  0.3759
## F-statistic: 203.5 on 21 and 7038 DF,  p-value: < 2.2e-16
```

与一般线性模型不同，对数线性模型的系数含义是"增长率"，即在控制其他自变量不变的条件下，某个自变量每变化1个单位，因变量的增长率。

对照系数估计结果，控制其他因素不变时，得到以下结论：

（1）学历：高中学历的平均薪资最低，博士学历的平均薪资最高，比高中学历的平均薪资高105.7%（[0.808 0-（-0.248 5)]×100%）。

（2）经验：工作经验年限要求每多一年，平均薪资高出 10.0％。

（3）软件：需要 SQL，Hadoop 应用的岗位比不需要的岗位平均薪资分别高 14.5％，22.9％，需要 Excel 应用的岗位比不需要的岗位平均薪资低 14.4％。

（4）地区：北上深地区比其他地区平均薪资高 39.5％。

总的来说，体面的学历、丰富的工作经验、多样的软件应用能力和在北上深打拼的决心，更能帮你拿到一份满意的薪水。

7. 模型预测

一位会用 R 和 Python 但没有工作经验的本科生，如果找一份位于上海、规模 87 人的上市公司总部提供的工作，他能不能养活自己呢？

这位本科生会使用 R 和 Python，那他可以应聘的最优选择是同时要求会使用 R 和 Python 两款统计分析软件的岗位。根据这个工作岗位的条件，可以对照自变量的含义，得到应该代入回归模型的自变量的值。用 predict( )预测①如下：

```
# 预测1：会用r和python，本科毕业，无工作经验，公司位于上海，规模87人，上市公司

# 创建一个名为new.data1的data frame
new.data1 = matrix(c(1, 0, 0, 1, 0, 0, 0, 0, 0, 0, 0, 0, 1, "上市公司", "50-500人", "本科", 0), 1, 17)
new.data1 = as.data.frame(new.data1)
colnames(new.data1) = names(dat0)[-1]  # 对data frame命名
for(i in 1:13){
  new.data1[, i] = as.numeric(as.character(new.data1[, i]))
}
new.data1$exp = as.numeric(as.character(new.data1$exp))  # 将factor类型改为数值型
exp(predict(lm4, new.data1))  # 预测值
##           1
## 9625.873
```

如果是一位已经工作 7 年的博士，会用 R，SAS 和 Python 等多款统计软件，不仅会分析，还能用 Java 直接在 APP/网页终端实现自己的想法，那么他的月薪又会是多少呢？

---

① 由于最终的回归模型因变量是"薪资"变量进行对数变换后的结果，需要将模型预测值进行指数变换，才能得到我们真正关注的薪资水平。

这位博士可以应聘的最优选择是要求 7 年以上工作经验，同时要求会使用 R，SAS，Python，Java 等软件的精英岗位，预测月薪 4.4 万元（见图 3 - 59）。

```
# 创建一个名为new.data2的data frame
new.data2 = matrix(c(1, 0, 0, 1, 0, 1, 0, 0, 0, 0, 1, "上市公司", "50-500人", "博士", 7), 1, 17)
new.data2 = as.data.frame(new.data2)
colnames(new.data2) = names(dat0)[-1]  # 对data frame命名
for(i in 1:13){
  new.data2[, i] = as.numeric(as.character(new.data2[, i]))
}
new.data2$exp = as.numeric(as.character(new.data2$exp))  # 将factor类型改为数值型
exp(predict(lm4, new.data2))  # 预测值
##         1
## 43886.5
```

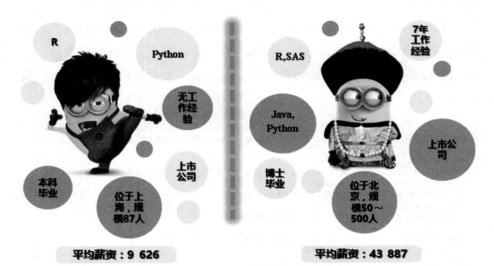

图 3 - 59　模型预测示意图

如果是一位没有学历、微弱的国企工作经验、不会任何统计软件的人，其薪资又会如何呢？

本节通过数据分析岗位招聘薪酬的案例分析，详细介绍了线性回归模型的完整用法，从确定分析目标到数据清洗、回归诊断，最终解释模型，进行预测，步步为营，目标清晰。

```
# 预测3: 没有学历、微弱的国企工作经验、不会任何统计软件

# 创建一个名为new.data3的data frame
new.data3 = matrix(c(0, 0, 0, 0, 0, 0, 0, 0, 0, 0, 0, "国企", "少于50人", "无", 0), 1, 17)
new.data3 = as.data.frame(new.data3)
colnames(new.data3) = names(dat0)[-1]    #对data frame命名
for(i in 1:13){
  new.data3[, i] = as.numeric(as.character(new.data3[, i]))
}
new.data3$exp = as.numeric(as.character(new.data3$exp))    # 将factor类型改为数值型
exp(predict(lm4, new.data3))  # 预测值
##           1
## 4206.697
```

3.3.2　逻辑回归

前面介绍的线性回归主要用来解决因变量是连续变量时的分析问题（比如薪酬、房价等）。此外，还有一类比较典型的问题。先来看以下几个问题，能否找出它们的共性。

（1）通过财务信息预测公司是否破产；

（2）通过驾驶记录预测驾驶员是否会出事故；

（3）通过购物和还款记录预测信用卡持卡人是否诚信。

这些问题的关键词都有"是否"两个字，也就是说，这些问题都有一个共同特征：因变量只有两种状态。下面将介绍一种处理这种二分类的因变量与自变量之间关系的模型——逻辑回归（logistic regression）。为了让大家更好地理解逻辑回归在真实场景中的应用，我们通过一个网络运营商经常会遇到的"客户流失"问题，给大家讲解如何运用逻辑回归解决实际问题。

1. 案例背景

如今我国三大网络运营商——移动、联通、电信三足鼎立，每个运营商都有各自的优势，但我们发现客户也会在三家运营商间流转，比如，有很多学生在上大学前，会先打听好大学里哪个运营商的信号最好、套餐最好，之后再选择运营商；工作后由于地理因素、个人需求的变化，又可能转换运营商。由此，运营商想要更好地保持客户数量稳定乃至增长，一方

面需要发挥自己的优势吸引客户，另一方面也要注意控制流失客户的数量。为了避免不必要的推销及人力、财力浪费，运营商希望能够通过用户的各方面通信数据，来确定哪些用户更容易流失。

现在因变量确定了，即客户是否流失。首先需要解释什么是流失，给出一个严谨的界定。在处理实际问题时，一定要对因变量如何定义和计算有非常清晰的理解，这样业务问题才能转化为数据分析问题。运营商对用户"流失"有两层定义：一是客户主动申报离网；二是累计 3 个月延迟缴费。第一层判定比较简单，第二层比较麻烦。比如，老王迟交了移动话费，但是过了两天才想起来原来这个月话费忘交了，于是赶紧补上。这算不算流失？不能算，因为老王还是移动的客户。所以必须"迟交很久"才算是流失。通过与运营商沟通，认为 3 个月是一个比较合适的界定。

由此就得到了两部分自变量信息：话费信息和网费信息。此外，还可以收集网费金额、话费金额等信息。

上面所说的变量是从因变量出发分析得到的。还需要利用行业背景及行业信息，来继续挖掘可能有影响的自变量，比如可以通过每位客户的通话详单来获得更详细、更多维度的客户信息（见图 3 - 60）。

图 3 - 60　自变量信息——通话详单

在点对点通信数据中，每位客户可能有多条信息，比如每次通话的时长、日期以及联系人等，因此需要对用户的多条数据进行提取汇总，形成每位客户的单条信息。这些单条信息则是研究的关键。那么如何把握这些单条信息呢？通过行业背景来构建。这个问题涉及的大多数变量都与社交网络有关。既然是和他人有关的，自然可以研究这种关联强度，比如：个体的度——客户的通话人数；联系的强度——人均通话时长；通话分布信息——客户每月的通话对象是比较分散还是集中；等等。

由此就根据点对点通信数据构建出了新的自变量。汇总所有的自变量，共有在网时长（tenure）、当月话费（expense）、通话人数（count）、人均通话时长（perperson）、通话时长分布（entropy）、话费变化率（chgexpense）以及通话人数变化率（chgcount）等七个。虽然经过分析，自变量已经找出来，但这些自变量是否有用，在流失客户和未流失客户间（churn）是否有差异，还需要进一步探讨。

2.描述分析

（1）读入数据。要做分析，首先要读取数据。直接将 csv 数据用 read. csv()函数读入，其中 dat1 和 dat2 分别记录了 6 月和 7 月的通信数据信息。（为什么读入了两个数据集？暂时先忽略这个问题，等介绍逻辑回归时自然会知晓。需要注意的是，这里需要把数据的列名都修改为英文，否则在后面引用列名时会有很多麻烦）。

```
# 加载所需R包
# install.packages("ggplot2")
library(ggplot2)
# 读入数据
dat1 = read.csv("JuneTrain.csv")
dat2 = read.csv("JulyTest.csv")
head(dat1)  # 查看数据的前几行
##        sbid tenure expense COUNT perperson  entropy   chgexpense
## 1 1445479416   3608  100.39    48  6.844792 2.931435 -0.003375360
## 2 1445479496   3596   50.54    38  8.485000 2.075424 -0.132211538
## 3 1445479746   3604   29.49    85  4.537882 3.702529 -0.829438982
## 4 1445480426   2252   97.29    97  7.127010 2.773227  0.025616698
## 5 1445480735   2155  228.77    82 11.652439 3.096718  0.044611872
## 6 1445480785   2158   95.25   144  2.998958 4.507604 -0.002095338
##      chgcount churn
## 1 -0.21311475     0
## 2 -0.32142857     0
## 3 -0.27350427     0
## 4  0.25974026     0
## 5  0.03797468     0
## 6  0.03597122     0
# 重新命名数据以及排列
dat1 = dat1[, c("tenure", "expense", "COUNT", "perperson", "entropy", "chgexpense", "chgcount", "churn")]
colnames(dat1) = c("tenure", "expense", "count", "perperson", "entropy", "chgexpense", "chgcount", "churn")
dat2 = dat2[, c("tenure", "expense", "COUNT", "perperson", "entropy", "chgexpense", "chgcount", "churn")]
colnames(dat2) = c("tenure", "expense", "count", "perperson", "entropy", "chgexpense", "chgcount", "churn")
```

（2）描述分析——用户是否活跃？通过描述分析可以对业务加深理解，同时也可以对因变量和自变量之间的关系有一个初步认识，便于后面分析解释回归模型，可谓是"没有描述统计的逻辑回归不是好报告"。因变量是二分类变量，自变量则基本是定量变量。利用 R 包 ggplot2，根据横轴为客户是否流失，可以针对不同的自变量绘制箱线图。

```r
# tenure和是否流失
p1 = ggplot(dat1, aes(x = as.factor(churn), y = tenure, fill = as.factor(churn))) + geom_boxplot() +
  guides(fill = FALSE) + theme_minimal() + xlab("是否流失") + ylab("在网时长") +
  theme(axis.title.x = element_text(size = 16, face = "bold"),
        axis.text.x = element_text(size = 12, face = "bold"),
        axis.title.y = element_text(size = 16, face = "bold"),
        axis.text.y = element_text(size = 12, face = "bold")) +
  scale_fill_hue(c = 45, l = 80)
# expense和是否流失
p2 = ggplot(dat1, aes(x = as.factor(churn), y = expense, fill = as.factor(churn))) + geom_boxplot() +
  guides(fill = FALSE) + theme_minimal() + xlab("是否流失") + ylab("当月话费") +
  theme(axis.title.x = element_text(size = 16, face = "bold"),
        axis.text.x = element_text(size = 12, face = "bold"),
        axis.title.y = element_text(size = 16, face = "bold"),
        axis.text.y = element_text(size = 12, face = "bold")) +
  scale_fill_hue(c = 45, l = 80)
```

首先看有关用户是否活跃的两个变量：在网时长和当月话费。一个代表了时间，一个代表了金钱，活跃的客户自然会在该运营商的服务上投入更多的时间和更多的金钱。然后是输出图表（见图 3-61）。这里在排版上有一个小技巧，在前面介绍了如何使用 ggplot()直接将两张图表分别输出。这里为了排版的简洁性，更进一步，使两张图并列输出。由于 ggplot()本身并不支持这种做法，因此可以寻求外援——gridExtra 包中的 grid.arrange()函数。

```r
# 加载所需R包
# install.packages("gridExtra")
library(gridExtra)
# 将2张图并列输出
grid.arrange(p1, p2, ncol = 2)
```

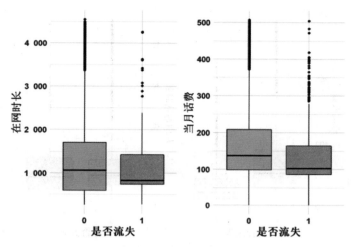

图 3-61　在网时长与当月话费的客户分组箱线图

从图 3-61 可以看出，未流失客户的活跃程度要比流失客户高一些①：更多的在网时长意味着未流失客户愿意在该运营商运营的网络下花更多的时间，而更多的当月话费也意味着客户愿意花更多的金钱。

（3）描述分析——活跃背后的挖掘。未流失客户相比流失客户来说更活跃，那么这种活跃会体现在哪些方面呢？时间和金钱花得多，无非就是通话人数多或者通话时间长，具体是这两种情况中的哪种，可以根据通话人数和通话时长两个自变量绘制箱线图来分析（见图 3-62）。

由图 3-62 可以看出，未流失客户的通话人数和人均通话时长都要高于流失客户，这也符合我们的常识。假设在电话网络中，老王只有一个固定通话好友，而老李有 10 个固定通话好友。不难想象，如果要转网，老王只需要给一个人发一条短信，"请您惠存我的新号码"；而老李就需要分别给 10 个人依次打电话，"我换新号码了，特地跟您说一声"。这二者所要花的成本和精力肯定是不一样的，老王转网的成本更低，自然更容易与运营商"分手"。

___

① 示意图横轴显示客户是否流失，其中 0 代表未流失客户，1 代表流失客户，下图同此。

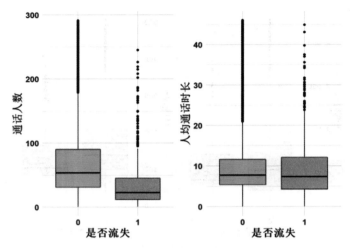

图 3 - 62　通话人数与人均通话时长的客户分组箱线图

（4）描述分析——社交集中度。从前面的分析可以看出，未流失客户的通话人数与通话时长更多，那么这种"多"是建立在"广泛"的基础上还是"集中"的基础上？简单来说，老王有 10 个好友，他是每天跟 10 个人都聊 1 小时，还是只跟 1 个人聊？这显然不太一样。要是跟 10 个人通话都很平均，可以想象，他离网的成本将更大。

首先，从通话时长在好友上的分布，可以看出这些客户在与好友的通话上是分布更离散还是更集中。如何衡量分布的离散性？可以使用信息熵（这是信息论中的一个指标）。简而言之，熵越大，说明通话时长的离散程度越高，即跟不同的人打电话时长都比较平均。从图 3 - 63 可以看出，未流失客户通话时长分布的熵要明显高于流失客户，也就是说，未流失客户通话时长的离散程度更高。

其次，则是通话人数变化的时间动态性。如果客户要离网，他将逐渐"解绑"，也就是逐渐减少跟其他人的联系。计算每个用户的通话人数变化率：（今天通话人数－昨天通话人数）/昨天通话人数，这个比率很有可能是负的，图 3 - 63 中的右图也证实了这个结果。

总体来讲，与流失客户相比，未流失客户通话更稳定，有着更多的联

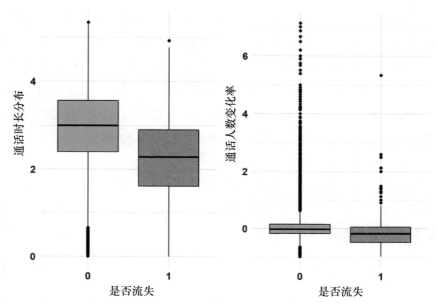

图 3 - 63　通话时长与通话人数变化率的客户分组箱线图

系人、更长的通话时间，在运营商的服务上花费了更多的时间和金钱；未流失客户各方面频率均较为稳定，与运营商处于"平稳期"。相对而言，流失客户的社交集中度较高，表明流失客户和运营商已经到了"冷战期"，客户正在逐渐减少需要联系的人，拨打更少的电话……这也解释了为什么流失客户显得并不活跃。

3. 为什么使用逻辑回归？

根据以上分析，数据的因变量为客户是否离网（0 或 1），自变量为通话和上网的数据。这时就出现了问题，数据那么多，但最终因变量的结果却只有 0 和 1 两种情况。在这种情况下，为什么不使用线性回归来分析呢？因为线性回归会和现有数据产生不可调和的矛盾，看下列公式：

$$Y = \beta_0 + \beta_1 X_1 + \cdots + \beta_p X_p + \varepsilon = X'\beta + \varepsilon \tag{3-1}$$

这个方程是典型的线性回归公式，但此时等式的左边是离散型的，而等式的右边却是连续型的，回归直线和因变量二者的取值几乎永远不可能相等。

在逻辑回归中，如何处理这种不可调和的矛盾呢？实际上，逻辑回归是对 $Y=1$ 的概率（也就是 $P(Y=1)$）建模，而这个概率是连续的，由此上述线性回归等式中的难题就解决了。另外，如何将这个概率和之前因变量的 0-1 建立关系呢？可以根据自身需要设定一个阈值，当新的因变量根据自变量计算出的结果大于这个阈值时，认为它取 1，反之则认为它取 0，这就建立了关系。这种解决问题的思路就是逻辑回归的思想。

4.逻辑回归是什么？

逻辑回归是解决分类问题的一种分类模型，在实践中最常用的就是二分类的逻辑回归。要计算某条观测的概率，用于计算的函数值域就要取 [0，1]，下面函数就满足了要求：

$$S(x)=\frac{\exp(x)}{1+\exp(x)} \tag{3-2}$$

式（3-2）叫作 sigmoid 函数，也称作 logistic 函数，其函数图像如图 3-64 所示。

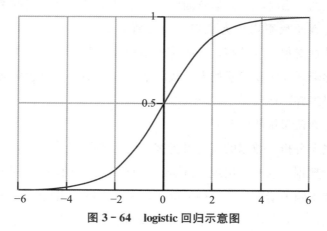

图 3-64　logistic 回归示意图

将自变量的线性组合（$X'\beta$）代入式（3-2）中，得到：

$$S(X'\beta)=\frac{\exp(X'\beta)}{1+\exp(X'\beta)} \tag{3-3}$$

式（3-3）将自变量的线性组合映射到了［0，1］区间，由此，逻辑回归的建模方程为：

$$P(Y=1)=S(X'\beta) \tag{3-4}$$

实际上，式（3-4）就是值域在 0~1 之间的连续函数，满足这样条件的函数很多。此外，还有其他函数形式（比如随机变量的分布函数），感兴趣的读者可以了解 probit 回归等。在实践中，由于 logistic 函数具有很好的解析性质，成为建模首选。进一步能够得到 $P(Y=1)$ 与 $P(Y=0)$ 的比值为：

$$\frac{S(X'\beta)}{1-S(X'\beta)}=\exp(X'\beta) \tag{3-5}$$

式（3-5）左边的值称为"发生比"（odds），取值范围为 0 到 ∞，值接近 0 时说明分子很小而分母很大，即 odds 取 0 的概率要远高于取 1 的概率；同样，值接近无穷大时说明取 1 的概率要远高于取 0 的概率。

再对式（3-5）两边取对数，得到：

$$\log\left(\frac{S(X'\beta)}{1-S(X'\beta)}\right)=X'\beta \tag{3-6}$$

式（3-6）的左边称为对数发生比或分对数（log odds）。式（3-5）到式（3-6）的变换也称为 logit 变换。可以看出，式（3-6）的右边非常像线性回归方程，在可以得知其分类概率的情况下，就可以按照最小二乘法，估计出模型的各个参数值，则逻辑回归方程也就成功了。

这种做法看起来很完美，但存在严重问题：并不知道取不同数据的可能性。那么该如何估计呢？可以使用统计学估计方式的一大"杀器"——极大似然估计。

首先计算逻辑回归模型中 Y_i 的概率分布：

$$P(Y_i\,|\,X_i)=\begin{cases}\dfrac{\exp(X_i'\beta)}{1+\exp(X'\beta)}, & Y_i=1 \\[3mm] \dfrac{1}{1+\exp(X'\beta)}, & Y_i=0\end{cases} \tag{3-7}$$

$$P(Y_i \mid X_i) = \left\{ \frac{\exp(X'_i\beta)}{1+\exp(X'\beta)} \right\}^{Y_i} \left\{ \frac{1}{1+\exp(X'\beta)} \right\}^{1-Y_i} \tag{3-8}$$

然后所有 Y_i 的联合分布函数即为似然函数。

$$\prod_{i=1}^{n} P(Y_i \mid X_i) = \prod_{i=1}^{n} \left\{ \frac{\exp(X'_i\beta)}{1+\exp(X'\beta)} \right\}^{Y_i} \left\{ \frac{1}{1+\exp(X'\beta)} \right\}^{1-Y_i} \tag{3-9}$$

通过最大化似然函数，就能得到"最大似然估计"。一般来说，常常对式（3-9）的连乘形式取对数，得到对数似然函数，并进行优化。

$$\begin{aligned} L(\beta) &= \sum_{i=1}^{n} \log\{ P(Y_i \mid X_i) \} \\ &= \sum_{i=1}^{n} \left[Y_i \log\left\{ \frac{\exp(X'_i\beta)}{1+\exp(X'\beta)} \right\} + (1-Y_i)\left\{ \frac{1}{1+\exp(X'\beta)} \right\} \right] \end{aligned} \tag{3-10}$$

由于对数变换是单调的，因此最大化对数似然函数也就是最大化式（3-9）的似然函数。虽然式（3-10）的最优值没有显式解，但使用一些经典的优化方法（如牛顿迭代法），就能得到最大似然估计。

5. 用 R 计算逻辑回归

在 R 中，逻辑回归建模最常用的是广义线性回归语句 glm()。

```
glm(formula, family, data, …)
```

其与 lm() 的不同之处就在于参数 family，这个参数的作用在于，定义一个族以及连接函数，使用该连接函数将因变量的期望与自变量联系起来。广义线性回归包含各种各样的回归形式，除了逻辑回归之外，还有泊松回归等，它们对应不同的 family 取值。对于逻辑回归来说，使用 family＝binomial(link＝logit)，表示引用了二项分布族 binomial 中的 logit 连接函数。

以下为根据前面提到的运营商数据进行的逻辑回归建模及结果。

```
# 建立模型
lm1 = glm(churn ~., data = dat1, family = binomial())
summary(lm1)
##
## Call:
## glm(formula = churn ~ ., family = binomial(), data = dat1)
##
## Deviance Residuals:
##      Min       1Q    Median        3Q       Max
## -0.9070  -0.1906  -0.1357  -0.0921   4.0309
##
## Coefficients:
##              Estimate Std. Error z value Pr(>|z|)
## (Intercept) -4.71208    0.06070 -77.624  < 2e-16 ***
## tenure      -0.30973    0.05732  -5.404 6.52e-08 ***
## expense     -0.19255    0.05246  -3.671 0.000242 ***
## count       -0.52674    0.11092  -4.749 2.04e-06 ***
## perperson   -0.14177    0.03997  -3.547 0.000390 ***
## entropy     -0.26415    0.07356  -3.591 0.000330 ***
## chgexpense  -0.19557    0.04304  -4.544 5.52e-06 ***
## chgcount    -0.38860    0.04270  -9.101  < 2e-16 ***
## ---
## Signif. codes:  0 '***' 0.001 '**' 0.01 '*' 0.05 '.' 0.1 ' ' 1
##
## (Dispersion parameter for binomial family taken to be 1)
##
##     Null deviance: 6619.6  on 42623  degrees of freedom
## Residual deviance: 5977.7  on 42616  degrees of freedom
## AIC: 5993.7
##
## Number of Fisher Scoring iterations: 8
```

根据逻辑回归的原理，可以得到回归系数、p 值等。做出模型后，就需要对模型进行解读，分析这些回归系数背后的信息。

首先从线性模型说起。在线性模型中，保持其他变量不变时，β_1 的值表示 X_1 值每增加一个单位时 Y 的变化量；而在逻辑回归模型中，结合之前所提到的发生比，X_1 值每增加一个单位，对数发生比（log odds）的变化为 β_1。根据逻辑回归的表达式，$p(X)$ 与 β_1 之间不再是线性关系，

$p(X)$ 的变化量还会受到 X_1 取值的影响。一般来说，我们更关心回归系数的符号：当 β_1 取正值时，$p(X)$ 会随 X_1 的增加而增加；当 β_1 取负值时，$p(X)$ 会随 X_1 的增加而减少。

然后以第一项"tenure"（在网时长）为例，具体介绍如何分析逻辑回归中的系数。在网时长变量的 p 值为 6.52×10^{-8}，非常小，说明自变量对因变量有显著影响（在 99% 的置信水平下）。直观上说，这个变量的回归系数 $-0.309\ 73$ 是有意义的，也就是说，在其他因素不变时，在网时长每增加一个单位，客户是否流失的对数发生比就减小 $0.309\ 73$。抛开具体在网时长数值，将该回归系数解读为：控制其他因素不变，在网时长数值小的人更容易比在网时长数值大的人成为流失客户。

鉴于这些自变量的回归系数都是负的，那么可以将整个回归模型解读为：控制其他因素不变，在网时长、当月话费、通话人数、人均通话时长、通话时长分布、话费变化率以及通话人数变化率小的用户更容易成为流失客户。我们发现，逻辑回归的结果和描述分析的结果比较一致。同时逻辑回归的结果给了我们对于回归关系更为精确的刻画和度量。

6. 预测与评价

（1）评价原理说明。逻辑回归分析后，就需要对模型进行评价。与线性回归不同，逻辑回归因变量是二分类的，无法像线性回归一样，通过残差的分布及 R 方等对模型进行评价。一般通过预测（或拟合）对逻辑回归模型的好坏进行判断：将预测的结果和真实的结果进行对比，进而判断逻辑回归模型是否契合数据。如果模型较好，那么预测（或拟合）的结果自然会和真实结果重合程度高。这就是对逻辑回归评价的基本原理。

这也是训练集和测试集存在的理由。训练集是为了提供能够进行逻辑回归的基础数据，在训练集的基础上做出逻辑回归的模型。然后将测试集的自变量代入回归模型中，对比模型计算出的结果和测试集真实的结果，由此判断模型的好坏情况。具体操作如下：

给定一条新数据 X_i^*，通过逻辑回归的表达式计算对应的预测值 $\widehat{Y_i^*} = 1$

的概率 $P(\widehat{Y_i^*}=1)$。为明确地预测出 Y_i^* 到底是不是等于 1，需要对这一概率规定一个阈值 α，当概率大于阈值时，认为预测值为 1，反之为 0。

在 R 中，利用 predict() 函数，可以对测试集进行预测，具体代码为：

```
predict（object, newdata = NULL, type = c（"link", "response", "terms"）
```

其中，object 是指所需的回归模型；newdata 是指用于测试的数据集；type 是指选择预测的类型，由于是二分类变量，所以选择 response，表示输出结果预测响应变量为 1 的概率。在预测完成后便可设定阈值，查看计算出的结果和真实情况的差别，具体代码为：

```
# 模型预测
Yhat = predict(lm1, newdata = dat2, type = "response")
ypre1 = 1 * (Yhat > 0.5)
table(ypre1, dat2$churn)
##
## ypre1    0      1
##     0 46001  447
ypre2 = 1 * (Yhat > mean(dat2$churn))
table(ypre2, dat2$churn)
##
## ypre2    0      1
##     0 27242  108
##     1 18759  339
```

需要注意的是，手动设定阈值只能一点一点操作，可以利用系统自动设定阈值，甚至还可以绘制成曲线输出。但需要先弄清楚设定不同阈值的目的。比如如表 3-5 所示的错判矩阵。

表 3-5　错判矩阵

	真实值		
	0	**1**	
预测值	0	a	b
	1	c	d

假设表 3-5 中 0 代表好人，1 代表坏人，解读通过逻辑回归"抓坏人"的过程。目标是预测的好人中真实是好人的概率尽量高，预测的坏人中的确是坏人的概率也尽量高。而衡量二者高不高的基本指标，就是总体准确率，即 $\dfrac{a+d}{a+b+c+d}$。

此外，还有两个非常重要的指标：一是真正率（true positive rate，TPR），即 $\dfrac{d}{b+d}$，描述的是在所有坏人中，抓住了多少；二是假正率（false positive rate，FPR），即 $\dfrac{c}{a+c}$，描述的是有多少好人被误判为坏人。

（2）ROC 曲线的绘制。当 TPR 高而 FPR 低时，证明这个模型是比较好的。如果只是把 TPR 单纯地提高，可以把阈值 α 设置成 0，这样就会把所有坏人都抓获归案。但 FPR 同时也会达到最高，也就是说将所有的好人都误判为了坏人……因此可以以横轴代表（1−FPR）、纵轴代表 TPR 画出 ROC 曲线。ROC 曲线全称为受试者工作特征曲线（receiver operating characteristic curve），也就是当阈值从 0 逐渐变化到 1 时，将阈值所对应的一对 TPR 和 FPR 化为图中一个点的坐标所连成的曲线。如果这条曲线形状非常凸，就代表每一个阈值评价效果都不错。

在 R 中，绘制 ROC 曲线需要加载 pROC 包，利用包中的 plot. roc() 函数进行绘制（见图 3-65）。需要注意的是，数据集应包括两列数据：预测结果和真实结果，函数的其他图形参数与 plot 类似。具体代码如下：

```
# 加载所需R包
# install.packages("pROC")
library(pROC)
# 生成ROC曲线
plot.roc(dat2$churn, Yhat, col = "red", lwd = 2, xaxs = "i", yaxs = "i")
```

曲线有了，但还没有落实到具体的数值上，只看曲线可能还不能得出结果。下面就介绍一个常用的指标——AUC（area under curve）。

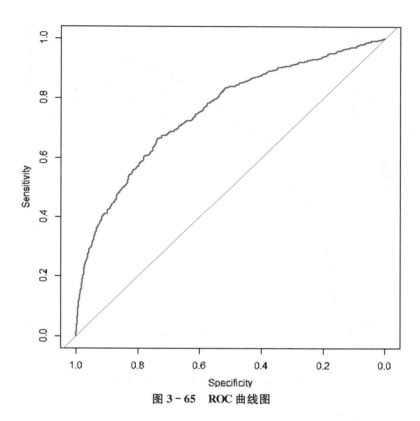

图 3 - 65　ROC 曲线图

（3）AUC 指标的计算。当给定任何一个 TPR 时，希望得到尽量小的 FPR。如果模型 A 和 B 得到的 TPR 相同，其中 A 模型的 FPR 更小，那么基本可以判定 A 模型更优。以上 TPR 和 FPR 都是在给定的阈值下计算的，对于不同的阈值，A 模型的 FPR 是否都更小呢？如果是，那就更有理由认为 A 模型更优（见图 3 - 66）。

```
# 比较ROC曲线优劣
lm2 = glm(churn ~ chgcount, data = dat1, family = binomial())
Yhat2 = predict(lm2, newdata = dat2, type = "response")
plot.roc(dat2$churn, Yhat2, col = "blue", lwd = 2, xaxs = "i", yaxs = "i")
lines.roc(dat2$churn, Yhat, col = "red", lwd = 2)
```

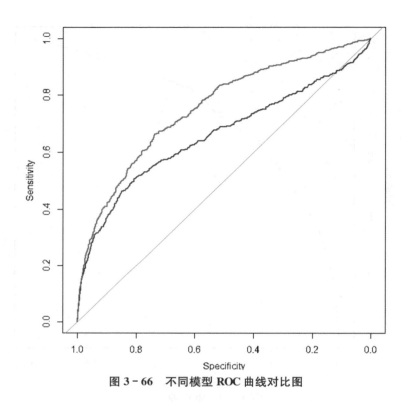

图 3 - 66　不同模型 ROC 曲线对比图

另外，这种"更优"在图形上是如何表现的呢？分别绘制出它们的
ROC 曲线，可以发现，模型 A 的 ROC 曲线应该是更凸的，在图 3 - 66 中
也就是红色的那条线。这种凸的程度能否用数值衡量呢？ROC 曲线下面的
面积就是衡量标准。面积大的模型表现更好，这就是 AUC 指标的由来。
这个面积的计算在 R 中可以利用 auc( )函数进行操作。

```
# auc曲线
auc(dat2$churn, Yhat)
##  Area under the curve: 0.7554
```

（4）成本收益曲线的绘制。在实践中，还经常用成本收益曲线来度量抓
坏人的成本和收益。该曲线关乎两个度量成本和收益的指标——覆盖率和捕

获率。覆盖率是指预测为坏人的人数与总人数的比值，即 $\dfrac{c+d}{a+b+c+d}$，可以作为衡量成本的指标（抓坏人是需要成本的）；捕获率是指预测为坏人的人中实际的确是坏人的人数和坏人的总人数的比值，即 $\dfrac{d}{c+d}$，可以作为衡量收益的指标。显然希望成本越低、收益越高越好，但现实总会和梦想有差距，当将所有用户都预测为坏人时，就相当于把捕获率调到了 100%，但所有的好人也都被预测成了坏人，成本也会变得非常高。捕获率和覆盖率的关系跟 ROC 曲线中 TPR 和 FPR 的关系类似。因此，捕获率和覆盖率也是不能两全的，只能将覆盖率控制在合理范围内，使对应的捕获率尽量高一些。

根据不同的阈值，可以计算出对应的覆盖率和捕获率，以覆盖率为横轴、捕获率为纵轴就可以绘制出成本收益曲线。但遗憾的是，R 中没有对应的函数，需要手动计算覆盖率和捕获率。由此先设定几组阈值，计算出其对应的覆盖率和捕获率，再用 plot() 函数绘制图像，就画出了成本收益曲线（见图 3 - 67）。

以上主要介绍了线性回归和逻辑回归[①]，针对不同类型的因变量，在使用时要千万注意"对症下药"。

```r
# 覆盖率捕获率曲线
sub = seq(0, 1, 1 / 7)
tol = sum(dat2$churn)
catch = sapply(sub, function(s) {
  ss = quantile(Yhat, 1 - s)
  res = sum(dat2$churn[Yhat > ss]) / tol
  return(res)
})
plot(sub, catch, type = "l", xlab = "覆盖率", ylab = "捕获率")
```

---

① 了解更多的回归，请参考《熊大胡说 | 回归五式》（进入狗熊会微信公众号，输入关键词"回归五式"，点击阅读原文）。

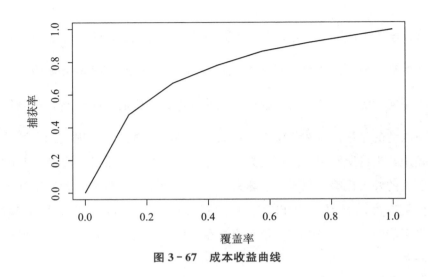

图 3 - 67　成本收益曲线

3.4　代码规范与文档撰写

　　R 语言虽然有强大的统计分析和绘图功能，但说到底它是一门编程语言，有自己的代码规范，这些规范旨在让 R 学习者养成良好的代码写作习惯，也方便代码作者和他人阅读代码。至于 R 语言文档撰写，R Markdown 是一款基于 Markdown、功能强大的 R 语言文档撰写和排版工具，可以轻松地重现我们的数据分析工作。本节将介绍基本的 R 语言代码规范和如何利用 R Markdown 进行文档撰写工作。值得注意的是，本节介绍的代码规范属于"约定俗成"，但并不是"金科玉律"。熟练运用语言后，每个人可能会有自己的代码风格，这其中最重要的是秉持简洁、可读性强的原则。

3.4.1　R 语言代码规范

1. 注释

注释是一门编程语言的基本要素，更是 R 语言用户的自我修养。抱着对自己代码负责的态度，养成良好的注释习惯，利人利己。一般的 R 代码中，注释包括文件注释、代码块注释及单行代码注释。

文件注释，就是在文件代码开始前需要声明的内容，比如，什么环境下运行本代码，使用哪个版本的 RStudio，约定编码方式（通常是 UTF-8），以及这个代码文件主要是用来干什么的。通常文件注释开始可以用两个"#"。

```
## —*— coding: utf-8 —*—
## exploratory data analysis of nba shooting data
```

代码块注释，顾名思义就是对某个代码块的注释。在 R 中，为了提高代码效率，通常把函数模块化，以避免代码大面积重复，由此就需要对代码块进行适当注释。代码块注释通常也是使用两个"#"开头。

```
## define MyStyle function for ggplot2.boxplot
MyStyle <- function(xName, yName, groupName){
  ggplot2.boxplot(data = doc, xName, yName, groupName,
                  showLegend = False, na.rm = TRUE)
}

boxplot1 <- Mytheme('team_expert', 'reservations', 'team_expert') +
                  scale_fill_brewer(palette = "Paired")
```

单行代码注释，也叫短注释，通常放在一行代码的后面，在代码较长时也可以另起一行进行注释，但要尽量保持每行代码对齐，避免混乱。

2. 命名规范

与注释一样，对代码中的变量、函数和文件名进行规范命名也是 R 语言用户的一项基本守则。

对 R 文件的命名应尽可能体现文件内容，比如，某个文件代码是用来分析 NBA 球员投篮数据的，文件可以命名为 analysis_nba_data. R，切勿随便命名，为后续操作带来不必要的麻烦。

函数和变量的命名尤需小心。R 对大小写是极其敏感的，变量名应该都使用小写字母，而函数名可以对首字母使用大写。需要注意的是，变量和函数命名时应尽量避免与 R 中本来存在的一些函数或者变量重名，否则系统也会混乱。不同单词间可以用"．"或者"_"来连接。这主要看个人使用习惯，也可以遵从一些业内固定代码规范。谷歌曾推出一套《R 代码规范手册》，推荐使用"．"来连接。命名函数则尽量不要使用下划线或者点连接符，在单词选择上也最好能体现函数的动作，以动词来命名函数。看下面的例子：

　　　　变量
　　　　正例：shooting_distance　　shooting. distance
　　　　反例：ShootingDistance

　　　　函数
　　　　正例：GetShootingEff
　　　　反例：getshootingeff

3. 代码组织

有组织、有层次的 R 代码通常会出现在正式的项目中，读者可以在 Github 上观摩项目代码的组织形式。在正式的 R 语言项目里，以下内容是必不可少的：

（1）版权声明；

（2）编码和环境声明；

（3）作者注释；

（4）文件说明；

（5）项目目的；

（6）输入与输出说明；

（7）函数定义说明；

（8）其他。

在日常的 R 代码训练中，这就过于苛求了。但还是提醒读者，平时养成多做声明的好习惯，否则正式接项目必定会手足无措、漏洞百出。

4. R 语言编程的一般约定

除了上述不能违背的一些较为明显的规定之外，在 R 中通常还包括一些约定俗成的规则。谷歌的《R 代码规范手册》中有如下规定：

（1）每行代码最长不超过 80 个字符。一行代码过长，效率低又不美观。

（2）使用空格键空两格进行缩进，尽量不要用 Tab 键。

（3）在使用二元运算符（＝，＋，－，＜－，等等）时，前后都加上一个空格，保证代码看起来简洁清晰。

（4）逗号。逗号前不用空格，但逗号后一定要空一格。同第（3）条，很实用的建议。

（5）分号。无特殊情况不要使用分号。

（6）花括号。通常在循环语句或者自定义函数中使用。左花括号不换行写，右花括号独占一行写。

（7）尽量少用 attach()函数。

（8）小括号。在前括号前加一个空格，但调用函数时除外，特指 if 等循环命令。

（9）全部代码约定应保持一致。不能一会儿有空格，一会儿又挤在一起，当然我们要求是全部有空格。

```
## 代码规范正例
# 自定义函数对ggplot.box进行简单封装
MyStyle <- function(xName, yName, groupName){
  ggplot2.boxplot(data = doc, xName, yName, groupName,
                  showLegend = False, na.rm = TRUE)
}
## 代码规范反例
# 自定义函数对ggplot.box进行简单封装
MyStyle<-function(xName,yName,groupName){
  ggplot2.boxplot(data=doc,xName,yName,groupName,
                  showLegend=False,na.rm=TRUE)
}
```

以上谷歌代码规范是由谷歌公司总结制定的，而每个数据分析师也可以稍有不同，遵从其他规范或自成一体。尽管在 R 语言的基因中有诸多争议的地方①，但是从语言规范上，仍需要保持代码整洁、风格一致、可读性强的原则。

5. 测试代码效率并优化

这部分并不属于 R 代码规范的必备内容，但还是有必要强调一下。无论 R 语言的新手还是老手，都不可能把程序写得完美无缺。当你写完一段代码之后，需要测试这段代码的效率并对其不断优化。RGui 中没有测试代码的工具，但 RStudio 完美地解决了这一问题。在用 Debug 检测完代码正确与否之后，还可以使用 Profile 来检测代码效率如何，这一点无论是对 R 语言新手还是老手都不容易。

常用的优化代码效率的方式有：函数模块化、向量化运算及多使用 R 内置函数。

首先是函数模块化。通常在重复调用一些含有较多参数的函数时，代码会看起来很臃肿，有很多冗余。比如，ggplot( ) 函数通常会包括众多参数，在重复调用时可以自定义一个调用函数，将我们想利用的图形、格式、参数都模块化到自定义函数模块中，这样会大大提升代码效率。

其次少用循环，多用 R 自带的向量化运算。R 的循环效率很低，能不用则不用。在写 for 或者 while 时，看能否用现成的向量或者矩阵运算替代。

最后要尽可能利用 R 中已经封装好的函数。比如求平均值 mean( ) 函数就可实现，不需要自己编循环。重复的事情尽量少做，可以提升效率。

3.4.2　R Markdown 文档撰写

R Markdown（简称 Rmd）是一款基于 Markdown 的 R 语言写作工具。Markdown 是一款可以用文本编辑器编写的标记语言。通过一些简单的标记语言，可以使文本具备一定的排版格式，简单好用。下面就来介绍

---

① 谢益辉. R 的若干基因及争论. ［2023 – 09 – 10］. https://yihui. name/cn/2012/09/equal-and-arrow/.

在 RStudio 中如何使用 R Markdown。

1. 为什么要使用 R Markdown？

使用 Rmd 最大的好处就是，可以轻松地重现你的数据分析工作（make your work reproducible）。从原始数据的读入、清洗到最后的分析挖掘过程，每一步的 R code 都被清晰地记录。阅读你的 Rmd 结果的人可以完整地审查你的分析思路和过程。

关于用 Rmd 将数据分析代码和结果以文件的形式输出为相应的报告，相关知识点的细节内容非常多，下面用一个数据实例来进行 Rmd 基本操作流程的演示，然后再总结一些关键点帮助大家理清 Rmd 的基本知识。

一个以 iris 数据集为基础生成的 Rmd 展示如图 3 - 68 所示。

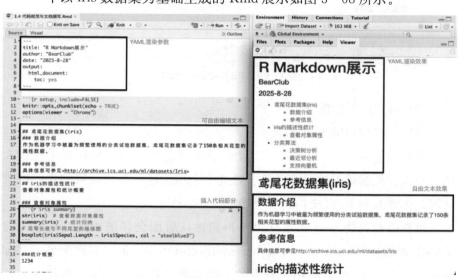

图 3 - 68　完整的 Rmd 输出效果

图 3 - 69 展示的是以 HTML 格式输出的 Rmd 结果，从中可以看出，Rmd 输出的 R 代码块是比较整洁美观的。

2. Rmd 的文档结构

由图 3 - 68 可以看出，一份完整的 Rmd 文档通常由以下三部分构成：

（1）---符号内的 YAML 渲染参数；

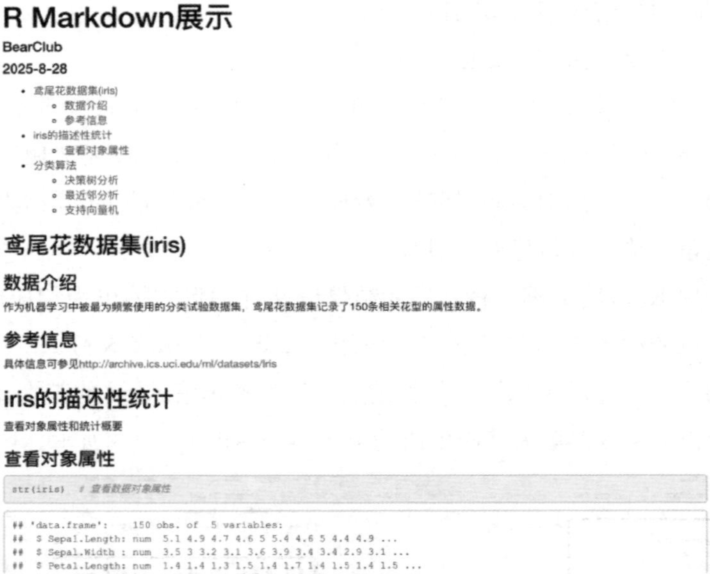
R Markdown展示

BearClub

2025-8-28

- 鸢尾花数据集(iris)
  - 数据介绍
  - 参考信息
- iris的描述性统计
  - 查看对象属性
- 分类算法
  - 决策树分析
  - 最近邻分析
  - 支持向量机

鸢尾花数据集(iris)

数据介绍

作为机器学习中被最为频繁使用的分类试验数据集，鸢尾花数据集记录了150条相关花型的属性数据。

参考信息

具体信息可参见http://archive.ics.uci.edu/ml/datasets/Iris

iris的描述性统计

查看对象属性和统计概要

查看对象属性

```
str(iris)   # 查看数据对象属性
```

```
## 'data.frame':    150 obs. of  5 variables:
##  $ Sepal.Length: num  5.1 4.9 4.7 4.6 5 5.4 4.6 5 4.4 4.9 ...
##  $ Sepal.Width : num  3.5 3 3.2 3.1 3.6 3.9 3.4 3.4 2.9 3.1 ...
##  $ Petal.Length: num  1.4 1.4 1.3 1.5 1.4 1.7 1.4 1.5 1.4 1.5 ...
```

图 3－69　Rmd 中的代码块

（2）可自由写作的 text 文本；

（3）```符号内的 R 代码块。

其实在创建 Rmd 文档时，R 就已经按照这三大内容配置好了模板文档，只需在此基础上按照个人需求对这三个结构进行参数设置和代码修改即可。创建新的 Rmd 文档的模块如图 3－70 所示。

可自由编辑的 text 文本这里不再叙述，后面会详细阐述。这里先看 YAML 参数。YAML（yet another multicolumn layout）本意为另一种标记语言，在 Rmd 中一般用于开头的一些参数值指定，通常用来指定文档的标题、作者信息、写作时间、文档输出方式以及其他一些信息。YAML 参数以上下两个“---”符号来划定该结构。在上述 iris 的例子中，其 YAML 参数设置如图 3－71 所示。

需要补充的是，在指定输出文档下继续设置 toc 参数为 yes 可对全文档添加目录，设置效果如图 3－72 所示。

```
---
title: "test"
output: html_document
date: '2025-10-17'
---
```

```{r setup, include=FALSE}
knitr::opts_chunk$set(echo = TRUE)
```

R Markdown

This is an R Markdown document. Markdown is a simple formatting syntax for authoring HTML, PDF, and MS Word documents. For more details on using R Markdown see <http://rmarkdown.rstudio.com>.

When you click the **Knit** button a document will be generated that includes both content as well as the output of any embedded R code chunks within the document. You can embed an R code chunk like this:

```{r cars}
summary(cars)
```

Including Plots

You can also embed plots, for example:

```{r pressure, echo=FALSE}
plot(pressure)
```

Note that the `echo = FALSE` parameter was added to the code chunk to prevent printing of the R code that generated the plot.

图 3 - 70　Rmd 的三大结构

```
---
title: "R Markdown展示"
author: "BearClub"
date: "2025-8-28"
output:
  html_document:
    toc: yes

---
```

图 3 - 71　YAML 参数设置

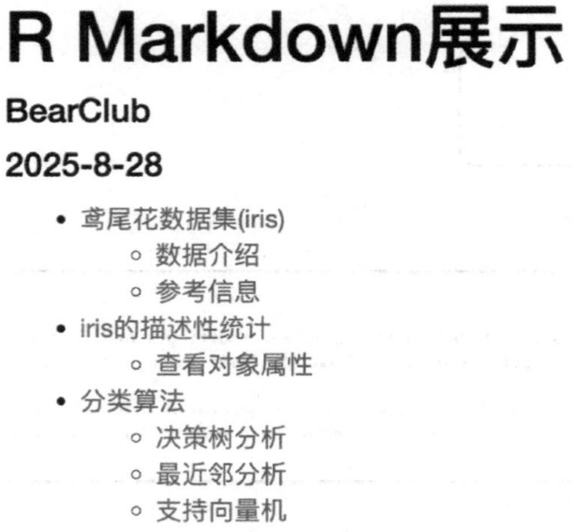

R Markdown展示

BearClub

2025-8-28

- 鸢尾花数据集(iris)
  - 数据介绍
  - 参考信息
- iris的描述性统计
  - 查看对象属性
- 分类算法
  - 决策树分析
  - 最近邻分析
  - 支持向量机

图 3 - 72　YAML 参数效果

3. R Markdown 基本语法

R Markdown 作为 R 与 Markdown 结合的产物，完全接受了 Markdown 的基本语法，Markdown 通过一款叫作 Pandoc 的标记语言转换工具将我们设定的各种语法格式转换为文档中想要实现的效果。Markdown 常见语法格式如表 3 - 6 所示。

表 3 - 6　Markdown 常见语法格式

文字样式	Markdown 语法	输出效果
加粗	＊＊bold＊＊	**bold**
斜体	＊italics＊	*italics*
嵌入行内代码	´code´	—
删除线	～～strike～～	~~strike~~
链接	［title］（http://）	Link
块引用	＞quote	—
图片	！［alt］（http://）	—
公式	$ A=\pi * r\{2\} $	$A = \pi * r^2$

关于 Markdown，还需要注意的是标题的分级设置。标题对于显示文档结构作用重大，一篇完整的 Rmd 文档需要各级标题来使得文档结构清晰明了，既不要满篇全是大标题，也不要都是蝇头小字。那么在 Rmd 中标题的使用也是相当简单，只需要学会使用 #（见图 3－73）。

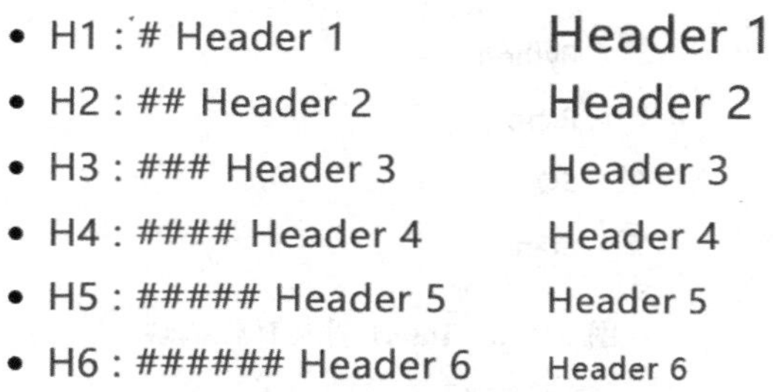

H1 : # Header 1
Header 1
H2 : ## Header 2
Header 2
H3 : ### Header 3
Header 3
H4 : #### Header 4
Header 4
H5 : ##### Header 5
Header 5
H6 : ###### Header 6
Header 6

图 3－73　分级标题的设置

几级标题就由几个“#”来表示，6 级标题就有 6 个“#”，各级标题字体也是逐渐缩小的。在实际操作中可以根据需要自行选择级标题，通常选择“## 二级标题”作为第一标题，毕竟大家都比较在乎标题字体的大小。在 iris 例子中，简单展示一下标题效果如图 3－74 所示。

三级标题
三级标题效果
鸢尾花数据集(iris)
iris数据集介绍
文字描述

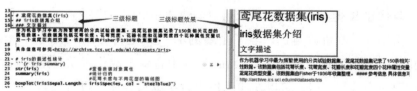

图 3－74　Rmd 的分级标题

4. 插入代码块

作为 Rmd 三大结构中最重要的一个组成部分，代码块在报告中扮演着重要角色。它可以清晰地展示你做数据分析的思路过程，全部的代码都会被公开呈现给大家。在 Rmd 中插入 R 代码有哪些需要注意的呢？

除了手动输入“```”符号插入代码之外，最方便的插入代码的方法莫过于通过菜单栏的 Insert 来执行插入代码的功能了（见图 3－75）。

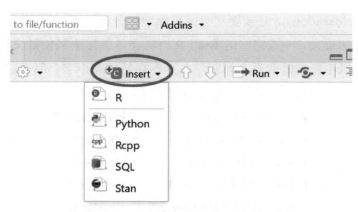

图 3 - 75   Insert 插入 R 代码块

插入之后代码块如图 3 - 76 所示。

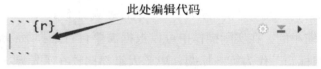

图 3 - 76   插入代码块界面

就像在 R 脚本中一样，大家可以愉快地在里面写代码了。

由图 3 - 75 可以看出，除了主要的 R 代码之外，Rmd 对于 Python，SQL 等也是支持的。点击之后会在 Rmd 中自动生成代码块，这样就可以在代码块中编写代码。可以在代码块中直接编写程序，也可以将事先在 R 脚本中编辑好的代码复制到代码块中，然后点击代码块右上角的运行按钮即可运行代码块。为了满足不同的代码需要，Rmd 代码块还提供了多种个性化设置。点击代码块右上角第一个齿轮按钮即可对代码块进行各种设置。代码块右上角共三大按钮，分别是设置、运行本 chunk 之前的所有代码和运行本 chunk 的代码。打开第一个设置按钮后会如图 3 - 77（左）所示。

此时，如果你希望最终输出的界面中只包含运行结果，不包含代码，就可以通过图 3 - 77（右）所示，选中 Output 下拉框中的"Show output only"即可得到仅显示运行结果的效果，例如图 3 - 78 就显示了 str(iris) 和

summary(iris)的结果，但并不包含对应的代码。

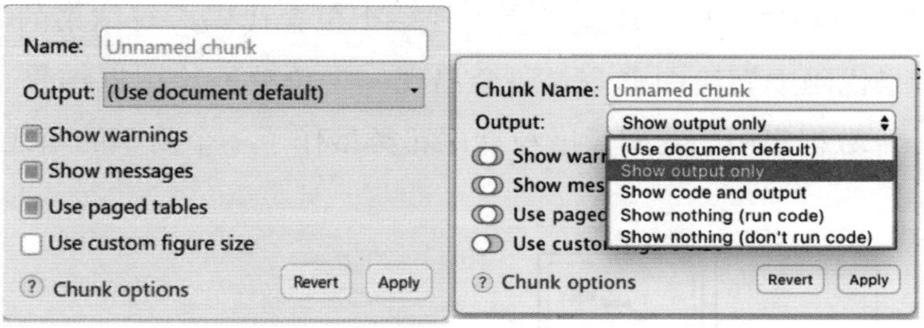

图 3-77　代码块设置

```
## 'data.frame':     150 obs. of  5 variables:
##  $ Sepal.Length: num  5.1 4.9 4.7 4.6 5 5.4 4.6 5 4.4 4.9 ...
##  $ Sepal.Width : num  3.5 3 3.2 3.1 3.6 3.9 3.4 3.4 2.9 3.1 ...
##  $ Petal.Length: num  1.4 1.4 1.3 1.5 1.4 1.7 1.4 1.5 1.4 1.5 ...
##  $ Petal.Width : num  0.2 0.2 0.2 0.2 0.2 0.4 0.3 0.2 0.2 0.1 ...
##  $ Species     : Factor w/ 3 levels "setosa","versicolor",..: 1 1 1 1 1 1 1 1 1 1 ...
```

```
##   Sepal.Length    Sepal.Width     Petal.Length    Petal.Width
##   Min.   :4.300   Min.   :2.000   Min.   :1.000   Min.   :0.100
##   1st Qu.:5.100   1st Qu.:2.800   1st Qu.:1.600   1st Qu.:0.300
##   Median :5.800   Median :3.000   Median :4.350   Median :1.300
##   Mean   :5.843   Mean   :3.057   Mean   :3.758   Mean   :1.199
##   3rd Qu.:6.400   3rd Qu.:3.300   3rd Qu.:5.100   3rd Qu.:1.800
##   Max.   :7.900   Max.   :4.400   Max.   :6.900   Max.   :2.500
##         Species
##   setosa    :50
##   versicolor:50
##   virginica :50
```

图 3-78　仅显示结果不显示代码

当然，还有很多其他设置选项，比如，R 运行中经常会出现一些 warning，如果不想让这些 warning 出现在 Rmd 中，这里就可以设置不显示 warning。其他一些输出设置大家可以自行去尝试。在进行代码块选择输出设置时，除了齿轮按钮之外，还可以在代码块里手动输入命令参数进行设置（见图 3-79）。

```
### 查看对象属性
```{r message=FALSE, warning=FALSE, paged.print=FALSE}
str(iris)          # 查看数据对象属性
summary(iris)      # 统计归纳
                   # 花萼长度与不同花型的箱线图
boxplot(iris$Sepal.Length ~ iris$Species, col='steelblue3')
```
```

图 3-79　手动进行代码块设置

在完成自定义的代码块设置之后，就可以对单个代码块进行运行测试。如果没有报错，代码块运行会出现一个包含代码运行结果的 R Console；如果代码中有绘图命令，还会出现一个单独的绘图框结果。比如，这里用 iris 数据集中的花瓣长度与鸢尾花类型作了一个简单的箱线图（见图 3-80）。

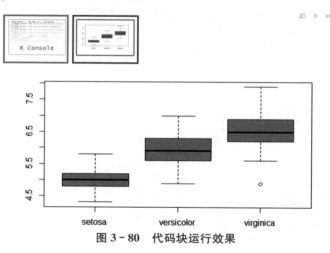

图 3-80 代码块运行效果

5. Rmd 的输出

以上工作全部完成之后，就可以将 Rmd 文档的结果输出为其他形式的报告向别人展示了。为了生成想要的 Rmd 结果，需要对创建的文件对象执行 render 命令。如果代码块不报错，在 RStudio 右侧的 viewer 一栏会显示运行结果。Rmd 在其中生成最后输出结果的过程如图 3-81 所示。

图 3-81 Rmd 输出过程

首先，R Markdown 会将 Rmd 文件转变为一个名为 knitr 的文档，knitr 可以理解为一个由纯文本和代码交织在一起的文档；然后再将这个文档转

变为一个新的 Markdown 文件（．md）；最后由 pandoc 转变为任意指定的
文档格式。pandoc 是一种标记语言转换工具，可以实现不同标记语言之间
的转换。由此，最终的数据分析报告得以呈现。

更进一步操作，一般不使用 render 命令，而是通过一个叫 knitr 的小
按钮将 Rmd 生成想要的格式，比如，HTML，PDF，word 等。knitr 也就
是上面提到的文本和代码交织文档，这里可以将其理解为编织文档。正常
的 Rmd 输出效果如图 3－82 所示，这里以 HTML 为默认输出。

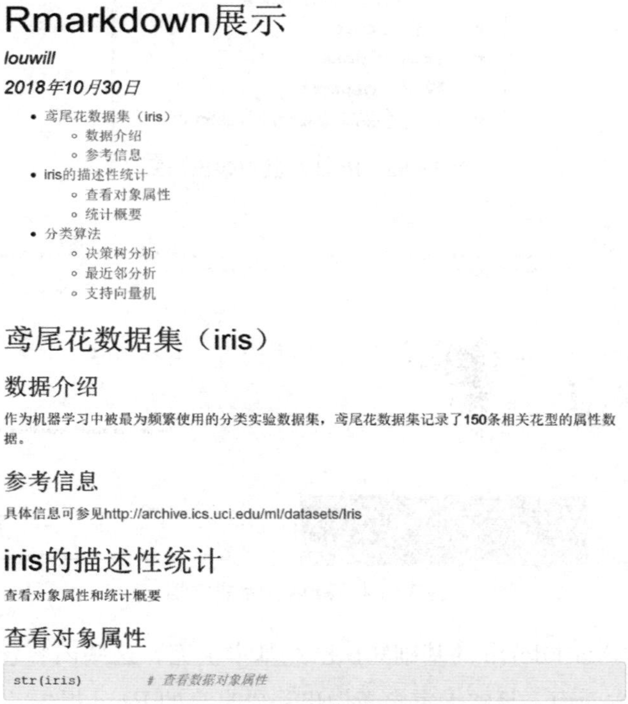

Rmarkdown展示

louwill

_2018年10月30日_

- 鸢尾花数据集（iris）
  - 数据介绍
  - 参考信息
- iris的描述性统计
  - 查看对象属性
  - 统计概要
- 分类算法
  - 决策树分析
  - 最近邻分析
  - 支持向量机

鸢尾花数据集（iris）

数据介绍

作为机器学习中被最为频繁使用的分类实验数据集，鸢尾花数据集记录了**150**条相关花型的属性数据。

参考信息

具体信息可参见http://archive.ics.uci.edu/ml/datasets/Iris

iris的描述性统计

查看对象属性和统计概要

查看对象属性

```
str(iris)        # 查看数据对象属性
```

图 3－82　Rmd 的 HTML 输出

除了这些常见格式文档的输出之外，Rmd 还有如图 3－83 所示的各种
输出形式。

图 3－84 是基于 shiny 做出来的 Rmd 交互式文档展示，这个实际效果
很酷炫，读者有兴趣可以尝试。

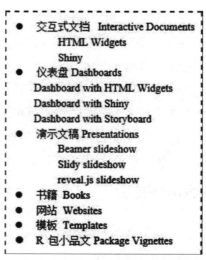

图 3 - 83　Rmd 的其他输出形式

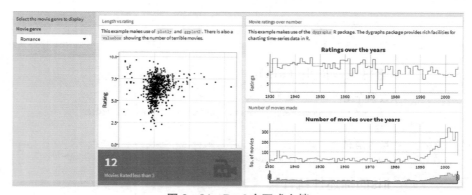

图 3 - 84　Rmd 交互式文档

　　关于 R Markdown 的基础知识已经基本讲完，这些内容包括 R Mark-down 的方方面面，足够大家参考做出一份自己的 Rmd 报告。

　　到此为止，就把 R 语言的代码规范和 R Markdown 的基本知识介绍完了。代码规范方面，一定要在日常的 R 语言学习过程中养成好习惯；Rmd方面，一定要多探索和尝试，相信一定可以做出比本书所展示的更漂亮的Rmd 文档。

第 4 章／*Chapter Four*

R 语言与非结构化数据分析

4.1　文本分析

自古以来，文本数据就承载着人类发展和传承的历史，是信息的主要载体。图 4 - 1 是我们生活中常见的文本。"读万卷书，行万里路"，那么有没有可能通过计算机帮我们"读万卷书"，提炼有价值的信息呢？这是本节将要与大家共同探讨的问题。

图 4 - 1　生活中的文本

处理文本数据时，主要难点在于将不规则的文本结构化，进行描述或建模分析，从而更好地回答我们所研究的目标问题。例如，从一个旅游产品的名称中提取和产品等级相关的变量，通过分析小说文本来了解作者的人物情节安排等。为了进一步了解文本分析、对难点各个击破，本节的三小节内容将分别介绍对简单词语类文本进行建模、从长难句中提取有效信息、分析长篇小说中的人物关系。

4.1.1 简单文本——词语

小学时用过一本名曰《字词句篇》的参考书，是我们当年遣词造句的好帮手。我们学习语言最开始就是认字，这也是文本的基础。进而是词语，每一个词语都可视为简单文本。所以，要想分析好文本数据，首先需要能够得心应手地处理最基本的字词。这里以一部网络小说的数据集为例，展示简单文本的分析方法。

近年来，蹿红速度最快的电视剧应该是层出不穷的网络剧。这些网络剧的兴起很大程度上是由于高口碑的网络小说源源不断地涌现，提供了高质量素材，被制作方翻拍以吸引更多的观众。那么什么样的网络小说才会有大量粉丝、广受读者青睐呢？狗熊会曾经推出过一期案例《网络小说排行榜分析》对此进行分析，希望解读哪些因素可能影响一部网络小说的人气。数据变量包括：小说类型、总字数、评论数、评分等。其中，小说类型变量就是一个典型的简单文本——词语（见表 4-1）。

表 4-1 网络小说数据示例

小说名称	作者	小说类型	总点击数	会员周点击数	总字数	评论数	评分
一念永恒	耳根	仙侠小说	4 383 898	10 691	1 155 534	435 429	9.8
斗战狂潮	骷髅精灵	仙侠小说	1 678 379	36 587	422 116	23 159	10
天影	萧鼎	仙侠小说	1 248 708	32 019	373 763	25 253	9.8

续表

小说名称	作者	小说类型	总点击数	会员周点击数	总字数	评论数	评分
不朽凡人	鹅是老五	仙侠小说	2 457 382	9 610	995 669	146 715	9.9
玄界之门	忘语	仙侠小说	3 736 897	6 709	1 784 999	238 113	9.8
龙王传说	唐家三少	玄幻小说	2 968 846	3 080	1 552 654	293 934	9.8
美食供应商	会做菜的猫	都市小说	1 033 427	10 372	424 742	63 007	9.5
武道宗师	爱潜水的乌贼	玄幻小说	157 094	18 237	153 131	6 228	10
斩仙	任怨	仙侠小说	8 665 859	278	5 433 738	30 701	9.5
星战风暴	骷髅精灵	科幻小说	25 181 363	676	3 933 207	352 682	9.7
冒牌大英雄	七十二编	科幻小说	22 676 983	492	4 119 342	95 040	8.4
宝鉴	打眼	都市小说	8 252 764	615	4 143 184	87 778	9.6
完美世界	辰东	玄幻小说	29 202 959	1 702	6 587 139	569 756	9.8
大宋的智慧	子与2	历史小说	3 700 009	1 152	3 378 999	108 495	9.7
宅师	烛	都市小说	2 168 304	653	2 950 033	19 413	9.4

　　仔细观察这一变量可以发现，尽管该变量以文本的形式出现，但实际上是由几个有限类别的词语构成的。可以按照对类别变量进行统计分析的思路来分析这一类文本。

　　1.描述分析：网络小说知多少？

　　不妨回忆一下，在对类别变量进行描述分析时，最常用的方式就是计算不同类别在数据中出现的频率，从而得到样本在水平间的分布。比如，网络小说的例子中，可以通过 R 中的 table()函数计算频数从而得到样本在小说类型上的分布。从结果来看，样本中一共包括 13 种小说类型。其中都市小说、科幻小说的数量最多，都超过了 200 部，而军事小说数量最少，仅为 12 部。不同类型的小说在市场上的占有率差异较大，且大多集中在少数的几种类型。这在一定程度上也能反映出市场对不同类型小说的需求差异。

```
# 探索分析--观察类别变量的分布
table(dat$小说类型)
##
##    都市小说  二次元小说   军事小说   科幻小说   历史小说   灵异小说
##        298       193         12        227        176         21
##    奇幻小说   体育小说   武侠小说   仙侠小说   玄幻小说   游戏小说
##         39         29         31        137        184        127
##    职场小说
##         75
```

接下来，通过绘制箱线图进一步了解和比较不同类型小说的评价量分布。如图 4 - 2 所示，样本中玄幻小说的平均评论数最多，二次元小说的平均评论数最少。各种类型的小说内部方差也较大，几乎每种类型都有评论数量非常多或者非常少的作品。由此看来，即使类型一致，小说的受欢迎程度也不尽相同。

```
# 描述分析--观察某个定量变量在不同类别上的分布
bp = boxplot(log(dat$评论数) ~ dat$小说类型, col = rainbow(7, alpha = 0.4), xlab = "小说类型", ylab = "log(评论数)", xaxt = "n")
```

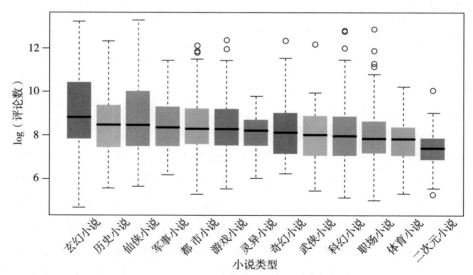

图 4 - 2　不同小说类型评论数对比箱线图

2.回归建模

在回归建模时，如何处理这种多水平的变量呢？问题在于，这些变量不是数值，如果代入回归模型，表面上看根本无从着手。对于这一问题，引入一种变量——哑变量（也叫虚拟变量），专门应对这种多水平分类变量。本书 3.3.1 节"线性回归"已经介绍了对多分类变量的处理，本节将对如何将这种简单分类文本结构化再略做介绍。哑变量其实也就是常说的 0-1 变量。比如，性别中的男、女，通常需要重新编码：把男生用 1 代表，女生用 0 代表，新得到的这个变量就叫哑变量。

假设网络小说数据中的类型只有三个水平——玄幻小说、军事小说、科幻小说，如何将其编码为哑变量的形式呢？用三个变量就可解决：第一个变量，代表是不是玄幻小说（如果是取值 1，否则取值 0）；第二个变量代表是不是军事小说（如果是取值 1，否则取值 0）；第三个变量代表是不是科幻小说（如果是取值 1，否则取值 0）。需要注意的是，这三个变量加和是 1，与截距项完全线性相关，因此不能全部加入模型，否则会产生多重共线性问题。如何解决呢？只需要选择其中任意两个加入即可，剩下的那个变量，一般叫基准组。也就是说，以它作为基准线，其他变量都是与它进行比较。那么，接下来的问题是：每个哑变量前面的回归系数该如何解读呢？每个哑变量前面的系数可以解读成：在控制其他变量的情况下，该变量相对于基准组的变化。

回到网络小说的数据，由描述分析可知，该类别变量一共包括 13 个水平。首先可以将任意一个水平设置为基准组，这里以"二次元小说"为基准组。R 中可以通过 relevel()实现基准组的设定。

```
# 建立基准组
dat = within(dat, 小说类型 <- relevel(dat$小说类型, ref = "二次元小说"))
```

这段代码的意思是，把数据中"小说类型"这个因子变量的水平重新排列。如何排列呢？将"二次元小说"设置为第一个水平，即将其作为基准组。

　　然后，我们可以将剩下的 12 个水平分别编码成哑变量，即对其他 12 种类型分别定义一个 0 - 1 变量，比如玄幻小说的变量取值为 1，则其他类型的哑变量都为 0。R 中的 lm() 函数会自动完成这一过程。此时，该哑变量回归的系数表示为：当控制其他因素不变时，玄幻小说的总评论数平均比二次元小说多出 24 370 条。

```
#建模分析—作为回归变量
lm1=lm(评论数~小说类型+总字数+评分,data=dat)
summary(lm1)
```

```
##
## Call:
## lm(formula = 评论数 ~ 小说类型 + 总字数 + 评分, data = dat)
##
## Residuals:
##     Min      1Q  Median      3Q     Max
## -129505  -13326   -3623    1088  541601
##
## Coefficients:
##                    Estimate Std. Error t value Pr(>|t|)
## (Intercept)      -3.229e+03  5.310e+03  -0.608    0.543
## 小说类型玄幻小说   2.437e+04  4.967e+03   4.907 1.02e-06 ***
## 小说类型历史小说   2.752e+03  4.913e+03   0.560    0.575
## 小说类型仙侠小说   2.258e+04  5.309e+03   4.253 2.24e-05 ***
## 小说类型军事小说  -6.914e+03  1.378e+04  -0.502    0.616
## 小说类型都市小说  -9.544e+02  4.376e+03  -0.218    0.827
## 小说类型游戏小说   1.249e+03  5.353e+03   0.233    0.816
## 小说类型灵异小说  -4.632e+03  1.058e+04  -0.438    0.662
## 小说类型奇幻小说   7.641e+03  8.107e+03   0.943    0.346
## 小说类型武侠小说   4.308e+03  8.894e+03   0.484    0.628
## 小说类型科幻小说   2.166e+03  4.551e+03   0.476    0.634
## 小说类型职场小说   3.062e+03  6.309e+03   0.485    0.628
## 小说类型体育小说  -6.967e+03  9.195e+03  -0.758    0.449
## 总字数            5.773e-03  5.821e-04   9.918  < 2e-16 ***
## 评分              5.306e+01  5.114e+02   0.104    0.917
## ---
## Signif. codes:  0 '***' 0.001 '**' 0.01 '*' 0.05 '.' 0.1 ' ' 1
##
## Residual standard error: 45910 on 1532 degrees of freedom
##   (2 observations deleted due to missingness)
## Multiple R-squared:  0.1229, Adjusted R-squared:  0.1148
## F-statistic: 15.33 on 14 and 1532 DF,  p-value: < 2.2e-16
```

4.1.2　难度升级——处理长难句

　　实践中，我们处理的文本往往不是一个个独立的词语这么简单，而是由不同词语组成的句子，比如销售评价、微博评论或者产品介绍。它们的信息很繁杂，我们需要从中挑挑拣拣，淘出真正的"金子"。这里使用一个分析在线旅游产品销售的案例来做示范，解读当我们遇到长难句时该如何处理。

1.定长度词语提取

以旅游数据为例，当我们浏览网页查找旅游产品时，会发现产品的名称通常较长，例如下面案例数据中的"度假项目主标题"。这类文本是不规则的长句，不能直接使用这类文本进行建模，但是可以从中提取有用信息或者变量进行后续分析。

```
head(df$title)
## [1] "【自由行】<深圳湾口岸>港澳通行证团队旅游L签过关名单<口岸取单，随到随走>"
## [2] "【自由行】直飞香港!真纯玩! 香港住四星级酒店!香港观光+迪士尼+澳门观光5天游! "
## [3] "【跟团游】【圣诞】【春节】北京直飞一香港+澳门4晚5日游 1晚黄金海岸+1天free"
## [4] "【自由行】港澳通行证L签送关! 深圳湾口岸、文锦渡口岸L签过关，团签过关，香港过关"
## [5] "【半自助游】纯玩亲子游 不进珠宝手表 港澳观光7天 迪士尼 蜡像馆 自由行 维港 赌场"
## [6] "【半自助游】春节热卖! 纯玩港澳5天游 <U+25B6>香港观光+自由行+澳门观光+威尼斯，赠送维港游船"
```

假设提取项目类型，通过观察，项目类型有规律地处于主标题的最前端，且前三个字可以完整代表该条产品的项目类型。所以，我们可以通过"str_sub(text, start, end)"设定所需文本的起始（start）和结束（end）位置来提取 text 中的相关内容。

```
df$title.type = str_sub(df$title, 2, 4)
head(df$title.type)
## [1] "自由行" "自由行" "跟团游" "自由行" "半自助" "半自助"
```

2.单个关键词提取

上面介绍的项目类型关键词提取并不复杂，而实践中的大量关键信息却不是这种固定格式。它们散落在各个位置，完全不按照套路出牌。这时，业务相关的领域知识就很重要。比如，在旅游数据的例子中，我们希望提取跟交通相关的名词，因为交通方式的不同很可能与旅游产品的定价、销量息息相关。这里与交通相关的名词有飞机、高铁、大巴等。也就是说，已知一些关键词信息（如飞机、高铁），目的是通过匹配的方式得到对应旅游产品的交通信息。

具体怎么做呢？在 R 语言中，用 grepl()函数就可以解决。旅游数据中的 combo 变量包含往返目的地的交通方式"飞机""高铁"等。我们希望通过判断文本中是否包含这些关键词，来生成新的变量表示该产品的交通方式。可以用 grepl(keywords，text) 来判断 text 中（这里也就是 combo 变量）是否出现 keywords，也就是"飞机"（"高铁"）。如果 combo 包括"飞机"（"高铁"），grepl() 则返回 True；否则，返回 False。

3. 多关键词匹配

下面讨论能不能通过文本分析得到更"概括性"的结果，或者根据现有的文本，结合一些领域知识来抽取新的变量。有时，单个关键词往往表意有限，多个关键词表达的是相近含义。比如，在对旅游产品进行介绍时，商家往往会加上"高端""精品""奢华"等描述性词语。这些文本看似不起眼，却包括了可能对旅游产品销量有重要影响的因素。如果能将这些关键词概括成产品等级，加入分析，可以更全面地解释销量的变化。旅游案例数据中"度假项目主标题"就包含这样一些描述产品等级的文本。

```
## [1] "【半自助游】炫.香港四天五晚高端奢华品质之旅，一天自由行，三晚五星，一晚澳四星"
## [2] "【跟团游】【北京出发】真纯玩！不进店！港澳四天纯玩团！海洋公园+澳门观光！"
## [3] "【跟团游】精选无强制购物！亲子游！北京至港澳双飞5天游 迪士尼/维多利亚港，澳门赌场"
## [4] "【自由行】【珠海】澳门环岛游夜游单人票2张+立洲酒店拱北口岸店标准双床房1晚"
## [5] "【自由行】珠海来魅力假日酒店-豪华城景房两天游！含2人澳门环岛游门票"
## [6] "【自由行】直飞香港！真纯玩！香港住四星级酒店！海洋公园+迪士尼+澳门观光7天游！"
## [7] "【跟团游】【北京出发】住四星！高端不进店！港澳七天纯玩团！海洋公园+迪士尼+澳门观光！"
## [8] "【自由行】直飞香港！真纯玩！香港住四星级酒店！海洋公园+迪士尼+澳门观光6天游！"
## [9] "【半自助游】深圳+香港+澳门6天5晚.海洋公园+维多利亚港+自由行+澳门 一趟旅程三座城"
## [10] "【跟团游】港澳5天4晚 纯玩定制亲子蜜月无购物观光游+蜡像馆+迪士尼 可升级4星酒店"
## [11] "【半自助游】品质纯玩！香港澳门3天半自助游！海洋公园+自由行+观光，澳门威尼斯！"
```

　　大概浏览之后，可以提取出两种特殊的旅游产品等级：豪华和轻奢。豪华的往往含有这样的关键词：五星、豪华、奢华等；轻奢的往往含有四星、品质、精品等描述。用 R 语言该如何实现呢？

　　首先，定义出词类。简而言之，就是需要对词库中的词汇进行分类。这里希望给两类产品打上标签：一类"豪华"，一类"轻奢"。如果产品介绍中出现"五星""豪华""VIP"等字样，就将其分到豪华类产品；如果出现"精品""经典""舒适"等字样，就将其分到轻奢类产品。"｜"等价于逻辑语言中的"或"，利用这个简单的符号把描述同一等级产品的词汇组合在一起构建出词类，具体每类的关键词在代码中给出。通过匹配关键词，就为旅游产品按照等级打上了标签。打标签的过程可以用函数 ifelse()实现。

```
high_end = "五星|豪华|奢华|VIP|商务|奢享|铂金|至尊|尊享|顶级|高端|高档|定制"   # 豪华关键词
middle_end = "品质|四星|精品|精致|精华|经典|精选|升级|舒适"   # 轻奢关键词
df$title.level = ifelse(grepl(middle_end, df$title), "轻奢", "普通")
df$title.level = ifelse(grepl(high_end, df$title), "豪华", df$title.level)
```

　　从下面的结果可以看出，已经成功地从"度假项目主标题"中提取出了新的变量"产品等级"。前六条记录中，只有第二条因为包含"四星"的字样被划分到"轻奢"级产品，其他都是"豪华"。

```
cbind(head(df$title), head(df$title.level))
##      [,1]
## [1,] "【自由行】<深圳湾口岸>港澳通行证团队旅游L签过关名单<口岸取单，随到随走>"
## [2,] "【自由行】直飞香港!真纯玩! 香港住四星级酒店!香港观光+迪士尼+澳门观光5天游! "
## [3,] "【跟团游】【圣诞】【春节】北京直飞一香港+澳门4晚5日游 1晚黄金海岸+1天free"
## [4,] "【自由行】港澳通行证配送关! 深圳湾口岸、文锦渡口岸L签过关，团签送关，香港过关"
## [5,] "【半自助游】纯玩亲子游 不进珠宝手表 港澳观光7天 迪士尼 蜡像馆 自由行 维港 赌场"
## [6,] "【半自助游】春节热卖! 纯玩港澳5天游 <U+25B6>香港观光+自由行+澳门观光+威尼斯，赠送维港游船"
##      [,2]
## [1,] "豪华"
## [2,] "轻奢"
## [3,] "豪华"
## [4,] "豪华"
## [5,] "豪华"
## [6,] "豪华"
```

实际上，上述两种处理旅游数据的方法都是正则表达式的运用。比如，从 combo 变量中提取交通方式，就是用 grepl() 函数来匹配长句中是否包括"飞机"和"高铁"这两个特定的关键词。还利用正则表达式中的符号"｜"表示逻辑"或"来构建出代表不同产品等级的词类。

其实，不论处理简单词语还是复杂不规则的长句，正则表达式都能快速有效地处理文本数据。那么，到底什么是正则表达式呢？简单来说，它是一种包括普通字符（如英文字母）和特殊字符（如"\""^""＄"等）的字符串匹配模式。前面讲的一系列匹配方式比较简单，正则表达式可以"玩"出更多的花样，可用于检查、提取或替换文本中某些特定的子文本。比如，"＋"可用于匹配前面的字表达式一次或多次。如"狗熊＋"能匹配到"狗熊"和"狗熊会"，但不能匹配"会"。不同的正则表达式有不同的含义和匹配模式，我们不需要把它们全部记住。当需要使用它们来处理文本时，可以查找一些在线资源①来了解不同正则表达式的用法。

除了文本分析，正则表达式是数据爬取中的利器，第 6 章将对其详细介绍。

4.1.3　小说文本

前面介绍的文本分析方法是我们在实践中最常用的方法。此外，在实践中还有可能碰到另外一种文本形式——超长文本。一般来说，超长文本主要是以文档的形式展现的，如小说、政府公文等。这类数据的特点是，既没有行，也没有列，是一种高度非结构化的数据形式。对于这种数据，如何抽取信息呢？下面以小说文本《倚天屠龙记》为例进行分析。

先看要研究的问题，回到小说内容本身。看过《倚天屠龙记》的读者恐怕都会对张教主（明教教主张无忌）到底是娶温柔的周芷若还是刁蛮的敏敏郡主（赵敏）有所犹豫。文本分析能不能帮助解答"张无忌究竟爱谁"这个问题呢？

---

① 正则表达式.［2023 - 09 - 15］. http：//www. runoob. com/regexp/regexp-tutorial. html.

　　小说最重要的是三要素：人物、时间、事件。作为主角的张教主和其他人物有什么联系呢？如果能够从这些人物究竟在哪些时间发生了怎样的故事找到一些规律，是不是就有可能找到张教主心中的真爱呢？

　　要从杂乱的文本中找规律，需要定义分析单元。语文课上总把内容相近、主旨相似的句子放到一块儿构成完整的段落。所以，这里也就以自然段为小说文本分析的基本单元。当然，也可以说同一个章节描述了一个完整的故事，或者一句话表现了当下人物的心境，把它们作为单元。不论如何设置分析单元，其分析思路基本一致。

　　如何在 R 语言中实现并行成段？首先用 readLines() 读入小说数据，这要用到前面提到的正则表达式的内容。具体来说，先用 grep() 找到包括多个空格的句子的位置。grep() 函数是用来在文本中查找一个模式（pattern）的函数，它将帮我们返回包含匹配模式的元素的位置或索引。"\\s＋"是一个正则表达式模式，用来匹配一个或多个连续的空白字符。其中，\s 表示一个空白字符，而 ＋ 表示匹配前面的元素（在这种情况下是空白字符）一次或多次。此处使用双反斜杠 \\ 是因为反斜杠 \ 在 R 中是转义字符，所以需要用两个反斜杠 \\ 来表示一个普通的反斜杠。当我们用两个空格识别出段落后，就可以使用基本的向量索引语法将这些段落提取出来，再用 cbind() 函数合并起来。

```
# 载入数据
roles = readLines("主角名单.txt", encoding = "UTF-8")
yitian = readLines("倚天屠龙记.Txt", encoding = "UTF-8")
# 将原小说进行分段
para_head = grep("\\s+", yitian, perl = T)
cut_para1 = cbind(para_head[1:(length(para_head)-1)], para_head[-1] - 1)
yitian_para = sapply(1:nrow(cut_para1), function(i) paste(yitian[cut_para1[i, 1]:cut_para1[i, 2]], collapse = ""))
yitian_para[1:2]
## [1] "                  — 天涯思君不可忘"

## [2] "        春游浩荡，是年年寒食，梨花时节。白锦无纹香烂漫，玉树琼葩堆雪。静夜沉沉，浮光霭霭，冷浸溶溶月。人间天上，烂银霞照通彻。浑似姑射真人，天姿灵秀，意气殊高洁。万蕊参差谁信道，不与群芳同列。浩气清英，仙才卓荦，下土难分别。瑶台归去，洞天方看清绝。""
```

1.《倚天屠龙记》中的主角纷争

　　《倚天屠龙记》故事跨度整整一百年，彼时元末群雄纷起、江湖动荡。据说谁能拥有"倚天剑"与"屠龙刀"两样宝器，谁就可以称霸武林、一统天下。首先看作者对各大主角的着墨（见图4-3），张教主成为金庸先生笔下绝对的主角，出场次数遥遥领先。其次看张教主的两位红颜知己：敏敏郡主的出场次数排在第二位，而周姑娘则在第三位。两位女主角的次数差异很小，这让我们更加对"谁是第一女主角"产生了疑问。

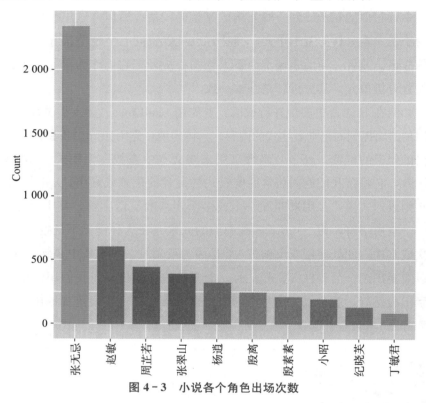

图4-3　小说各个角色出场次数

关于"出场次数"的统计，是通过对每个主角出现的自然段数的计数来实现的。由于人物常常有不同的称呼，比如"张无忌"也叫"曾阿牛""公子""张教主"等，所以，在计算每个人物的出场次数之前，需要对角色进行统计。这里将每个角色的原始名称用括号括起来，并用"｜"分隔，这是为了方便使用grep()来判断该人物是否出现在某一段当中。同时，取出每个角色的第一个称呼代表该角色的名称，利用colSums()计算

role_para 列的和，从而得到该角色出现过的段落个数，将其作为该角色的出场次数。

```
# 对角色进行统计
roles1 = paste0("(", gsub(" ", "，")|("，roles), "，")
roles_1 = strsplit(roles, "，")  # 总结每个人的不同称呼

# 计算每个人物名称的出现次数count
role_para = sapply(roles1, grepl, yitian_para)
colnames(role_para) = sapply(roles_1, function(x) x[1])
# 将角色出现次数赋值到一个数据框中以便作图
role_count = data.frame(role = factor(colnames(role_para), levels = colnames(role_para)[order(colSums(role_para), decreasing = T)]), cou
nt = colSums(role_para))
head(role_count)
##           role count
## 殷离     殷离   248
## 周芷若 周芷若   446
## 赵敏     赵敏   606
## 小昭     小昭   198
## 张无忌 张无忌  2346
## 杨逍     杨逍   318
```

2. 遇见真爱，时间很重要

除了出场次数，人物出场时间是另一个可以帮助我们分析小说的思路。把自然段从前到后编号，这样就能画出三位主角出场的密度图（见图 4-4）。从图 4-4 可以看出，张教主无疑是绝对的主角，出场分布基本均匀。对于两位女主角的描写略有不同，周芷若年少时与张无忌在汉水之畔相遇，因此在全书前半段略有描写。比较令人惊讶的是，另一女主角敏敏郡主在小说前期一度"消失"，小说进入中期时才出现在大家的视野中。可以说这种描写方式十分大胆。在小说后期，作者加重了对两位女主角的描写，但对于赵敏的着重描写较为滞后，最终持续到小说终结。读过小说的读者都知道，周芷若后期走上了"黑化"的道路，背负师门重任，甚至为达目的，污蔑他人，不择手段，与张无忌渐行渐远。

图 4-4 的出场密度图是如何实现的呢？首先，把几个关键人物的名称提取出来，保存在名为"main_roles"的向量中。然后，逐一匹配 main_roles 中的关键词到段落，得到每个段落中主角出现的频次（role_para_df）。如果某个人物在某个章节中频繁出现，则可以说作者在该段对该人物着墨很多。最后，用 ggplot() 对其进行绘图，即可简洁明了地观察到人物的出场顺序和在不同段落中出现的频次。

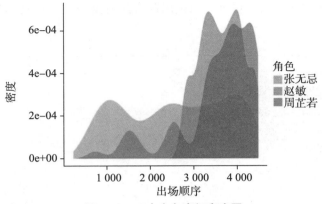

图 4 - 4　三大主角出场密度图

```
# 计算各人物的出场顺序
# 将出场顺序放入数据框中以便作图
main_roles = c("殷离", "周芷若", "赵敏", "小昭", "张无忌")
role_para_df = data.frame(role = factor(rep(main_roles, colSums(role_para)[1:5])),
                          para = which(role_para[, (1:5)], arr.ind = T)[, 1])

# 提取出三个主角的出场顺序
role_para_df1 = role_para_df[is.element(role_para_df$role, c("赵敏", "周芷若", "张无忌")),]
```

3. 张无忌究竟爱谁

有了出场次数和顺序还不能彻底回答"张无忌究竟爱谁"的问题。因为这里并没有描述张无忌与两位女主角的"感情戏份"。进一步，还要看张教主和几位美女的亲密度到底如何。那么亲密度该如何定义呢？这里使用一种简单直接的定义：两个人物在同一段落的出现次数。前面说过，同一自然段往往表意近似，描写同一场景。因此，两位主角如果出现在同一自然段，代表对于他们有更多共同场景的描写。基于这一想法，将"两位主角出现在同一自然段的次数"定义为两者之间的亲密度。

亲密度矩阵如图 4 - 5 所示。从亲密度矩阵来看，张教主与赵敏、周芷若相对更加亲密，两者相比，赵敏更胜一筹。这说明主角张无忌与赵敏有更多"亲密接触"的机会。回到原来的问题，张无忌究竟爱谁？想必此时你的心里已经有答案了。感兴趣的读者不妨进一步分析，从不同角度尝试探索这个话题。

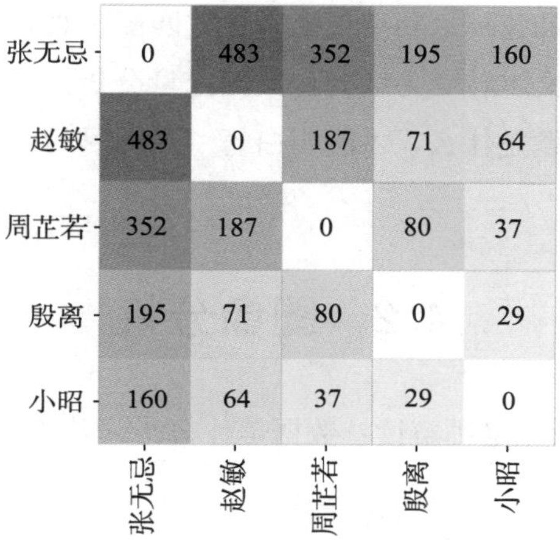

	张无忌	赵敏	周芷若	殷离	小昭
张无忌	0	483	352	195	160
赵敏	483	0	187	71	64
周芷若	352	187	0	80	37
殷离	195	71	80	0	29
小昭	160	64	37	29	0

图 4 - 5　主角亲密度矩阵

图 4 - 5 关于亲密度矩阵的展示非常清晰，这在 R 语言中是如何实现
的呢？可能你首先想到的方式是采取遍历所有的段落，然后对每两个人计
数共同出现的次数的思路。但是，这种做法效率太低。这里采用矩阵运算
的思路。前面提到了记录每个人物在每个段落出现与否的矩阵 role_para，
对于两个人物共同出现的次数的统计可以使用矩阵乘法。具体来说，利用
crossprod( )函数（实现矩阵乘法）可以计算两个人物共同出现在同一段落
里的频率，从而得到亲密度。最后对角线的亲密度取值为 0。需要注意的
是，程序写作的思路往往比函数本身重要，在 R 语言中使用向量或矩阵运
算往往能大大节省时间。

```
# 计算亲密度逻辑值
co_para = crossprod(role_para)

# 将无意义的矩阵对角线元素化为0
diag(co_para) = 0

# 构建前5个人物亲密度矩阵
intimacy_main = co_para[1:5, 1:5]
```

以上就是利用 R 进行文本分析的主要内容。本节讲解了如何对简单的分类文本进行描述和建模；利用正则表达式匹配长难句中的关键词；将看似无从下手的小说文本转变为结构化数据定量分析。在文本分析时，需要定义清楚研究的问题是什么，才能明白每一步的目的，并找到解决问题的工具。

4.2　图像分析

《熊大胡说｜听王老师解读：数据是什么?》[①] 中提到：

> 数据的定义有强烈的时代特征……图像是一种重要的数据。但是在 100 年前，我们认为图像不是数据。为什么？因为我们肉眼所见的这个美妙的世界，根本记录不下来。没有办法记录图像，怎么谈得上分析呢？但是今天，数码成像技术的成熟让所有的图像都能够以非常高的分辨率被记录下来，并进行分析，从而支撑很多有趣的应用。

近年来，图像数据处理方法日新月异，许多实际应用如雨后春笋般不断涌现。从传统的人脸识别、物品识别到手机上的"P 图"软件、正在飞速发展的癌症图像识别等，图像数据的应用展现出非常广阔的前景。用 R 语言如何处理图像数据，这是本节想要探讨的话题。

4.2.1　熊大图像处理

1.什么是图像?

图像类型多种多样，风景照、自拍照或者二维码，等等，不同图像蕴含的信息也不同。简单的，如二维码，整个图像蕴含的就是一个 ID 信息；复杂的，如风景照、人物照，不同的人看到会有不同的理解。图 4-6 最右侧熊大这张自拍照，在专业人士的帮助下，机器也许能认出这是一只熊，

---

① 进入狗熊会微信公众号，输入关键词"数据是什么"，点击阅读原文。

但距离理解图像仍有很长的路，例如，这只熊是在真诚地笑还是假笑，抑或是苦笑？

一张风景照　　　　一个二维码　　　　一张自拍照

图 4-6　生活中的图像

在对图像信息的提取过程中，图像处理至关重要。图像处理可以帮助我们提取、理解甚至改变图像信息。以修图为例，有以下几种操作：合照中把别人马赛克，留下自己——这是帮助我们突出理解图片信息；把自己拍丑的图片"P"美——除去噪音；把自己和男神女神"P"张合影——这是添加图片信息。正因为对图片数据的看重，大家才希望能够控制自己传递给别人的数据信息，图像信息处理手段自然而然成为大家的需求，这也是美颜修图软件层出不穷、自拍图像质量成为手机新卖点的原因（见图 4-7）。

修图前　　　　　　　　　　　　修图后

图 4-7　生活中的图像处理

过去 Matlab 往往是图像处理的主力，但其实 R 中也有丰富的图像处理与分析函数，下面我们就来看看 R 中图像的常见处理操作。

2. 图像的读入

图像处理的第一步是图像读入。R 对不同格式的图像读入都有专门的包，例如 jpg, png, tiff, bmp 分别对应 jpeg, png, tiff, bmp 等包，包里会有专门的读取函数，例如 readJPEG()或 readPNG()等。一个简单的例子（见图 4-8）如下：

```
data1 = readJPEG("bear_1.jpg")  # 读入jpg格式的图像
```

图 4-8　读入 jpg 格式图像

此处，有一个基本知识点：一幅图片可以看作由 R（红色）、G（绿色）、B（蓝色）三原色通道叠加而成（具体内容下节会详细解释），需要注意的是，不同的包读出来的数据结构是不同的，例如熊大.jpg 格式用 jpeg 包读出来是 301×296×3 的大小，只包含红绿蓝像素的信息，而熊大.png 由 png 包读出来就是 301×296×4 的大小，还包含透明度的信息（即画图常用的 alpha 参数）。这是由图片本身格式不同导致的。

图片数据往往会需要批量的图片处理，可以利用下面的函数：

```
fileName = dir("bear_family/")  # 读取图像名
for (i in 1:length(fileName)){
  # 读入其中一张图像
  # 在这行代码之后可以输入具体的图像处理函数从而实现批量处理
  file_image_data = readJPEG(paste("bear_family/", fileName[i], sep = ''))
}
```

除了读函数，每个包里也带有写函数，例如，writeJPEG( )，writePNG( )
等。用法比较简单，感兴趣的读者可以自行探索。

R 中的图像处理包众多，本节以图像处理包 EBImage 为例。与一般在
CRAN 上的包不同，这个包托管在生物统计的 bioconductor 上，因此包的
安装也有所不同。

```
# 安装EBImage包，只安装一次即可
# source("http://bioconductor.org/biocLite.R")
# biocLite("EBImage")
library(EBImage)
```

EBImage 是为医学图像分析准备的，因此其本身的图像处理功能就十
分强大。EBImage 中，图片的读入是通过 readImage( )实现的，目前支持
三种图片格式：jpg，tiff 和 png；也能通过 resize( )函数自由变换图像尺
寸；通过 display( )函数可以将图片对象便利地绘制在 R 中的图形设备上，
以供即时检查，而不需要写出后再看。

3. 图像的三基色和灰度图像

前面提到，图片是由 R，G，B 三个通道混合而成的，每个通道都反
映着各自的颜色信息，每个像素点中三种颜色的混合构成了图片中的各种
颜色。每个通道的取值范围都是 [0，255] 区间的整数，每个取值代表一
种特定的颜色。在 R 中会默认把数值转换为 [0，1] 区间。如果读者想了
解这三个通道组合后是什么颜色，在 R 中有 rgb( )函数帮我们来看不同强
度的三通道会是什么颜色。当三个通道都为 0 时，就是 #000000 黑色；当
三个通道都为 1（R 中的 1 相当于 255）时，就是 #FFFFFF 白色。也可以提
取图片中各个通道的颜色，将其他通道的数值设置为 0 即可（见图 4 - 9）。

颜色由 R，G，B 三原色按比例混合而成的图像称为 RGB 图。把白色
与黑色之间按对数关系分为若干等级，称为灰度，分为 256 阶。用灰度表
示的图像称作灰度图。灰度图在图像处理中很常用，原因是 RGB 图存储

图 4-9　一张图片的单通道示意图

了 3 个大小为图像尺寸的矩阵，而灰度图只存储了 1 个矩阵，数据量减少了 2/3，这意味着大大地简便了计算和节省了时间，而且即使损失了颜色信息，灰度图也能有效保存图像的轮廓和细节信息，例如在识别熊大时（见图 4-10），颜色信息并不重要，重要的是这个形状是熊而不是狗或猫。

图 4-10　将 RGB 图转换为灰度图

图像的灰度图可以由 RGB 彩色图像计算得到，其计算公式有很多，例如取三个通道的均值或者加权均值等，感兴趣的读者可以从相关数字图像处理图书中学习。R 中有现成的包和函数实现这项任务，如图 4-10 中所示的两种方法就包括 RgoogleMaps 里的 RGB2GRAY( )函数以及 EBImage 包中的 channel( )函数。此外，还有 imager 包中的 grayscale( )函数等。

4.马赛克背后的故事——分辨率

在买手机时，人们常会关注前置摄像头几千万像素、后置摄像头几千万像素，其实这里所涉及的就是图像分辨率。图像分辨率指图像中存储的信息量，与图像像素点有关，更本质地说，与图片背后的像素矩阵中的数据有关，而这也是传说中"马赛克"的基础。

马赛克可以通过如下简单方式实现：首先将原来 301×296 大小的图片（大约）划分为如图 4-11 所示的 10×10 块。

```
gray_image = channel(data1, "gray") # 用EBImage包转灰度图
gray_image = RGB2GRAY(data1)  # 用RgoogleMaps包转灰度图
```

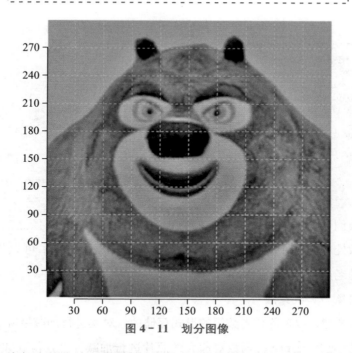

图 4-11 划分图像

然后将每个格点中的像素都取平均值，得到模糊后的熊大图片——马

赛克熊（见图 4 - 12）。

图 4 - 12　马赛克处理操作示意图

同样，也可以将其划分为 20×20，50×50 等规模。重复以下代码，图像变得越来越清晰，即清晰度显著地提升，图像信息也越来越丰富（见图 4 - 13）。

```
# 将每个分割的小块像素归一
index_group = cut(1:300, seq(0, 300, 30))
lev = levels(index_group)
M1 = matrix(0, nrow = length(lev), ncol = length(lev))
for (i in 1:1length(lev))
{
  for (j in 1:1length(lev))
  {
    M1[i, j] = mean(gray_image[index_group == lev[i], index_group == lev[j]])    # M1即为10*10的图像
  }
}
```

这个例子反映了图像矩阵中的数值和我们所看到的图像之间的关系。目前图像处理的一个热门方向就是"图片解码"。这一技术可以提升以前像素低的老照片、珍贵视频的分辨率。

5. 图像的加减乘除

因为图像是以矩阵或者数组的形式存储的，对其进行加减乘除，会有什么效果呢? 使用 display() 函数对熊大的照片进行加减处理，得到如图 4 - 14 所示的图片。

灰色熊大：20×20

灰色熊大：50×50

灰色熊大：100×100

灰色熊大：200×200

图 4 - 13　不同分辨率的图像

display(X1+0.5)

display(X1-0.5)

图 4 - 14　图像的加减

从图 4 - 14 可以看出，图像加上 0.5，像素点数值增大，图像开始变白；图像减去 0.5，像素点数值减小，图像开始发黑。对图像进行乘除的效果类似（见图 4 - 15）。

display(1-X1)

display(X1^10)

图 4 - 15　"1-图像"和乘方处理图像

这两种方法可以有效地提取图像的信息，通过"1－图像"，实现反色，可以使外面白色背景三通道数值变为 0（黑色），而里面深色变亮；乘方操作会使数值小的像素点变得更小，最后趋于 0，而本身为 1 的白像素点保持不变。由此可以预见，乘方足够大，图片中会只剩下白色和黑色。

6. 图像间的合并和差分

同样，我们能合并两个图像或者比较两个图像之间的差异。这里首先要保证，两幅图片的尺寸一样，即矩阵或数组的维度一致，因此用 resize() 函数，对新读入的图片的大小进行处理（见图 4 - 16 和图 4 - 17）。

```
X2=readImage("熊二.jpg"); X2=resize(X2,300,300)
#读入熊二的图像
display(X1+X2)
```

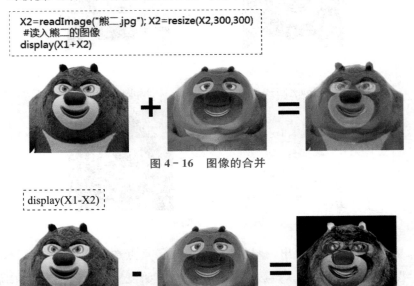

图 4 - 16　图像的合并

```
display(X1-X2)
```

图 4 - 17　图像的差分

7. 图像变换的魔术

在了解图像处理的基本知识后，下面介绍一个 R 包——magick。这个 R 包里有一些有趣的函数。

首先读入图片，然后使用函数对图片完成剪裁（见图 4 - 18）。

```
data1 = image_read("bear_1.jpg")    # 读入图像
image_crop(data1, "100 x 150 + 50")    # 剪切图像
```

图 4 - 18 图像的读入与裁剪

也可以尝试给图像加边框或者旋转图像（见图 4 - 19）。

```
image_border(data, "red", "200x100")
```

```
image_rotate(data, 45)
```

图 4 - 19 图像的加框与旋转

还能实现图片的反色和加标签（见图 4 - 20）。

```
image_negate(data)
```

```
image_annotate(data, "CONFIDENTIAL", size = 30, color =
"red", boxcolor = "pink",degrees = 60, location =
"+50+100")
```

图 4 - 20 图像的反色和添加标签

当然还有很多其他的功能，如给图像添加噪点甚至转换为素描风格（见图 4 - 21）。

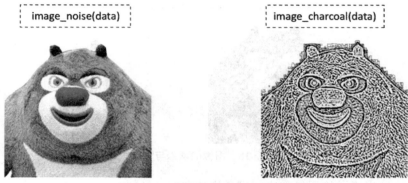

图 4 - 21　图片的加噪和素描转换

图像数据作为目前越来越热门的数据种类，其应用在未来有着广阔的前景。处理图像的方法也是数不胜数，下面介绍一个处理雾霾图像的实例。

4.2.2　看图识雾霾

雾霾是最近几年大家关注热度很高的话题，我国为治理雾霾问题，在全国不断增设空气质量监测点①，目的就是能够实时检测不同地域的空气质量情况。然而，除了这类定点监测数据，是否有其他方式来判断某地区的雾霾情况呢？图片就是一个很好的切入点。

前面介绍了图像操作的基本知识，本节将结合雾霾图片的实际案例，介绍如何从图片中提取我们想要的特征。下面将主要使用 imager 包中的函数来完成。

数据来自 2016 年 12 月到 2017 年 3 月从熊大办公室拍摄的窗外照片，共 206 张，每张照片按拍摄时间命名。

———————————

① "十四五"期间国家城市环境空气质量监测点位将增至近 1 800 个. [2023 - 09 - 20]. https://www. gov. cn/xinwen/2020 - 01/10/content_5468202. htm.

在图 4-22 中，左右两边的图片分别是在空气优良和雾霾严重时拍摄的。这两张图片显然是比较容易分辨的，其标准可能是：左边天空蓝，层次清晰，右边天空灰，一团糟糊；左边视觉更饱满，右边让人昏昏欲睡……那么，从图片中，我们能提取并量化这样的特征吗？让我们试试寻找这些变量。

图 4-22　不同空气质量下的北京远景

1. 计算灰度差分的方差

第一个解释性变量代表风景轮廓是否清晰，具体通过计算灰度图像差分的方差得到。通过对图 4-22 的观察可以发现，雾霾影响最明显的地方之一就是远处物体的边缘，正如图 4-22 中远方的树木的边缘和山的轮廓，天气晴朗时能清晰地分辨出来，而雾霾时图像就变得特别模糊。为了提取这种轮廓特征，需要先将灰度差分。前面已经介绍了灰度图片，灰度是指一张黑白图像中的颜色深度。对于彩色照片，灰度就是色彩（红绿蓝三色）的线性组合，可以认为，亮部灰度值高，暗部灰度值低。灰度的变化可以反映出图像中明暗的变化，雾霾越严重，图像越不清晰，灰度变化也就越小。进一步思考，灰度变化最剧烈的地方其实正是这些物体边界的地方（同一区域的物体（绿树），因为很相似，灰度变化不大，但是绿树和蓝天交界处会有很大的变化）。先对灰度差分进行定义：某一像素点的灰度差分等于下格像素点灰度值减去上格像素点灰度值。这个差分就可以帮助提取这种边缘的轮廓信息（见图 4-23）。

```
DIF = function(M){
  # 函数说明：计算图像灰度差分的函数，输入的是图像矩阵，输出图像的灰度差分
  M = grayscale(M, drop = TRUE);  # 转灰度图
  M = as.matrix(M)
  DIF = M[-1, ] - M[-nrow(M), ]  # 下格像素-上格像素
  return(DIF)
}

diffvar = function(M){
  # 函数说明：计算图像灰度差分的方差的函数，输入的是图像矩阵，输出图像的灰度差分的方差
  diffvarFeature = var(as.vector(DIF(M)))
  return(diffvarFeature)
}
```

灰度差分=下格−上格

图 4 - 23　灰度差分计算示意图

图 4 - 24 中的两幅图展示了差分后像素值的分布情况。从图 4 - 24 可以非常直观地看出，好天气图像中由于细节轮廓多，像素点差分后的值所变动的范围就大（图 4 - 24 中左图框内区域）；而对于雾霾天气，由于其细节变少，导致大部分像素差分后的值都聚集在 0 左右。那么如何反映这种区别呢？统计学告诉我们，变量的方差是衡量变动的一个指标，只需要求灰度差分的方差即可。求图像差分以及差分方差的函数实现方式如下所示（注意，这里用了函数包装）。我们将灰度差分的方差作为一个变量。例如图 4 - 24 中晴朗天气的灰度差分约为 3.9×10^{-3}，而雾霾天气的灰度差分仅为 0.9×10^{-3}。

将不同的 PM2.5 等级对应灰度差分方差用箱线图展示（见图 4 - 25）。从图 4 - 25 可以看出，随着 PM2.5 污染程度的加深，灰度差分的方差呈减小趋势。

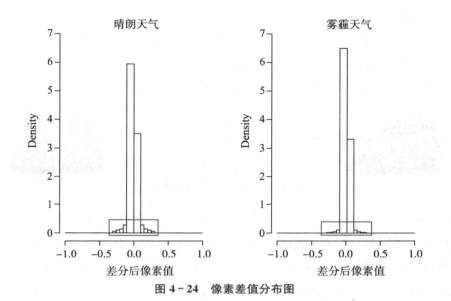

图 4－24　像素差值分布图

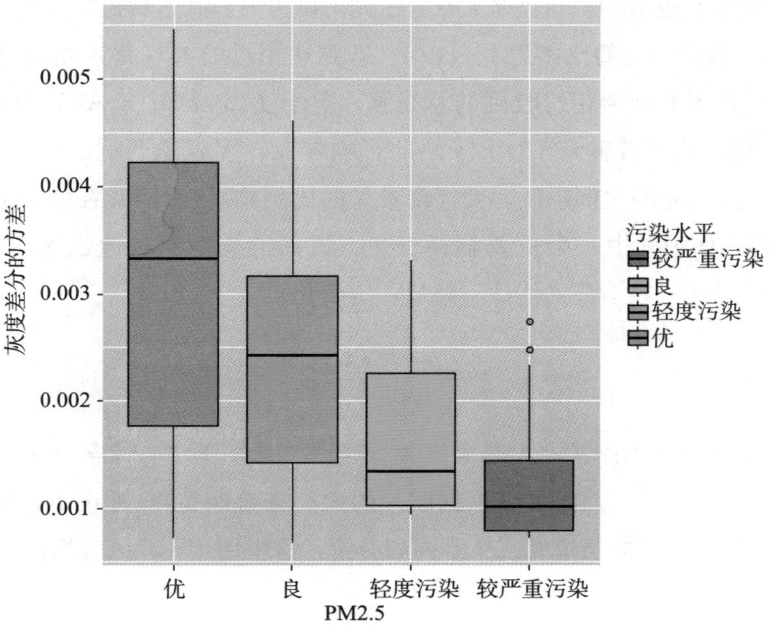

图 4－25　不同污染水平下灰度差分的方差分组箱线图

2. 清晰度

第二个解释性变量是清晰度。直觉上，清晰度就是一张图片是否清楚。清晰度是如何计算的呢？这一变量来源于计算机视觉图像去雾领域的一篇著名论文[①]（以下简称"论文"），它表示反射光未衰减的比例（见图 4-26）。

 +  =

图 4-26 清晰度计算示意图

拍照的原理是物体的反射光被相机接收，对于像素点 x，设反射光为 $J(x)$（不同景物有着不同的反射光），但它在传播过程中会有一定的衰减，我们将最后到达相机的剩余反射光的比例记为 $t(x)$，即清晰度（其本质是透射系数）。最终到达相机的物体的反射光即为 $J(x)t(x)$。此外，还有一部分光也会到达相机，这就是大气背景光，设为 A。到达相机的大气背景光占所有接收到的光的比例为 $1-t(x)$，即到达相机的大气背景光为 $A[1-t(x)]$。两者相加为相机收到的总光强，等于 $J(x)t(x)+A[1-t(x)]$。简单来说，由于雾霾天气对 $t(x)$ 的影响较大，雾霾越严重，$t(x)$ 越小（即景物反射光的比例越低，大气背景光的比例越高）。因此在这里可以估计 $t(x)$，作为其中一个重要解释变量。根据论文中的暗通道先验结果，$t(x)$ 可以通过以下公式估计（经过一定简化）：

$$t(\widehat{x})=1-\min_{z\in\Omega(x)}\left\{\min_{C\in\{R,G,B\}}\left[\frac{I^C(z)}{A}\right]\right\}$$

式中，I 是已有的图片；A 是大气背景光；Ω 是基于中心像素点 x 的像素块（大小是 31×31，但可以根据图片的大小进行调整）。理论上，图片在 R，G，B 三个不同通道有三个不同的分量，这里用 $I^C(z)$（像素点 z 的色

① He K，Sun J，Tang X. Single image hazeremoval using dark channel prior. IEEE transactions on pattern analysis and machine intelligence，2011，33（12）：2341-2353.

彩通道值）表示（$C\in\{R，G，B\}$）。下面的代码详细阐释了计算的过程：
对于输入的图片 M，维度为 $a\times b$，我们可以计算每个像素点在三个通道
上的最小值，得到矩阵 minMatrix。再对这个矩阵图像的每个像素点进行
遍历操作，即在以每个小像素点（$m，n$）为中心的 31×31 小方格范围里
（即公式中出现的 $\Omega(x)$）找到最小值，并将其保存下来，得到一个新的维
数为 $a\times b$ 的矩阵。因此这个矩阵被称为图像的暗通道矩阵（当然这个矩
阵也可以用灰度图像表示出来，如图 4 - 27 所示）。

```
clearRate = function(M) {
  # 函数说明：计算图像清晰度的函数，输入的是图像矩阵，输出图像的清晰度

  DIM = dim(M)
  minMatrix = matrix(NA, DIM[1], DIM[2])
  minMatrix = pmin(M[, , 1], M[, , 2], M[, , 3])  # 找到三通道中的最小值
  darkChannel = matrix(NA, DIM[1], DIM[2])
  for(j in 1:DIM[1]) {  # 再在每一个格子的周边31*31的格子中找到最小值
    for(k in 1:DIM[2]) {
      up = j - 15  # 上下左右搜索范围大小是15个像素点
      down = j + 15
      left = k - 15
      right = k + 15
      if(up < 1) {  # 当搜索范围超过图像边界时的处理，取搜索范围和图像范围的交集
        up = 1
      }
      if(down > DIM[1]) {
        down = DIM[1]
      }
      if(left < 1){
        left = 1
      }
      if(right > DIM[2]) {
        right = DIM[2]
      }
      darkChannel[j, k] = min(minMatrix[up:down, left:right])  # 得到（j, k）位置处的暗通道值
    }
  }
}
```

将暗通道的最大值估计为大气光强 A，并仿照上述方式得到 $t(x)$ 的
估计。在实际应用中，我们没有按照论文中那样选择 $t(x)$ 的最小值作为
整个图片的清晰度，经过调参选取了 70% 分位数。同时，这里对 A 的估

图 4 - 27　暗通道矩阵图像

计做了一定的简化①。针对我们的展示图片，晴朗天气对应值为 0.87，而雾霾天对应值为 0.75。

```
# 利用文章中公式计算，每一点都有清晰度的值，形成分布，找出70%分位数。
clearRateFeature = quantile(1 - darkChannel/max(darkChannel), 0.7)   # 将A的估计简化为三通道都为相等常数
                                                                     # 且是暗通道中最大值的一点
return(clearRateFeature)
}
```

同样，箱线图结果显示该变量可以比较有效地区分不同空气质量状况（见图 4 - 28）。

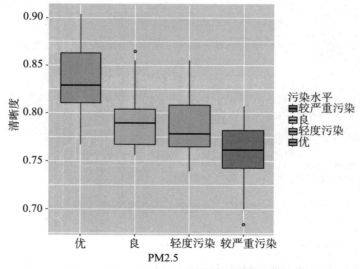

图 4 - 28　不同污染水平下清晰度分组箱线图

---

① 这里直接采用最大暗通道值对 A 进行估计，并且假设 A 的三个通道值都相等。

3.彩色图像信息熵

第三个解释性变量是信息熵。熵是度量"变化性"的一种指标,当图片颜色变化比较明显时,熵值较大。因此,当天朗气清、惠风和畅时,我们能够看到蓝天白云、红花绿草;而当雾霾严重时,图像中的多数信息被雾霾掩盖,残存的信息较少,我们也就只能看到"一桶糨糊"了。基于此,引入信息熵这一变量,雾霾越严重,图像中的信息越少,信息熵就越小。直观上,空气污染严重时,雾霾掩盖了图像中的部分信息,图像看上去灰蒙蒙一片,难以辨认具体细节。这里用信息熵来量化图像的平均信息量。

另外,我们看到的图片是由 R,G,B 三个色彩通道组成的,对于彩色图片,通常的做法是处理成灰度图片,但是,对于看图识雾霾而言,有没有哪个颜色通道是更加重要的呢?为了保留更多的彩色图像信息,首先将预处理图片分到 R,G,B 三个通道下,并分别进行测试。结果符合我们的直觉,发现 B(蓝色)空间下效果较好(毕竟,没有雾霾时蓝天白云中的蓝色成分是很重要的),因此这里以 B 空间下的图像为例来计算信息熵。

首先对图像像素进行过滤。如果一个像素点跟周围像素取值相似,则将这样的像素点灰度设置为 0。为达到这一目的,需要计算差分因子。设 (i,j) 是 $N \times M$ 图像中的任意一点,$f(i,j)$ 为其蓝色像素值。在以其为中心的 5×5 窗口中统计像素值在对角线方向的差值的绝对值,称为差分因子 $D(i)$,$i=1,2,3,4$(见图 4-29)。

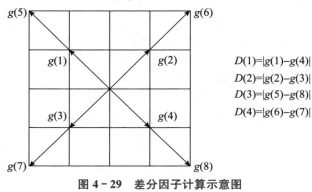

$$D(1)=|g(1)-g(4)|$$
$$D(2)=|g(2)-g(3)|$$
$$D(3)=|g(5)-g(8)|$$
$$D(4)=|g(6)-g(7)|$$

图 4-29　差分因子计算示意图

设阈值为 τ，当 $D(3) < \tau$ 且 $D(4) < \tau$ 时，重置中心点的灰度 $f(i,j) = 0$。否则，不改变中心点灰度。这使得图像中只保留跟周围元素差异较大的像素点。接下来，遍历图像中所有可行的像素点，利用如下公式求得信息熵：

$$ENT = \sum_{i=0}^{255} p_i \log(p_i)$$

式中，p_i 是蓝色通道值为 i 的像素出现的频率。以空气质量状况迥异的两张图片为例，第一张图片的空气质量状况为优，PM2.5＝7，其信息熵为 1.624；第二张图片的空气质量等级达到了较严重污染，PM2.5＝436，其信息熵为 0.820，明显小于第一张图片。下面的代码就是这一变量的具体实现。

```r
entro = function(M) {
  # 函数说明：计算图像信息熵的函数，输入的是图像矩阵，输出图像的信息熵

  y = 30 / 255  # 阈值(可调优参数)

  B1 = M[, , 3]  # 蓝色通道的矩阵
  B2 = M[, , 3]  # 蓝色通道的矩阵
  DIM = dim(B1)  # 蓝色通道的矩阵的维度
  n = DIM[2]  # DIM[2]是蓝色通道的矩阵的列
  m = DIM[1]  # DIM[1]是蓝色通道的矩阵的行

  dif1 = abs(B1[(1:(m - 4)), (1:(n - 4))] - B1[(5:m), (5:n)])
  dif2 = abs(B1[(5:m), (1:(n - 4))] - B1[(1:(m - 4)), (5:n)])
  B2 = B1[(3:(m - 2)), (3:(n - 2))]
  B2[which(dif1 < y & dif2 < y) ] = 0
  temp1 = B1
  temp1[(3:(m - 2)), (3:(n - 2))] = B2
  B2 = temp1  # temp1的作用就只是为了传值

  # 计算信息熵
  t = table(B2)  # 统计每种结果出现多少次
  result = names(t)
  freq = as.numeric(t)
  sum = sum(freq)  # 总次数
  entropy = -sum(log(freq / sum) * (freq / sum))

  return(entropy)
}
```

同时，箱线图也佐证了信息熵对于雾霾具有良好的区分效果（见图 4 - 30）。

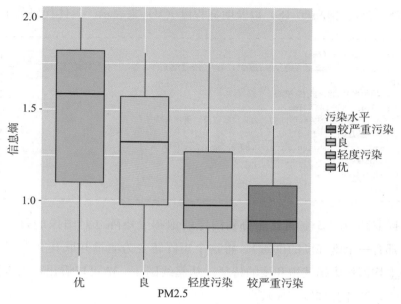

图 4 - 30　不同污染水平下信息熵分组箱线图

4. 饱和度

第四个解释性变量是饱和度。饱和度指图像中色彩的鲜艳程度，例如图 4 - 31 中的这束花的照片，调高它的饱和度，可以看到花朵确实变得娇艳欲滴。简而言之，饱和度与图像中灰色成分所占的比例有关。雾霾会使图像变灰，色彩鲜艳程度减弱；雾霾越严重，图像饱和度越低。

图 4 - 31　图片的饱和度

为了获得图片的饱和度，可以使用 imager 包中的 RGBtoHSV( ) 函数，这个函数可以将图像从 RGB 空间转变为 HSV 空间。在 RGB 空间中，每个颜色的度量是 RGB 通道的数值。HSV 空间是对图像的另外一种描述，由色调（H）、饱和度（S）以及明亮程度（V）来表示。具体代码如下：

```
GetS = function(Img) {
  # 函数说明：计算图像饱和度的函数，输入的是图像矩阵，输出图像饱和度的分位数及均值

  # 把图像由RGB转成HSV空间
  hsvImg = RGBtoHSV(Img);
  # 返回HSV空间的饱和度S的0.001分位数以及均值作为特征
  S = hsvImg[, , 1, 2]
  result = c(quantile(S[, ], 0.999), mean(S[, ]))
  names(result) = c("quantile", "mean")
  return(result)
}
```

提取其中的 S 空间就能得到图像的饱和度矩阵（对图像的每一个像素，都有一个饱和度的度量）。将这个矩阵转变为向量并取其 99.9％分位数和平均值作为描述饱和度的特征。从箱线图 4-32 可以看出，天气情况较好时，图片饱和度明显较高。

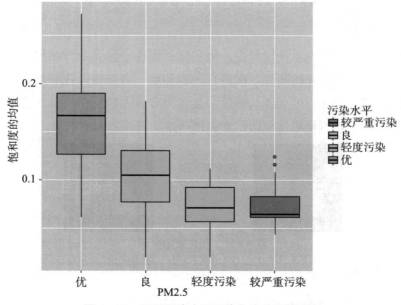

图 4-32　不同污染水平下饱和度分组箱线图

5.高频含量

第五个解释性变量是高频含量。如果把图片看成一个二维信号，将这个信号在频域上进行分解，可以得到图像频率分布（见图 4-33）。

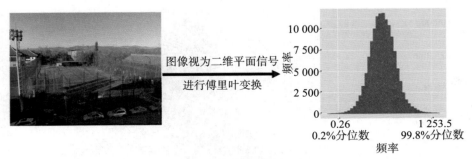

图像视为二维平面信号
进行傅里叶变换

图 4-33　图像的频率分布

这种频率分布其实反映了图像的像素灰度在空间中变化的情况。例如，一面墙壁的图像，由于灰度值分布平坦，其低频成分就较多，而高频成分较少。换句话说，高频成分决定了图像细节部分。因此，可以很直观地想到，天气晴朗时图像细节非常多，因此高频成分较多；而污染严重时，大多数图像细节被雾霾掩盖，高频成分会大幅减少。此处定义高频含量为频率分布的 99.8%分位数减去频率分布的 0.2%分位数。

对于所展示的两张图片，可以通过以下代码来实现傅里叶变换，从而输出图像频率分布的分位数之差。

```
GetFourier = function(Img) {
  # 函数说明：计算图像高频变量的函数，输入的是图像矩阵，输出图像频率分布的分位数之差

  # 傅里叶变换
  grayI = grayscale(Img, drop = TRUE);
  f = fft(grayI);
  F0 = (abs(f));
  # 返回频率分布的的99.8%分位数和0.2%分位数之差
  result = (quantile(F0[, ], 0.998) - quantile(F0[, ], 0.002))
  return(result)
}
```

首先将图像转换为灰度图像，然后通过傅里叶变换函数对图像进行变换，取变换后结果的实数部分即得到频率分布（见图 4 - 34）。这里取频率分布的 99.8% 分位数和 0.2% 分位数之差代表高频含量。

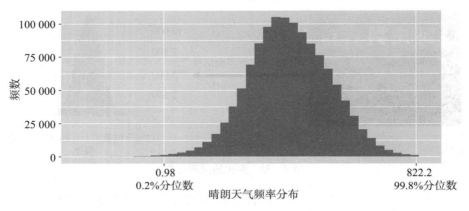

晴朗天气频率分布

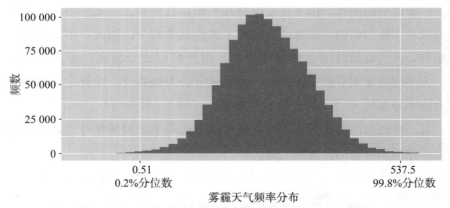

雾霾天气频率分布

图 4 - 34　晴朗与雾霾天气图像频率分布对比图

从图 4 - 34 可以看出，当 PM2.5＝7 时，天气晴朗，细节丰富，可以分辨出远山、建筑、天空，此时高频含量为 822.2；而当 PM2.5＝436 时，雾霾很严重，我们只能看清图像中物体的轮廓，难以分辨更多的细节，高频含量为 537.5。从箱线图的结果来看（见图 4 - 35），基本符合污染程度越高、高频含量越小的特点，表明这个变量具有解释效力。

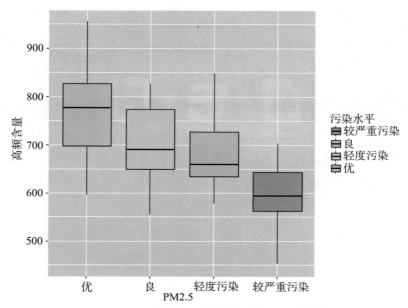

图 4-35　不同污染水平下高频含量分组箱线图

6. 批量处理图像

在以上五种特征的基础上，我们对图像逐个分析，提取变量，这里会用到前面介绍过的对文件夹中图像做批量处理的知识，使用的代码操作如下：

```r
# 读取图像数据名称
fileName = dir(path = "FigureData")
dataList = vector("list", 1)

# 每个图像数据依次读入并且计算出图片对应的自变量
for (i in 1:length(fileName)) {
    # 请确保您的图像都是 jpg 格式, 否则请换用相应的图像读取函数
    a = Sys.time()
    Image = load.image(paste("FigureData", fileName[i], sep = '/'))  # 路径名+图片名
    v1 = diffvar(Image)
    v2 = clearRate(Image)
    v3 = entro(Image)
    v4 = GetS(Image)
    v5 = GetFourier(Image)
    dataList[[i]] = list(fileName = fileName[i], diffvarB = v1, clearRate = v2,
                         entropy = v3, Squan = v4[1], Smean = v4[2], Fourier = v5)
    rm(Image)
    b = Sys.time()
    print(b - a)  # 由于一次程序运行时间过长, 我们输出每次循环的运行时间, 既是对程序的检查, 也可作为程序保持运行的标志
}
```

```
# 保存
save(dataList, file=".....RData")
dataOutput = data.frame(matrix(unlist(dataList), nrow = length(fileName), byrow = T))
colnames(dataOutput) = names(dataList[[1]])

# 输出csv文件
# 请将对应时间的PM2.5值补充到表中，并将该列命名为PM2.5,再用第二部分的代码来做进一步的回归分析
write.csv(dataOutput, file = 'Output.csv')
```

在获得了图像的各个特征后，就能将它们与特定的 Y 整理到一起，进行下一步的统计分析。

第 5 章/*Chapter Five*

R 语言与机器学习

5.1 机器学习概述

机器学习已经成为建模环节必备的实践方法。本章主要介绍用 R 语言实现机器学习的一些典型算法，并以相亲市场数据为例，讲解相关模型的建立与解读。

机器学习的整个过程就像烹饪。首先是准备食材，也就是准备并读入数据；其次是对食材进行加工，比如洗菜、切菜，也就是数据预处理；再次是对这些食材进行烹调，也就是模型训练；最后是将不同厨师做出来的菜给评委品尝，评委满意度越高越好，也即模型预测及评价（见图 5 - 1）。本章在 5.1 节先带领大家整理浏览一下机器学习解决问题的整体步骤，5.2～5.4 节将重点解读各个环节的具体操作技巧。

5.1.1 读入数据

数据分析之前，要先把数据和分析所需的 R 包准备好。这里用到的数据为相亲数据.csv，直接使用 read.csv 操作即可。分析的整个过程借用了 caret 包（见图 5 - 2）来完成。caret 包是为了解决预测问题的综合机器学习工具包。这个包的特点就是能够快速把所有的材料准备好，包括数据预处理、模型训练、模型预测及评价的整个过程。

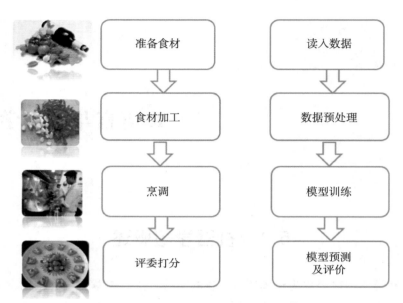

图 5-1　数据分析流程

图 5-2　caret 包页面示例

具体操作代码如下：

```
library(caret)
# 加载数据
dat0 = read.csv('相亲数据.csv', fileEncoding = "UTF-8")
head(dat0)
```

通过代码输入得到如下数据：

##	决定	性别	吸引力	共同爱好	幽默	真诚	雄心	智力	好感	成功率自估
## 1	1	0	6	5	7	9	6	7	7	6
## 2	1	0	7	6	8	8	5	7	7	5
## 3	1	0	5	7	8	8	5	9	7	NA
## 4	1	0	7	7	6	7	6	8	7	6
## 5	1	0	5	9	7	6	6	7	7	6
## 6	0	0	4	4	4	9	6	7	6	5

##	日常出门频率	对宗教的看重程度	对种族的看重程度	年龄	种族	从事领域
## 1	1	4	2	21	4	1
## 2	1	4	2	21	4	1
## 3	1	4	2	21	4	1
## 4	1	4	2	21	4	1
## 5	1	4	2	21	4	1
## 6	1	4	2	21	4	1

##	对方决定	好感得分	对方评估成功率	吸引力得分	共同爱好得分	幽默得分
## 1	0	7	7	6	6	8
## 2	0	8	4	7	5	7
## 3	1	10	10	10	10	10
## 4	1	7	7	7	8	8
## 5	1	8	6	8	7	6
## 6	1	7	6	7	7	8

##	真诚得分	雄心得分	智力得分	对方年龄	对方种族	是否同一种族	日常约会频率
## 1	8	8	8	27	2	0	7
## 2	8	7	10	22	2	0	7
## 3	10	10	10	22	4	1	7
## 4	8	9	9	23	2	0	7
## 5	7	9	9	24	3	0	7
## 6	7	7	8	25	2	0	7

5.1.2 数据预处理及数据分割

1. 缺失值处理

现实生活中，在数据分析时，经常会遇到缺失值，比如相亲数据中，有些女性不愿意暴露自己的年龄，年龄就会有缺失值。那么对于缺失值，怎么处理呢？处理方式很多，甚至有时数据缺失本身也暗含一些信息（比如年龄缺失可能是因为年龄比较大），由此引申出许多插补方法。不过这里缺失值处理并不是重点，因此对于缺失值直接删除即可。具体代码如下：

```
nrow(dat0)
## [1] 8378
dat = na.omit(dat0)
nrow(dat)
## [1] 5723
```

2. 转换数据类型

对于完整的观测，首先需要定义变量的类型：属于定性变量还是连续变量。对于定性变量，需要给各个水平取名，比如性别有两个水平 1 和 0，分别命名为男和女。

3. 数据分割

即将数据分割为训练集和测试集。常用的方式是"留出法"，将数据的 80% 划分为训练集，留下来 20% 作为测试集。训练集用于训练模型，测试集用于测试模型的效果。需要注意的是，测试集的信息就是黑盒子，是"雷区"，是绝对不能用到的信息。

当因变量 Y 的各个水平比例分布不均时，需要保证训练集和测试集中有相同比例，这时就会用到 caret 包。具体代码如下：

```
# 转换数据类型
dat$决定 = factor(dat$决定, levels = c(0, 1), labels = c("拒绝", "接受"))
dat$性别 = factor(dat$性别, levels = c(0, 1), labels = c("女", "男"))
dat$种族 = factor(dat$种族, levels = c(1, 2, 3, 4, 5, 6), labels = c("非洲裔", "欧洲裔", "拉丁裔", "亚裔", "印第安人", "其他"))
dat$从事领域 = factor(dat$从事领域, levels = 1:18,
            labels = c("法律", "数学", "社会科学或心理学",
                "医学药物学或生物技术", "工程学", "写作或新闻",
                "历史或宗教或哲学", "商业或经济或金融", "教育或学术",
                "生物科学或化学或物理", "社会工作", "大学在读或未择方向",
                "政治学或国际事务", "电影", "艺术管理",
                "语言", "建筑学", "其他"))
dat$对方决定 = factor(dat$对方决定, levels = c(0, 1), labels = c("拒绝", "接受"))
dat$对方种族 = factor(dat$对方种族, levels = c(1, 2, 3, 4, 5, 6), labels = c("非洲裔", "欧洲裔", "拉丁裔", "亚裔", "印第安人", "其他"))
dat$是否同一种族 = factor(dat$是否同一种族, levels = c(0, 1), labels = c("非同一种族", "同一种族"))
```

　　caret 包中 createDataPartition( )函数可以用于创建训练集，该函数的抽样方法类似分层抽样，从因变量 Y 的各个水平中随机抽取 80％的数据作为训练集，剩下的数据作为测试集。具体代码如下：

```
# 设置随机种子
set.seed(1234)
# 将数据集的80%划分为训练集，20%划分为测试集
trainIndex = createDataPartition(dat$决定, p = .8,
                                 list = FALSE,
                                 times = 1)
# createDataPartition会自动从y的各个level随机取出等比例的数据来，组成训练集，可理解为分层抽样，
datTrain = dat[trainIndex, ]
# 训练集
datTest = dat[-trainIndex, ]
# 测试集
table(dat$决定) / nrow(dat)    # 全集上因变量各个水平的比例
##
##      拒绝      接收
##  0.560021 0.439979
table(datTrain$决定) / nrow(datTrain)    # 训练集上因变量各个水平的比例
##
##        拒绝        接收
##  0.5599476 0.4400524
table(datTest$决定) / nrow(datTest)    # 测试集上因变量各个水平的比例
##
##        拒绝        接收
##  0.5603147 0.4396853
```

4. 标准化处理

　　标准化处理是指将数据处理为均值为 0、标准差为 1 的数据。为什么要进行标准化处理？这是因为在实证研究中，有些变量取值很大，有些变量取值很小，这里需要营造一个公平公正的环境，权重的大小不能为自变量取值的大小所束缚。比如在一个关于消费者家庭收入影响因素的研究中，你可能会同时搜集诸如收入、消费、受教育年限、工作年限等变量，然而"家庭收入"和"家庭消费"等数据往往数值很大，但"受教育年限""工作年限"等则通常只有两位数或者一位数。如果在处理时不进行标准化，那么数值更大的变量很可能会分到更大的权重，这可能并不是研究者所希望看到的事情。

　　标准化处理时，只能利用训练集的均值与标准差对训练集和测试集进行标准化。具体代码如下，其中 preProcess 可以帮我们完成对变量中心化、标准化等基础性处理工作，这一步结束后可以提取出训练集 datTrain 的期望和标准差，predict 则使用所提供的期望与标准差完成对训练集 datTrain、测试集 datTest 的标准化。最后，trainTransfromed 和 testTransformed 就构成了标准化后的两个数据框。（一定要记住，我们需要使用训练集的期望和标准差去标准化测试集哟。）

```
preProcValues = preProcess(datTrain, method = c("center", "scale"))
trainTransformed = predict(preProcValues, datTrain)
testTransformed = predict(preProcValues, datTest)
# 利用训练集的均值和方差对测试集进行标准化
```

5.1.3　特征选择

　　特征选择是指选择出那些对研究问题至关重要的特征，剔除那些不重要的变量。例如银行在评估贷款申请者的信用风险时，会采集申请者大量的特征，诸如申请者的性别、年收入、负债比例、信用历史、工作稳定性，然而并不是所有特征都能对信用风险预测起到同样的作用，这时候就需要用到特征选择了。

　　特征选择在 R 中如何实现呢？caret 包中的 rfe() 函数可以用于特征选择，该函数属于特征选择中的封装法（见图 5 - 3）。

　　该函数还内嵌一个特殊的函数——rfeControl()，用于输入目标函数和抽样方法。对于前述"相亲"数据集，我们以随机森林为目标函数，即 functions 为 rfFuncs；抽样方法为交叉验证，即将参数 method 设置为 cv。该方法的核心思想为用随机森林法进行预测，选择的特征使交叉验证的平均预测精度越高越好。具体代码如下：

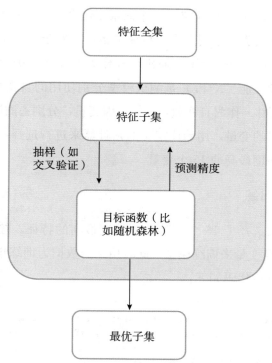

图 5-3　封装法变量选择流程

```
## 封装法 rfe: Recursive feature selection ##
subsets = c(2, 5, 10, 15, 20)
# 要选择的变量个数
ctrl = rfeControl(functions = rfFuncs, method = "cv")
# 首先定义控制参数, functions是确定用什么样的模型进行自变量排序, 本例选择的模型是随机森林
# 根据目标函数 (通常是预测效果评分), 每次选择若干特征。
# method是确定用什么样的抽样方法, 本例使用cv, 即交叉检验
x = trainTransformed [, -which( colnames(trainTransformed ) %in% "决定")]
y = trainTransformed [, "决定"]
Profile = rfe(x, y, sizes = subsets, rfeControl = ctrl)
Profile$optVariables  # 筛选出15个变量
##    [1] "好感"             "吸引力"           "共同爱好"
##    [4] "幽默"             "成功率自估"       "从事领域"
##    [7] "对种族的看重程度" "种族"             "对宗教的看重程度"
##   [10] "性别"             "年龄"             "日常出门频率"
##   [13] "吸引力得分"       "日常约会频率"     "真诚"
```

这段代码中，subsets 定义了一个向量，包含了不同的子集大小。在特征选择中，通常会尝试不同大小的特征子集，以确定哪个子集在模型性能方面表现最佳。ctrl 则是使用了随机森林作为特征评估函数以及交叉验证方法来评估模型性能。X 和 Y 是测试模型分别使用的自变量集和因变量。而 rfe 函数则使用 x 作为自变量，y 作为因变量，分别去测试 subsets 定义的子集所选择出的变量，用 ctrl 定义的估计器来进行选择，最终就可以选择出交叉验证精度最高的 15 个变量。

5.1.4　模型训练

随机森林法选择了 15 个让其预测精度最高的特征，接下来就要把这 15 个特征作为自变量来训练模型，此时用到的数据为训练集，建模依然用随机森林法。具体代码如下：

```
dat.train = trainTransformed[, c(Profile$optVariables, "决定")]
dat.test = testTransformed[, c(Profile$optVariables, "决定")]

## 随机森林 ##
set.seed(1234)
gbmFit1 = train(决定 ~., data = dat.train, method = "rf")
# 用于训练模型
importance = varImp(gbmFit1, scale = FALSE)

# 得到各个变量的重要性
plot(importance, xlab = "重要性")
```

模型训练出来后，就可以顺便把变量的重要性提取出来。从图 5 - 4 可以看出，好感、吸引力与共同爱好这三个特征最为重要。

5.1.5　模型预测集评估

最后测试模型的预测精度。数据分析的结果不能是开放式任凭想象的，需要给出一个具体的数值。使用 caret 包中的 predict() 函数，预测精度就呈现了出来，相亲数据的例子中为 0.812 9。具体代码如下：

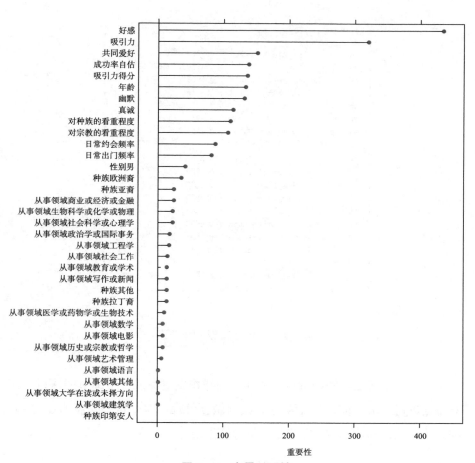

图 5-4　变量重要性

```
data.predict = predict(gbmFit1, newdata = dat.test)
confusionMatrix(data.predict, dat.test$决定)
##  Confusion Matrix and Statistics
##
##           Reference
## Prediction 拒绝 接受
##       拒绝 530  103
##       接受 111  400
```

```
##
##                   Accuracy : 0.8129
##                     95% CI : (0.7891, 0.8351)
##        No Information Rate : 0.5603
##        P-Value [Acc > NIR] : <2e-16
##
##                      Kappa : 0.621
##     Mcnemar's Test P-Value : 0.6323
##
##                Sensitivity : 0.8268
##                Specificity : 0.7952
##             Pos Pred Value : 0.8373
##             Neg Pred Value : 0.7828
##                 Prevalence : 0.5603
##             Detection Rate : 0.4633
##       Detection Prevalence : 0.5533
##          Balanced Accuracy : 0.8110
##
##           'Positive' Class : 拒绝
```

5.2 数据预处理

从这一节开始，我们就对每个部分的操作做更深入、更细节的探讨。在对数据进行分析之前，往往需要对数据做预处理，这个过程包括数据分割、缺失值处理、剔除近零方差变量、剔除高度线性相关变量、数据标准化等。

5.2.1 读入数据

首先需要把数据读入到 R 内存。下面以一份玄幻小说人物信息为例，展示具体的数据读入过程。具体的变量解释如表 5-1 所示，其中因变量 Y 为"决定"这个变量。

表 5-1 变量说明表

变量类型	变量名	详细说明	备注
因变量	决定	0（不要进一步发展）、1（进一步发展）	决定是否进一步发展

续表

变量类型		变量名	详细说明	备注
自变量	定性变量	性别	0（女性）、1（男性）	
		是否喜欢矮矬穷	0（不喜欢）、1（喜欢）	
		对方性别	0（女性）、1（男性）	
		对方是否喜欢矮矬穷	0（不喜欢）、1（喜欢）	
		对方决定	0（不要进一步发展）、1（进一步发展）	对方决定是否进一步发展
	数值型变量	年龄	17～370 000	单位：岁
		智力	3～10	单位：分（满分 10 分）
		对方年龄	17～140 000	单位：岁
		对方智力	4～9	单位：分（满分 10 分）

读入数据的具体代码如下：

```
# 加载数据
dat = read.csv('相亲数据2.csv', fileEncoding = "UTF-8")
dim(dat)
## [1] 15 12
head(dat)
##    名字 决定 性别 是否喜欢矮矬穷    年龄 智力 对方名字 对方决定 对方性别
## 1 夜华    1    1              0  50000    9    白浅        1        0
## 2 白浅    0    0              0 140000    8    离镜        1        1
## 3 东华    0    1              0 360000   10    凤九        1        0
## 4 素锦    0    0              0  70000    5    离镜        0        1
## 5 离镜    1    1              0 140000    6    玄女        1        0
## 6 成玉    0    0              0    300    6    连宋        1        1
##   对方是否喜欢矮矬穷 对方年龄 对方智力
## 1                  0   140000        8
## 2                  0   140000        6
## 3                  0    30000        5
## 4                  0   140000        6
## 5                  0   100000        4
## 6                  0    90000        7
```

5.2.2　分割训练集和测试集

数据得到之后，要先划分训练集和测试集。其中训练集是用来训练模型参数的，测试集是为了"伪装"成未知世界的真实世界，来测试参数效果的，这部分数据故意让模型"没有见过"，借此才能测试出模型预测的"外推能力"。下面介绍几种划分训练集和测试集的典型方法。

1. 留出法

"留出法"分割最简单直接，直接将样本分为两个互斥的子集，通常情况下，划分数据的 80％为训练集，剩下的 20％为测试集（见图 5-5）。

图 5-5　留出法

前面提到过，caret 包中的 createDataPartition（）函数不仅可以实现这样的划分，而且可以保证训练集和测试集中 Y 的比例是一致的，简而言之，就是按照 Y 进行分层抽样。具体代码如下：

```
# 数据划分为训练集和测试集

# 设置随机种子
set.seed(1234)
# 将数据集的80%划分为训练集，20%划分为测试集
trainIndex = createDataPartition(dat$决定, p = .8,
                                 list = FALSE,
                                 times = 1)
# createDataPartition会自动从y的各个level随机取出等比例的数据来，组成训练集，可理解为分层抽样
datTrain = dat[trainIndex, ]
# 训练集
datTest = dat[-trainIndex, ]
# 测试集
```

这里面，trainIndex 会返回被划分到训练集的索引（可以近似理解为行号），因此我们就可以根据这个索引集再去生成训练集 datTrain 和测试集 datTest。

2. 交叉验证法

交叉验证法是将原始数据分成 K 组（一般是均分），每次训练将其中一组作为测试集，另外 $K-1$ 组作为训练集。

实践中一般使用 10 折交叉验证，但是这里由于数据量太少，就以 3 折交叉验证为例（见图 5-6），具体代码如下：

```
set.seed(1234)
index = createFolds(dat$决定, k = 3, list = FALSE, returnTrain = TRUE)
index
##   [1] 2 3 2 1 1 1 1 3 2 1 3 3 2 3 2
testIndex = which(index == 1)
datTraincv = dat[-testIndex, ]
# 训练集
datTestcv = dat[testIndex, ]
# 测试集
```

其中，createFolds()函数会返回每个观测所属的组别号，比如第一个观测属于第 2 组，第二个观测属于第 3 组。然后 testIndex 就把属于第 1 组的行号取了出来。最后一行则表示，我们把第一组数据作为测试集取了出来。

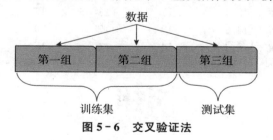

图 5-6　交叉验证法

3. Bootstrap 法

当数据量比较少时，一般使用 Bootstrap 抽样，它是一种从给定训练集中有放回的均匀抽样。所谓有放回，就是抽完的样本再放回总体去，因此第二次仍然有可能抽到上次抽过的样本。

createResample()函数中 times 参数用于设定生成几份随机样本，当

times 为 3 时，意味着生成 3 份样本（见图 5 - 7）。createResample( ) 函数返回了一个矩阵，其中每一列都是一个样本所拥有的索引号，所以大家会看到，有放回的抽样，不仅不同样本之间会有交叉，就连同一份样本中也会有重复的。具体代码如下：

```
set.seed(1234)
createResample(dat$决定, times = 3, list = F)
##       Resample1 Resample2 Resample3
## [1,]         1         1         3
## [2,]         2         1         4
## [3,]         4         3         4
## [4,]         5         3         4
## [5,]         5         4         5
## [6,]         8         4         5
## [7,]         9         5         5
## [8,]        10         5         7
## [9,]        10         5         8
## [10,]       10         5         9
## [11,]       10         8        10
## [12,]       10        13        10
## [13,]       11        13        12
## [14,]       13        13        13
## [15,]       14        14        15
```

图 5 - 7 Bootstrap 法

上面这些划分训练集和测试集的方法都是针对横截面数据而言的，那么对于时间序列又该如何进行数据分割呢？

4. 分割时间序列

　　首先我们以狗熊会里的明星宝宝水哥的成长数据为例，展示如何对时间序列数据进行分割。对于时间序列数据来说，分割时间序列的目的是为了将时间序列数据分为多个子序列，以便用于训练和测试时间序列模型；分割的主要原理是使用滑动窗口或固定窗口的方法，将时间序列分成训练集和测试集。其中滑动窗口（sliding window）指的是，在这种方法中，一个固定大小的窗口在时间序列上滑动。每个滑动窗口都包含一部分序列数据作为训练集，然后下一个窗口包含后续的数据用作测试集。这个过程不断重复，直到整个时间序列都被用于训练和测试。这种方法可以用于检测模型在不同时间段内的性能波动。固定窗口（fixed window）指的是，在这种方法中，时间序列被分成不相交的、固定长度的窗口，每个窗口都包含一段时间范围内的数据。通常，前面的窗口用于训练，而后面的窗口用于测试。这种方法的优点是可以更容易地控制训练和测试数据的大小，但可能无法捕捉到时间序列中的长期趋势。我们这里以固定窗口为例，为大家演示用法。

　　首先，读入水哥的成长数据。具体代码如下：

```
# 加载数据
growdata = read.csv('水哥成长日记.csv', fileEncoding = "UTF-8")
head(growdata)
##        时间 颜值
## 1 2016年1月    5
## 2 2016年2月    6
## 3 2016年3月    7
## 4 2016年4月    8
## 5 2016年5月    9
## 6 2016年6月   10
```

　　然后利用 caret 包中的 createTimeSlices() 函数来分割时间序列。具体代码如下：

```
(timeSlices = createTimeSlices(1:nrow(growdata),
                            initialWindow = 5, horizon = 2, fixedWindow = TRUE))
##  $train
##  $train$Training5
##  [1] 1 2 3 4 5
##
##  $train$Training6
##  [1] 2 3 4 5 6
##
##
##  $test
##  $test$Testing5
##  [1] 6 7
##
##  $test$Testing6
##  [1] 7 8
```

其中"1:nrow（growdata）"生成了一个包含从 1 到 growdata 数据框的行数的序列，它表示了时间序列数据的索引；"initialWindow = 5"这个参数指定了初始窗口的大小，即用于训练的时间序列数据的长度。在这个例子中，初始窗口的长度为 5。"horizon = 2"这个参数指定了预测的时间步数，也就是模型将尝试在每个时间窗口后面的 2 个时间步数上进行预测。"fixedWindow = TRUE"这个参数表示使用固定窗口的分割方法。如果设置为 TRUE，那么每个训练窗口的大小将保持不变。

从结果可以看出，一共有两组训练集和测试集。第一组的训练集为 1，2，3，4，5 行观测，测试集为 6，7 行观测。第二组的训练集为 2，3，4，5，6 行观测，测试集为 7，8 行观测。

5.2.3　处理缺失值

很多统计方法都无法处理有缺失的数据，因此首先需要把数据的缺失进行插补。caret 包中 preProcess()函数可以实现两种常用的缺失值处理方法：中位数填补法和 K 近邻法。

1. 中位数填补法

该方法直接用训练集的中位数代替缺失值，所以对于每个变量而言，填补的缺失值都相同，都为训练集的中位数。该方法的优点是速度非常快，但填补的准确率有待验证。

下面的代码通过 preProcess() 函数抽取了 datTrain 的变量均值，使用 predict() 函数对 datTrain 中的缺失值进行了插补。此处我们是对罗子君的智力填充了一个插补值，通过使用 median() 函数的验证，它确实插补了一个中位数（8.5）作为缺失值的补充。

```
imputation_k = preProcess(datTrain, method = 'medianImpute')
datTrain1 = predict(imputation_k, datTrain)
(datTest1 = predict(imputation_k, datTest))
##       名字 决定 性别 是否喜欢矮矬穷 年龄 智力 对方名字 对方决定 对方性别
## 11   唐晶   0    0              0   36  8.0   陈俊生       0        1
## 12   宫羽   1    0              0   21  5.0   梅长苏       0        1
## 14 罗子君   1    0              0   35  8.5    贺函        1        1
##      对方是否喜欢矮矬穷 对方年龄 对方智力
## 11                   0       39        6
## 12                   0       31        9
## 14                   0       40        8
median(datTrain$智力, na.rm = T)
## [1] 8.5
```

2. K 近邻法

该方法的思想是"近朱者赤，近墨者黑"。K 近邻法对于需要插值的记录，基于欧氏距离计算 k 个和它最近的观测，然后利用 k 个近邻的数据来填补缺失值。具体代码如下：

```
imputation_k = preProcess(datTrain, method = 'knnImpute')
## Warning in preProcess.default(datTrain, method = "knnImpute"): These
## variables have zero variances: 是否喜欢矮矬穷, 对方是否喜欢矮矬穷
datTrain1 = predict(imputation_k, datTrain)
datTest1 = predict(imputation_k, datTest)
datTrain$智力 = datTrain1$智力 * sd(datTrain$智力, na.rm = T) + mean(datTrain$智力, na.rm = T)
datTest$智力 = datTest1$智力 * sd(datTrain$智力, na.rm = T) + mean(datTrain$智力, na.rm = T)
```

```
datTest
##      名字 决定 性别 是否喜欢矮矬穷 年龄 智力 对方名字 对方决定 对方性别
## 11  唐晶  0    0              0   36  8.0   陈俊生      0        1
## 12  宫羽  1    0              0   21  5.0   梅长苏      0        1
## 14 罗子君  1    0              0   35  7.8   贺函        1        1
##      对方是否喜欢矮矬穷 对方年龄 对方智力
## 11                 0       39       6
## 12                 0       31       9
## 14                 0       40       8
```

K 近邻法会自动利用训练集的均值、标准差信息对数据进行标准化，所以最后得到的数据是标准化之后的。如果想看原始值，那么还需要将其去标准化倒推回去。

5.2.4 删除近零方差

```
## Warning in preProcess.default(datTrain, method = "knnImpute"): These
## variables have zero variances: 是否喜欢矮矬穷, 对方是否喜欢矮矬穷
```

这个警告的意思是，是否喜欢矮矬穷和对方是否喜欢矮矬穷这两个变量的方差为 0。

这种零方差或者近零方差的变量传递不了什么信息，因为几乎所有人的取值都一样。利用 caret 包中的 nearZeroVar() 函数，就能找出近零方差的变量，操作过程非常简单。具体代码如下：

```
(nzv = nearZeroVar(datTrain))
## [1] 4 10
datTrain = datTrain[, -nzv]
```

5.2.5 删除共线性变量

caret 包中的 findCorrelation() 函数会自动找到高度共线性的变量，并给出建议剔除的变量。但需要注意的是，findCorrelation() 函数对输入的

数据要求比较高。首先，数据中不能有缺失值，所以在此之前需要先处理缺失值；其次，只能包含数值型变量。具体代码如下：

```
# 数据中不能有NA
datTrain1 = datTrain[, -c(1, 6)]
(descrCor = cor(datTrain1))
##                决定        性别        年龄        智力      对方决定
## 决定      1.00000000   0.2390457  -0.3627202  -0.1069045   0.09759001
## 性别      0.23904572   1.0000000   0.2249529   0.6708204   0.00000000
## 年龄     -0.36272022   0.2249529   1.0000000   0.4101776  -0.23058113
## 智力     -0.10690450   0.6708204   0.4101776   1.0000000   0.12171612
## 对方决定  0.09759001   0.0000000  -0.2305811   0.1217161   1.00000000
## 对方性别 -0.02857143  -0.8366600  -0.3366009  -0.5345225   0.09759001
## 对方年龄 -0.16239646  -0.4046800   0.2198356  -0.4162950  -0.10723488
## 对方智力  0.39266401  -0.1877293  -0.6989444   0.0000000   0.03832008
##               对方性别      对方年龄     对方智力
## 决定        -0.02857143   -0.1623965   0.39266401
## 性别        -0.83666003   -0.4046800  -0.18772930
## 年龄        -0.33660090    0.2198356  -0.69894438
## 智力        -0.53452248   -0.4162950   0.00000000
## 对方决定     0.09759001   -0.1072349   0.03832008
## 对方性别     1.00000000    0.2150919   0.25803635
## 对方年龄     0.21509188    1.0000000  -0.25755521
## 对方智力     0.25803635   -0.2575552   1.00000000
highlyCorDescr = findCorrelation(descrCor, cutoff = .75, names = F, verbose = T)
## Compare row 2 and column 6 with corr 0.837
##   Means: 0.366 vs 0.265 so flagging column 2
## All correlations <= 0.75
highlyCorDescr
## [1] 2
filteredTrain = datTrain1[, -highlyCorDescr]
# input只能是numeric型的dataframe或者matrix, 且无缺失值(在此之前必须处理缺失值)
```

5.2.6　标准化

为什么要进行标准化？很简单，数据集中的年龄达到几十万岁，但智力最高才 10 分，这两列变量的量纲不同，为了防止年龄的权重过高，就需要将这些特征标准化。需要注意的是，只能用训练集的均值和标准差对测试集进行标准化。具体代码如下：

```
preProcValues = preProcess(datTrain, method = c("center", "scale"))
trainTransformed = predict(preProcValues, datTrain)
testTransformed = predict(preProcValues, datTest)
# 利用训练集的均值和方差对测试集进行标准化
```

5.3　模型训练与调参

5.3.1　模型调参

当我们建立机器学习或统计模型时，模型通常包含许多参数，这些参数可以影响模型的性能和预测能力。模型的性能往往不是一成不变的，它可以因参数的不同取值而改变。因此，调节模型的参数是为了找到最佳的参数组合，以使模型在解决特定问题时达到最佳性能。

机器学习中调参的思路异曲同工。首先确定一个参数池，也就是模型参数值的可选范围；然后从参数池中挑选出不同的参数组合，对于每个组合都计算其预测精度；最后选取预测精度最高的参数组合（见图 5-8）。

调参的过程就像寻找人生伴侣的过程。首先我们有一个标准，比如身高、体重等，符合这个标准的异性将进入参数池；然后我们跟参数池中的每个异性谈恋爱；最后找到最适合的那个作为终极选择。下面介绍两种常见的调参方法：网格搜索与随机搜索。

网格搜索首先会有一个标准，将符合标准的参数放入参数池中，形成不同的参数组合。随机搜索则不同，它没有标准，随机地组合参数。以女士找男友为例，假设参数有三个：身高、体重、年龄。

网格搜索会对这三个参数设定一个范围，比如身高＞180 厘米，体重＜70 千克，年龄在 20～40 岁之间。随机搜索则不同，有些女性觉得如果设定了择偶条件，反而容易错过自己喜欢的，也许适合自己的恰好身高是 179 厘米。

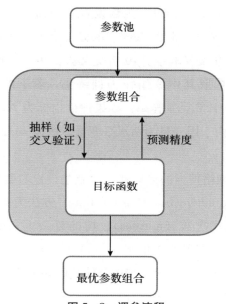

图 5-8　调参流程

　　这两种不同的方式搜索出的参数组合是不同的，图 5-9 中的左图是网格搜索的参数组合，右图为随机搜索的参数组合。两者各有优缺点。与网格搜索相比，随机搜索能随机遍历所有参数空间，但结果不定。

图 5-9　网格搜索和随机搜索

1. 网格搜索

其实现步骤如下：

第一步：设置随机种子，保证实验的可重复性。

　　第二步：利用 trainControl()函数设置模型训练时用到的参数。其中 method 表示重抽样方法。此处，"cv"表示交叉验证。number 表示几折交叉验证，本例中是 10 折交叉验证。10 折交叉验证表示，首先将样本分为 10 个组，每次训练时抽取其中 9 组作为训练集，剩下的 1 组作为测试集。classProbs 表示是否计算类别概率，如果评价指标为 AUC，那么这里一定要设置为 TRUE。由于因变量为两水平变量，所以 summaryFunction 设置为 twoClassSummary。

　　第三步：设置网格搜索的参数池，也就是设定参数的选择范围。以机器学习中的 gbm（gradient boosting machine）方法为例，有 4 个超参数需要设定，分别为迭代次数（n. trees）、树的复杂度（interaction. depth）、学习率（shrinkage）、训练样本的最小数目（n. minobsinnode）。这里设定了 60 组参数组合。第二步和第三步的具体代码如下：

```
set.seed(825)
fitControl = trainControl(method = "cv",
                          number = 10,
                          # Estimate class probabilities
                          classProbs = TRUE,
                          # Evaluate performance using the following function
                          summaryFunction = twoClassSummary)
gbmGrid = expand.grid(interaction.depth = c(1, 5, 9),
                      n.trees = (1:20) * 50,
                      shrinkage = 0.1,
                      n.minobsinnode = 20)

nrow(gbmGrid)
## [1] 60
```

　　第四步：利用 train()函数进行模型训练及得到最优参数组合。该函数会遍历第三步得到的所有参数组合，并得到使评价指标最大的参数组合作为输出。method 表示使用的模型，本例使用机器学习中的 gbm 模型，使用的评价指标为 ROC 曲线面积（即 AUC 值）。具体代码如下：

```
gbmFit2 = train(决定 ~., data = dat.train,
              method = "gbm",
              trControl = fitControl,
              verbose = FALSE,
              tuneGrid = gbmGrid, metric = "ROC")
## Tuning parameter 'shrinkage' was held constant at a value of 0.1
##
## Tuning parameter 'n.minobsinnode' was held constant at a value of 20
## ROC was used to select the optimal model using  the largest value.
## The final values used for the model were n.trees = 700,
##  interaction.depth = 9, shrinkage = 0.1 and n.minobsinnode = 20.
```

第五步：模型会自动确定 ROC 曲线面积最大（即 AUC 值最高）的参数组合，也就是图 5 - 10 中最高的点对应的参数组合，对应的 AUC 值为 90.14%。具体代码如下：

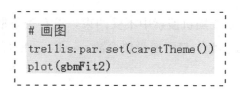

```
# 画图
trellis.par.set(caretTheme())
plot(gbmFit2)
```

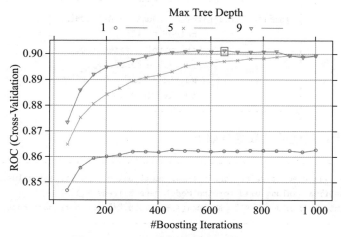

图 5 - 10　AUC 值与迭代次数的折线图

2. 随机搜索

与网格搜索相比，随机搜索的参数选择没有固定的范围，最终的结果可能好也可能坏。其实现步骤如下：

第一步：设定随机种子。

第二步：利用 trainControl( ) 函数设定模型训练的参数，但是多了一项：search＝"random"。具体代码如下：

```
set.seed(825)
fitControl = trainControl(method = "cv",
                          number = 10,
                          # Estimate class probabilities
                          classProbs = TRUE,
                          # Evaluate performance using the following function
                          summaryFunction = twoClassSummary,
                          search = "random")
```

第三步：超参数在随机搜索中不受约束，没有条条框框的限制，所以无须设置 tuneGrid 参数，只需要设置参数 tuneLength（随机搜索多少组）。具体代码如下：

```
gbmFit3 = train(决定 ~., data = dat.train,
                method = "gbm",
                trControl = fitControl,
                verbose = FALSE,
                metric = "ROC",
                tuneLength = 30)
```

第四步：最优的参数组合如下：

```
## ROC was used to select the optimal model using  the largest value.
## The final values used for the model were n.trees = 1254,
##  interaction.depth = 7, shrinkage = 0.04563275 and n.minobsinnode = 19.
```

与网格搜索的结果大有不同，对应的 AUC 值为 90.29%，与网格搜索相比略有提高。

5.3.2　模型预测

确定最优参数之后，模型如何进行预测呢？使用 predict()函数，只要输入模型及测试集，就可以预测。然后利用 confusionMatrix()函数输入真实的 Y 与预测的 Y，就可以得到混淆矩阵（confusion matrix）。

从下面的操作结果可以看出网格搜索的参数与随机搜索的参数的预测结果之间的区别。

```
# 网格搜索
data.predict = predict(gbmFit2, newdata = dat.test)
confusionMatrix(data.predict, dat.test$决定)
##  Confusion Matrix and Statistics
##
##            Reference
##  Prediction 拒绝 接受
##        拒绝  525   92
##        接受  116  411
##
##             Accuracy : 0.8182
##               95% CI : (0.7946, 0.8401)
##   No Information Rate : 0.5603
##   P-Value [Acc > NIR] : <2e-16
```

```
# 随机搜索
data.predict = predict(gbmFit3, newdata = dat.test)
confusionMatrix(data.predict, dat.test$决定)
##  Confusion Matrix and Statistics
##
##            Reference
##  Prediction 拒绝 接受
##        拒绝  538   94
##        接受  103  409
##
##             Accuracy : 0.8278
##               95% CI : (0.8046, 0.8492)
##   No Information Rate : 0.5603
##   P-Value [Acc > NIR] : <2e-16
```

从以上结果看，随机搜索的预测结果比网格搜索的预测结果好，这只能说明很幸运，随机地把最好的结果找了出来。

5.4　模型训练与集成

前面三节分别介绍了机器学习概要、数据预处理以及模型调参，本节重点介绍模型训练与集成。

继续回到本章开头提到的相亲数据，在实际业务开展时发现，相亲失败时不仅客户会心情低落，而且组织相亲的人也会很难过。那么是否可以提高模型预测的精确度，增加相亲成功率呢？

5.4.1　逻辑回归

逻辑回归可以说是最基础的分类模型，它度量的是 $Y=1$ 的可能性。对于逻辑回归的原理和实现，本书第 3 章已经有所介绍。图 5-11 为经典逻辑回归的一个例子，自变量包括 5 个，因变量为"贷款申请者是否违约"。逻辑回归模型利用训练集对不同的自变量赋予不同的权重，这些自变量线性组合得到 z，z 通过 logit 函数转换就得到了"违约概率"。

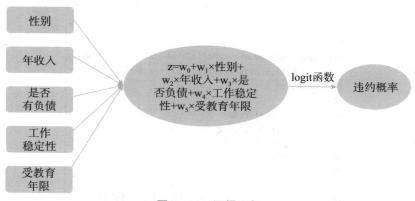

图 5-11　逻辑回归

在 caret 包中如何实现逻辑回归呢？具体代码如下：

```
fit1 = train(决定 ~., data = dat.train,
                method = "glm",
                family = "binomial")  # 训练模型
pstate1 = predict(fit1, newdata = dat.test)  # 在测试集上预测
confusionMatrix(pstate1, dat.test$决定)  # 利用混淆矩阵评估模型
##  Confusion Matrix and Statistics
##
##            Reference
## Prediction 拒绝 接受
##      拒绝 515  119
##      接受 126  384
##
##              Accuracy : 0.7858
##                95% CI : (0.7609, 0.8093)
##    No Information Rate : 0.5603
##    P-Value [Acc > NIR] : <2e-16
```

5.4.2 决策树

决策树是机器学习中常用的基础树模型。5.4.1 节介绍了一个如何判断贷款申请者是否会违约的例子，下面就利用决策树的思路来模拟解决这个问题。首先判断该申请者是否有违约历史，如果没有，则继续看申请者的收入水平，如果属于中高收入，则继续看申请者的工作稳定性，如果工作稳定性较高，则给予贷款，决策思路如图 5-12 所示。

图 5-12　决策树示例

在 caret 包中如何实现决策树呢？在 method 中设置参数为"rpart"即可，具体代码如下：

```
fit2 = train(决定 ~ ., data = dat.train,
            method = "rpart")  # 训练模型
pstate2 = predict(fit2, newdata = dat.test)  # 在测试集上预测
confusionMatrix(pstate2, dat.test$决定)  # 利用混淆矩阵评估模型
## Confusion Matrix and Statistics
##
##          Reference
## Prediction 拒绝 接受
##        拒绝  566  175
##        接受   75  328
##
##            Accuracy : 0.7815
##              95% CI : (0.7564, 0.8051)
##   No Information Rate : 0.5603
##   P-Value [Acc > NIR] : < 2.2e-16
```

5.4.3　随机森林

随机森林是通过将多棵决策树集成的一种算法，它的基本单元为决策树。图 5-13 为随机森林建模的步骤，这里依然使用发放贷款的例子。

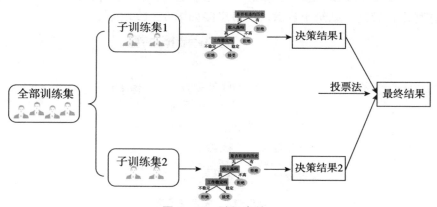

图 5-13　随机森林

　　首先，从训练样本中重抽样 m 组样本，每组样本都是一个子训练集；然后，对每个子训练集样本都构造出一棵决策树，每棵树都有一个决策结果；最后，使用投票法决定最终输出结果。m 棵树会有 m 个分类结果，根据"少数服从多数"原则，投票次数最多的类别为最终的输出。

　　假如现在有三棵决策树：一棵树认为应该批准贷款，两棵树认为不应该批准贷款，那么根据投票法，到底批不批准贷款呢？

　　在 caret 包中实现随机森林，需要在 method 中设置为"rf"（random forest 的缩写），具体代码如下：

```
set.seed(1234)
fit3 = train(决定 ~., data = dat.train,
             method = "rf")  # 训练模型
pstate3 = predict(fit3, newdata = dat.test)  # 在测试集上预测
confusionMatrix(pstate3, dat.test$决定)  # 利用混淆矩阵评估模型
##  Confusion Matrix and Statistics
##
##              Reference
## Prediction 拒绝 接受
##       拒绝  528   105
##       接受  113   398
##
##                Accuracy : 0.8094
##                  95% CI : (0.7855, 0.8318)
##     No Information Rate : 0.5603
##     P-Value [Acc > NIR] : <2e-16
```

5.4.4　模型集成

　　一个分类器学习可能会犯错，但是多个分类器一起学习可以取长补短，这是模型集成的思想。

　　常用的模型集成方法分为投票法、堆叠集成法和平均法。其中投票法适用于分类问题，平均法适用于回归问题。平均法的结果由几个分类器的

结果平均得到，可以采用简单平均和加权平均。

1. 投票法

投票法的思想是"少数服从多数"，"群众的眼睛是雪亮的"。和随机森林的思路很像，只是这里的分类器可以是不同的分类器，而不仅仅是决策树（见图5-14）。假设分类器1认为应该批准小王的贷款申请，分类器2也认为应该批准小王的贷款申请，分类器3认为不应该批准小王的贷款申请，这三个分类器经过投票表决，决定最终结果为应该批准小王的贷款申请。这就是投票法的思想。

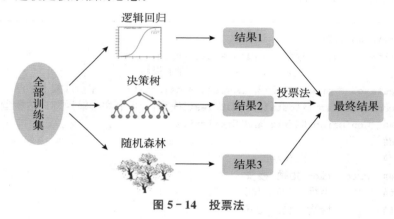

图5-14　投票法

投票法在R中实现的代码如下：

```
results = data.frame(pstate1, pstate2, pstate3)
results = apply(results, 2, as.character)
major_results = apply(results, 1, function(x) {
  tb = sort(table(x), decreasing = T)
  if(tb[1] %in% tb[2]) {
    return(sample(c(names(tb)[1], names(tb)[2]), 1))
  } else {
    return(names(tb)[1])
  }
})
```

```
major_results = factor(major_results, levels = c("拒绝", "接受"))
confusionMatrix(major_results, dat.test$决定)
## Confusion Matrix and Statistics
##
##            Reference
## Prediction 拒绝 接受
##       拒绝 530  126
##       接受 111  377
##
##                Accuracy : 0.7928
##                  95% CI : (0.7682, 0.816)
##     No Information Rate : 0.5603
##     P-Value [Acc > NIR] : <2e-16
```

首先将几个分类器得到的结果整合在一个数据框中，然后对每行样本都进行投票表决，最后得到最终结果。但问题是，投票法得到的预测精度还不如随机森林，为什么？很简单，就是有个别分类器在"拉后腿"。所以需要更有效的方式进行模型集成，即堆叠集成法。

2.堆叠集成法

堆叠集成法的思路是，首先利用机器学习的不同模型得到不同预测结果，其中不同模型得到的预测结果就像组装前的零部件；然后将预测结果作为自变量输入模型进行拟合，也即将这些零部件组装在一起，而如何组装取决于不同的模型（见图 5 - 15）。

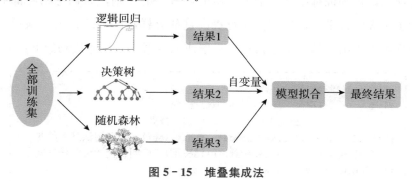

图 5 - 15　堆叠集成法

　　堆叠集成法在 R 中的实现步骤为：首先将各个模型得到的分类结果及真实的分类组合成一个数据框；然后将各个模型的分类结果作为自变量，真实的分类作为因变量，利用模型进行拟合预测。这里，在组装这个阶段利用的是随机森林模型。具体代码如下：

```
set.seed(1234)
combPre = data.frame(pstate1, pstate2, pstate3, 决定 = dat.test$决定)
combfit = train(决定~., method = "rf", data = combPre)
## note: only 2 unique complexity parameters in default grid. Truncating the grid to 2
combpstate = predict(combfit, newdata = dat.test)
confusionMatrix(combpstate, dat.test$决定)
## Confusion Matrix and Statistics
##
##           Reference
## Prediction 拒绝 接受
##       拒绝 525   99
##       接受 116   404
##
##            Accuracy : 0.8121
##              95% CI : (0.7882, 0.8343)
##  No Information Rate : 0.5603
##  P-Value [Acc > NIR] : <2e-16
```

3. 平均法

　　平均法的核心思想是：区别对待不同训练样本。首先，秉承"人人平等"的原则，对所有训练样本都赋予相等的权重。然后，对每个训练样本进行训练，得到训练精度。秉承"帮助弱者"的原则，对训练精度低的样本赋予更大的权重，让模型更注意提高这部分样本的训练精度。最后，将各个样本训练出来的结果进行加权投票或加权平均。具体代码如下：

```
set.seed(1234)
fit4 = train(决定 ~., data = dat.train,
             method = "gam")  # 训练模型
pstate4 = predict(fit4, newdata = dat.test)  # 在测试集上预测
confusionMatrix(pstate4, dat.test$决定)  # 利用混淆矩阵评估模型
## Confusion Matrix and Statistics
```

```
##
##              Reference
## Prediction 拒绝 接受
##       拒绝  505  112
##       接受  136  391
##
##             Accuracy : 0.7832
##               95% CI : (0.7582, 0.8068)
##  No Information Rate : 0.5603
##  P-Value [Acc > NIR] : <2e-16
```

对本节用到的模型及模型集成的预测精度进行总结（见表 5-2），可以看出，堆叠集成法是提高预测精度的"利器"。

表 5-2　不同算法的预测精度对比

逻辑回归	随机森林	决策树	投票法	堆叠集成法	平均法
78.58%	81.03%	78.15%	79.63%	81.38%	78.68%

本章从实例分析的角度对机器学习方法进行了概述并对其实现进行了介绍，对于机器学习的原理等没有过多涉及，感兴趣的读者可以阅读机器学习相关的经典书籍。相对于本书第 3 章讨论的统计方法，机器学习方法往往能够在预测问题上出奇制胜。读者可以在实践中对比体会。

R 语言爬虫初介

6.1　HTML 基础与 R 语言解析

在数据科学与网络技术的各项技能中，大家对爬虫的兴趣要远大于其他技能。无论学术研究还是商业分析，数据收集永远是第一个需要解决的问题。通常来说，一般的数据可以从国家和地方统计局、统计年鉴、单位年报中找到，但对于特定领域的数据分析与挖掘工作，所需要的数据可能并不是简单的搜索就可以获取的。这就需要学习网络数据采集技术，即网络爬虫。很多读者已经习惯使用 R 作为数据分析工具，如果 R 能够像 Python 一样具备强大的爬虫生态，就完美了。

尽管 R 具有开源、扩展包丰富、好学易上手等特点，但 R 的爬虫生态不如 Python 却是不争的事实。Python 中的 Scrapy 框架就足以让人满心欢喜，但 R 还没有比较流行的爬虫框架。尽管如此，如果结合 R 现有的爬虫条件，多加探索，还是可以解决当前大部分的爬虫需求。

下面介绍爬虫技术的第一项基础知识——HTML。作为网络前端技术最核心的三大技术（HTML，CSS 和 JavaScript，见图 6 - 1）之一，HTML 的重要性不言而喻。如果说前端开发过程是一个盖房子的过程，那么 HTML 就是这所房子的骨架结构，从地基到天花板都需要结构明晰；而房子盖好后的装修则是 CSS，比如给地面贴瓷砖、给墙壁贴墙纸等；进一步，给房子加上更多的动态以及视觉效果，比如照明变化、音乐渲染等功能，这主要是 JavaScript 做的事情。

图 6-1　前端技术三驾马车

什么是 HTML？它跟 R 爬虫又有什么关系？HTML 的全称是超文本标记语言（hyper text markup language），是一种用于在网页上展示内容的语言。HTML 并不是一种编程语言，而是一种描述内容并定义其表征的标记语言。HTML 只规定了网页的结构，让网页在哪里显示标题和内容，显示什么内容，至于怎么显示就不是 HTML 管辖的范围了。

6.1.1　HTML 的语法规则

在爬取数据之前，需要先了解 HTML 的语法规则。在任意一款浏览器中，随手打开一个网页，单击鼠标右键查看源文件或者审查元素，当前网页的 HTML 代码就出现了。下面以电影《芳华》为例（见图 6-2），展示 HTML 的基本原理。

图 6-2　电影《芳华》

在豆瓣电影网页上打开《芳华》页面的 HTML 源码，查看网页页面元素和 HTML 源码的对应关系。图 6‑3 展示的是《芳华》在豆瓣电影上介绍的 HTML 代码的一部分。

图 6‑3　豆瓣电影关于《芳华》介绍的 HTML 源码

图 6‑3 就是单击鼠标右键审查元素之后的界面，可以看到，在网页端显示的"冯小刚"在 HTML 中对应的位置，嵌套在层层的 HTML 代码之中①。所以一个专门抓取导演信息的爬虫要做的事情很简单，就是找到"冯小刚"所嵌套的位置，然后把他找出来。下面简单学习 HTML 的语法结构。

相较于编程语言的语法，HTML 的语法简单易懂又好学。简而言之，从内容上看，HTML 是标签、元素和属性的组合；从结构上看，HTML 是一个树形组织结构。了解了这些，再稍微注意 HTML 的注释方式、保留字符和文档定义，就掌握了 HTML 的知识概貌。下面从内容和结构分别具体说明。

1.标签、元素和属性

HTML 中的标签可以理解为一种标题，在实际语法中标签通常以一对"< >"符号包括起来，起始标签、内容和终止标签组合成为元素，如图 6‑4 所示的代码。

———————————

① 此处结果是使用谷歌 Chrome 浏览器展示的。

```
▼<div id="info">
  ▼<span>
      <span class="pl">导演</span>
      ": "
    ▼<span class="attrs">
        <a href="/celebrity/1274255/" rel="v:directedBy">冯小刚</a>
      </span>
    </span>
    <br>
  ▶<span>…</span>
    <br>
  ▶<span class="actor">…</span>
```

图 6 - 4　HTML 元素

　　起始标签和终止标签都用"< >"符号包裹，以便和内容区分开，不同的是终止标签会有一个"/"符号以示区别。大部分标签都成对出现，但也有例外，比如
 标签表示换行，它就不需要 </br> 标签来表示终止。

　　常用的 HTML 标签如表 6 - 1 所示。

表 6 - 1　常用 HTML 标签

标签	描述
<a>	定义锚
<meta>	定义关于 HTML 文档的元信息
<link>	定义文档与外部资源的关系
<code>	定义计算机代码文本
<p>	定义段落
<h1> —<h6>	定义 HTML 标题
<div>	定义一个内联元素，对小部分内容做样式化处理时使用
<span>	定义一个块级元素，对一大块内容进行分组或布局时使用
<form>	定义供用户输入的 HTML 表单
<script>	定义客户端脚本

　　标签最重要的一个特性是属性。图 6 - 4 所示的代码中，标签 <a> 能够把相关的文本（这里是"冯小刚"）和一个指向另一个地址的超链接关联起来。href="/celebrity/1274255/"这个属性指定链接，浏览器会自动把这类元素转换为带有下划线并且可以点击的样式；rel="v:directedBy"这个属性则用

于指定当前文档与被链接文档的关系。总而言之，属性就是让标签能够描述其内容处理方式的选项。具体属性的作用则根据相应的标签来定。

属性总是处于起始标签的内部、标签名的右侧。一个标签拥有多个属性也是常见操作，多个属性之间用空格分开（见图6-5）。

```
<span class="pl">主演</span>
": "
▼<span class="attrs">
  <span>
    <a href="/celebrity/1276105/" rel="v:starring">黄轩</a>
    " / "
  </span>
  <span>_</span>
  <span>_</span>
  <span> </span>
```

图6-5 标签的属性

2.树形结构

就像文档结构图（见图6-6）一样，HTML最大的特点就是呈现为树形结构。

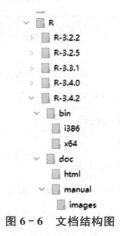

图6-6 文档结构图

一个简单的HTML结构示例如图6-7所示。

```
<dl class="">
    <dt>
        <a href="https://movie.douban.com/subject/26862829/?from=subject-page" >
            <img src="https://img3.doubanio.com/view/photo/s_ratio_poster/public/p2507227732.webp" alt="芳华" class="" />
        </a>
    </dt>
    <dd>
        <a href="https://movie.douban.com/subject/26862829/?from=subject-page" class="" >芳华</a>
    </dd>
</dl>
```

图6-7 HTML的树形结构

在图 6-7 中，第一个元素是 <dl>，在这个元素的起始标签和终止标签内，又有几个标签分别起始和终止：<dt>，<a> 和 <dd>。<dt> 和 <dd> 标签作为同级标签都包含在 <dl> 元素内，<a> 标签则包含在 <dt> 标签内。一个典型的树形结构就这样被描述出来了。

在结构良好并且合法的 HTML 文件中，所有元素之间必须是严格嵌套的，即一对起始标签和终止标签必须完全包含在另一对起始标签和终止标签内，就像数学算式中的各层括号一样。

HTML 除了以上这些基本知识，还有注释、保留字符和特殊字符、文档定义类型等其他细节知识值得注意，这里不再一一介绍。

6.1.2　R 语言中 HTML 的解析

熟悉了基本的 HTML 结构之后，下面来看在 R 语言中 HTML 该如何解析。对于 HTML，R 语言无法直接分析，需要先转换，这个过程就是 HTML 解析。具体而言，为了将 HTML 文件转换为结构化数据，需运用一种能够理解 HTML 结构含义的程序，并重建 HTML 文件隐含的层次结构，使得 HTML 内容转变为 R 语言可以分析的形式。在 R 语言中，通常使用 XML 包中的 htmlParse() 函数来解析 HTML 文件，XML 有着以 C 语言为基础的 libxml2 库的接口，功能十分强大。下面展示一个简单的 R 代码示例：

```
# install.packages(XML)
library(XML)
# install.packages(bitops)
library(bitops)
# install.packages(RCurl)
library(RCurl)
temp = getURL('http://movie.douban.com/subject/26862829/?from=subject-page')
fanghua = htmlParse(temp)
fanghua
## <!DOCTYPE html PUBLIC "-//W3C//DTD HTML 4.0 Transitional//EN" "http://www.w3.org/TR/REC-html40/loose.dtd">
## <html>
## <head><title>301 Moved Permanently</title></head>
## <body bgcolor="white">
## <center><h1>301 Moved Permanently</h1></center>
## <hr>
## <center>nginx</center>
## </body>
## </html>
```

通过以上代码，一个完整的 HTML 文档就被解析到 R 中了。解析后，HTML 文件被转变为 R 语言中的一个对象。

HTML 作为所有网络爬虫的起步知识，对于后面的爬虫理解和操作具有基础性意义。虽然数据科学不是前端开发，但掌握基本的网页知识是非常有必要的。

6.2　XML 与 XPath 表达式以及 R 爬虫应用

上节介绍了 HTML 的基本语法和如何在 R 中用 XML 包对 HTML 进行解析，本节将介绍跟 HTML 很相似的内容——XML。

6.2.1　XML

XML 全称是可扩展标记语言（extensible markup language），和 HTML 一样，是一门标记语言，具有标记语言的全部特征。和 HTML 不同的是，XML 是被设计用来传输和存储数据的，有"网络数据交换最流行格式"的美誉。图 6-8 展示了一段 XML 代码。

```xml
1  <?xml version="1.0" encoding="ISO-8859-1"?>
2  <nbaplayer>
3
4      <team>
5          <city name="houston"> rockets</city>
6          <player> james harden</player>
7      </team>
8
9      <team>
10         <city name="boston"> celtics</city>
11         <player> kyrie irving</player>
12     </team>
13
14     <team>
15         <city name="goldenstates"> worriors</city>
16         <player> stephen curry</player>
17     </team>
18
19  </nbaplayer>
```

图 6-8　XML 代码

图 6-8 中的 XML 代码提供了三名 NBA 球员的一些基本信息。XML

里的值和名字都被包裹在有含义的标签中，这三名球员都带有主队、姓名和所在城市信息，这种缩进的框架结构能够让我们轻易地看懂 XML 文档的架构。文档以根元素 <nbaplayer> 开始，也以它结束。

XML 的设计宗旨是传输数据，而非显示数据。在编写 XML 文档时，需要自行定义标签。作为一种纯文本格式，任何有处理纯文本功能的软件都可以处理 XML。

XML 的语法其实和 HTML 很像，以图 6-8 所示的 XML 代码为例来说明。

一个 XML 文档永远以声明该文档属性的一行代码来开头：

```
## <?xml version="1.0" encoding="ISO-8859-1"?>
```

其中，version="1.0" 用来声明该 XML 文档的版本号，目前有两个版本：1.0 和 1.1。encoding="ISO-8859-1" 用来声明编码格式。

XML 文档必须有一个根元素，这个根元素包裹了整个文档。在图 6-8 所示的例子中，根元素是：

```
<nbaplayer>
...
</nbaplayer>
```

XML 是用来传输数据的，而这个数据通常是放在具体的 XML 元素中。一个 XML 元素由起始标签和具体内容来定义，可以用一个终止标签来结束，也可以在起始标签里用 "/" 来闭合。元素里可以包含其他元素、属性、具体数据等其他内容。图 6-8 所示例子中的 <city> 元素为：

```
<city name="houston"> rockets </city>
```

它的组成部分有：

```
元素标题：city
起始标签：<city>
终止标签：</city>
数据值：<rockets>
```

关于 XML 还有注释、特殊字符命名、事件驱动等细节知识，这里不再展开细说，感兴趣的读者可以参考 XML 官方网站 https://www.xml.com/。

6.2.2　如何在 R 语言中解析 XML

在 R 语言中解析 XML 和解析 HTML 是一样的道理，就是对 XML 原文件产生一个能保留住原始文档结构的表征，据此从这些文件中提取想要的信息。在 R 语言中解析 XML 包括两个步骤：XML 文件的符号序列会被读取并从元素中创建层次化的 C 语言树形数据结构；这个数据结构会通过处理器翻译为 R 语言的数据结构。

R 中导入和解析 XML 文档的包就叫 XML 包，可以使用 xmlParse( ) 函数来解析 XML。和 htmlParse( ) 函数较为类似，输入如下代码：

```r
library(XML)
nbadata = xmlParse(file = "./nbaplayer.xml")
nbadata
```

R 中 XML 文档解析结果为：

```
##　<?xml version="1.0" encoding="ISO-8859-1"?>
##　<nbaplayer>
##　　<team>
##　　　<city name="houston"> rockets</city>
##　　　<player> james harden</player>
##　　</team>
```

```
##    <team>
##      <city name="boston"> celtics</city>
##      <player> kyrie irving</player>
##    </team>
##    <team>
##      <city name="goldenstates"> worriors</city>
##      <player> stephen curry</player>
##    </team>
##  </nbaplayer>
```

　　简单的一个函数就可以使得一个完整的 XML 文档被解析到 R 中。至于如何提取 HTML 和 XML 中我们想要的数据信息，方式有多种，但最方便快捷的还是 XPath 表达式。

6.2.3　XPath 表达式

　　XPath 表达式本质上是一种可以查询标记语言的方法。简单来说，XPath 表达式就是选取 XML 或者 HTML 文件中节点的方法。这里的节点就是前面提到的 XML/HTML 文档中的元素。

　　XPath 通过路径表达式（path expression）来选择节点信息，跟文件系统路径一样使用 "/" 符号来分割路径。先来看 XPath 表达式选择节点的基本规则：

> nodename：选择该节点的所有子节点
>
> "/"：选择根节点
>
> "//"：选择任意节点
>
> "@"：选择属性

　　以豆瓣电影中《芳华》的网页为例，尝试在 R 语言中使用 XPath 表达式来提取《芳华》这部电影的片名，利用 rvest 包可以轻松做到。在该网页中，"芳华" 这一电影名称和上映时间信息的节点为 h1 标签下的 span 标签，那么就可以用"//"符号构建对这两个标签的 XPath 表达式。

```
# install.packages(rvest)
library(rvest)
# install.packages(xml2)
library(xml2)
# install.packages(dplyr)
library(dplyr)
read_html('http://movie.douban.com/subject/26862829/') %>% html_nodes(xpath = "//h1//span")
##   {xml_nodeset (2)}
##   [1] <span property="v:itemreviewed">芳华</span>
##   [2] <span class="year">(2017)</span>
```

基本的 XPath 表达式的语法内容很多，还包括通配符、多路径选择等，这里不展开介绍。

6.2.4 SelectorGadget 自动生成 XPath 表达式

如果你已经看过 HTML 文件，就会发现，从繁杂的代码中找到需要的信息是非常考验眼力的。比如《芳华》电影主页，想要定位到导演"冯小刚"并不是一件容易的事。有没有能够把眼前见到的信息定位到 HTML 代码的方式呢？这里推荐一款 Chrome 插件：SelectorGadget。这是一款可以快速定位节点信息的 CSS 选择器插件，可以方便快捷地生成网页中想要提取的信息的 XPath 表达式。简单来说，就是能够"所见即所得"，得到的 XPath 信息可以直接复制到 R 爬虫代码中，方便快捷。下面简要介绍它的使用方法。

首先打开任意一款搜索引擎输入 SelectorGadget，选择搜索结果中如图 6-9 所示的链接。

然后把点开的网页拉到底部，将带有下划线的蓝色字样的 Selector-Gadget 拖拽到浏览器收藏夹（见图 6-10）。

由此，SelectorGadget 选择器就安装完毕了。下次想要使用 Selector-Gadget 来生成 XPath 表达式时，在收藏夹点击它即可完成启动。

图 6-9　谷歌搜索 SelectorGadget

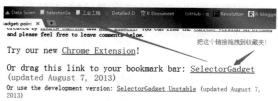

图 6-10　SelectorGadget 的安装

图 6-11 展示了 NBA 官网的情况。假如想定位 NBA 官网的这个得分表格，如图 6-11 中红色箭头所示，在右下角选择 XPath 表达式后，网页会自动跳出一个框，其中的代码就是 XPath 表达式。把它复制到代码函数中即可。

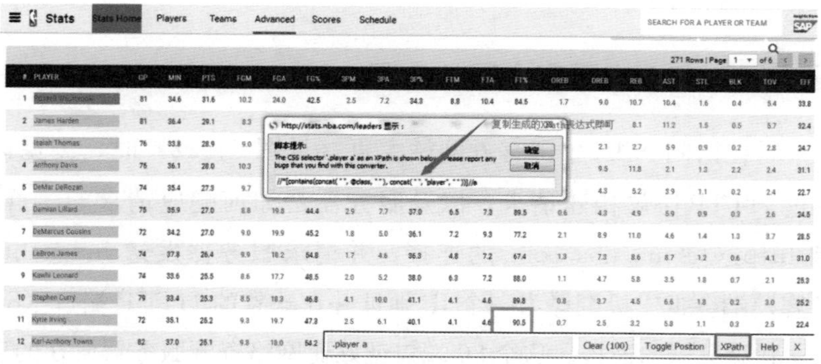

图 6-11　NBA 官网：SelectorGadget 的使用

6.3　HTTP 协议

使用 R 语言从网络抓取数据，必须对 R 语言进行设置，使得 R 具备与服务器及 Web 服务进行通信的能力。而互联网中进行网络通信的通用语言就是 HTTP，即超文本传输协议（hypter text transfer protocol）。

超文本传输协议是一种用于分布式、协作式和超媒体信息系统的应用层协议，是一个客户端终端（用户）和服务器终端（网站）请求和应答的标准（TCP）。通过使用网页浏览器、网络爬虫或者其他工具，客户端发起一个 HTTP 请求到服务器上指定端口（默认端口为 80），即可获取网络资源。也可以说，HTTP 就是浏览器或者爬虫工具接收网页 HTML 的口令。

实际生活中，当我们坐在电脑前，用浏览器访问淘宝进行购物时，基本上不会与 HTTP 打交道。创建和发送 HTTP 请求，以及处理服务器端返回的 HTTP 响应，都由浏览器一手搞定。试想如果大家每次用淘宝购物都需要手动构建类似"用 HTTP 协议把 www.taobao.com 网页下的某个商品链接传递给我"这样的请求，岂不是非常麻烦？R 语言在爬取数据时正是模拟浏览器的行为。为了解这个爬取过程，必须深入学习网络中文件传输协议并准确构建请求。

6.3.1　访问 NBA 中国官方网站主页

先来看在访问 NBA 中国官方网站主页（见图 6 - 12）时，浏览器是如何通过 HTTP 协议构建请求，以及服务器是如何响应请求的。首先，建立到 http://china.nba.com/的连接，并请求服务器发送 index.html。HTTP 客户端会把主机翻译为一个 IP 地址并在缺省的 HTTP 端口（80 端口）建立到服务器的连接。这个 80 端口就好比网络资源服务器所在的房间的门，HTTP 客户端就是通过敲门来建立连接的，相应的请求和响应过程总结如图 6 - 13 所示。

图 6 - 12　NBA 中国官方网站

About to connect() to china.nba.com port 80 (#0)

　　Trying 127.0.0.1:50049... connected

Connected to china.nba.com(127.0.0.1:50049) port 80 (#0)

Connected #0 to host china.nba.com left intact

图 6 - 13　客户端会话信息

　　建立连接之后，服务器会等待请求，浏览器会向服务器发送如图 6 - 14 所示的 HTTP 请求。

× Headers Preview Response Cookies Timing

▼ **Request Headers**　　view source

Accept: text/html,application/xhtml+xml,application/xml;q=0.9,image/webp,*/*;q=0.8

Accept-Encoding: gzip, deflate, sdch

Accept-Language: zh-CN,zh;q=0.8

Connection: keep-alive

Cookie: __gads=ID=4c5578fdbbf44f9d:T=1489026011:S=ALNI_MYEYcHwKFRvBhKfyT5-qa4gQ58Ehg; s_vi=[CS]v1|2C605DF28503349E-6000118420038B83[CE]; s_fid=784674287F42E67C-354C8B3A2835E650; ts_refer=www.baidu.com/link; _ga=GA1.2.1180657207.1487420381; pgv_info=ssid=s1205409621; ts_last=china.nba.com/; pgv_pvid=2069106818; ts_uid=8566184837; AMCVS_248F2107558762187F000101%40AdobeOrg=1; ad_play_index=16; s_ppv1=%5B%5B%5D%5D; s_cc=true; gpv=cn%3Amain; i18next=zh_CN; locale=zh_CN; countryCode=CN; AMCV_248F2107558762187F000101%40AdobeOrg=-1891778711%7CMCIDTS%7C17478%7CMCMID%7C592677883269774706617184290679916355585%7CMCAAMLH-1510659831%7C11%7CMCAAMB-1510659831%7CfR3hv5ZOGJIawXhkWBjWB4cE8D_2n7iFx41YQhB-NTm131E%7CMCAID%7CNONE%7CMCOPTOUT-1510062232s%7CNONE%7CMCSYNCSOP%7C411-17485%7CvVersion%7C2.4.0; s_ppv=cn%253Amain%2C18%2C18%2C681%2C654%2C581%2C1366%2C768%2C1%2CL; td_cookie=18446744071580507961

DNT: 1

Host: china.nba.com

Referer: http://china.nba.com/

Upgrade-Insecure-Requests: 1

User-Agent: Mozilla/5.0 (Windows NT 6.1) AppleWebKit/537.36 (KHTML, like Gecko) Chr

图 6 - 14　NBA 中国官方网站请求信息

然后，服务器响应浏览器的请求（见图 6 - 15）。

```
▼ Response Headers      view source
    Cache-Control: max-age=60
    Connection: keep-alive
    Content-Encoding: gzip
    Content-Type: text/html; charset=GB2312
    Date: Tue, 07 Nov 2017 11:45:11 GMT
    Expires: Tue, 07 Nov 2017 11:46:11 GMT
    Server: squid/3.5.20
    Transfer-Encoding: chunked
    Vary: Accept-Encoding
    Vary: Accept-Encoding
    Vary: Accept-Encoding
    X-Cache: EXPIRED from shanghai.qq.com
```

图 6 - 15   浏览器对于请求的响应

在接收了所有数据之后，连接会被浏览器关闭（closing connection ♯ 0），一次访问就结束了。

6.3.2   URL 语法

所谓 URL，就是平常所说的网址，全称为统一资源定位符（uniform resource locators）。虽然 URL 不是 HTTP 的一部分，但通常能够通过 URL 直接进行 HTTP 和其他协议的通信。总体的 URL 例子可以表示为：scheme：//hostname：port/path? querystring ♯ fragment。对应到 NBA 中国官方网站的实例为 https://china. nba. cn/index。

Scheme 表示 URL 的模式，它定义了浏览器和服务器之间通信所采用的协议，NBA 中国官方网站的例子中采用的模式就是 HTTP。紧随其后的是主机名 hostname 和端口号 port，主机名提供了存放我们感兴趣资源的服务器的名字，它是一个服务器的唯一识别符。端口号一般默认为 80。主机名和端口号组合起来就等于告诉浏览器要去敲哪扇门才能访问请求的资源。主机名和端口号之后的路径用来确定被请求的资源在服务器上的位置，跟文件系统类似，也是用"/"符号来分段的。

另外，在多数情形下，URL 的路径里会提供很多补充信息，用来帮助服务器正确处理一些复杂的请求，比如通过类似"name＝value"这样的查询字符串来获取更多的信息，用"**#**"符号指向网页中特定的部分也是常见的补充方法。

最后需要说明的是，URL 是通过 ASCII 字符集来实现编码的，所有不在这个字符集中的字符和特殊字符串都需要转义编码为标准的表示法，URL 编码也被称为百分号编码，因为每个这样的编码都是以"％"开头的。在 R 语言中，可以通过基础函数 URLencode() 和 URLdecode() 函数来对字符串进行编码或者解码。

```
# URL字符串的编码及解码
char = 'Golden states worries is the NBA champion in 2017'
URLencode(char, reserve = TRUE)
## [1] "Golden%20states%20worries%20is%20the%20NBA%20champion%20in%202017"
URLdecode(char)
## [1] "Golden states worries is the NBA champion in 2017"
```

6.3.3　HTTP 消息

网络爬虫需要掌握的另一个知识点是 HTTP 消息。简而言之，HTTP 消息就是与服务器通信的"语言"，了解了 HTTP 消息才能用正确的"语言"与服务器交流并获得反馈。一般来说，HTTP 消息主要分为请求消息（即对服务器的请求）及响应消息（即服务器作出的反馈）。在数据爬取中，需要掌握的核心是请求消息。下面重点介绍 HTTP 消息中的请求消息，了解如何向服务器提出"要求"。

HTTP 消息一般由起始行（start line）、标头（headers，也叫消息报头）和正文（body）三部分组成。以请求消息为例（见图 6-16），起始行（每个 HTTP 消息的第一行）定义了请求使用的方法，以及所请求资源的路径和浏览器能够处理的 HTTP 最高版本。起始行之后的标头为浏览器和服务器提供了元信息，以"名字—取值"的形式表示一套标头字段。正文部分包含：纯文本或者二进制数据，由标头信息中的 content-type 声明决

定；MIME（多用途互联网邮件扩展）类型声明，其作用是告诉浏览器或
服务器传输过来的是哪种类型的数据。起始行、标头和正文之间需要用到
换行符（CRLF）。

图 6 - 16　HTTP 消息

　　在请求模式中，最常用的请求方法是 GET 和 POST 方法，在爬虫过
程中至关重要。这两种方法都是从服务器请求一个资源，但是在正文的使
用上有所不同。GET 方法是网络请求最通用的方法，可理解为直接请求。
POST 则需要提交表单信息才能请求到信息，比如拉勾网招聘首页需要用
户输入地点、薪资范围等信息，才能请求到匹配的网页界面。

　　GET 请求如下：

GET/form. html HTTP/1. 1(CRLF)

在 R 中，RCurl 包提供了一些高级函数来执行 GET 请求，从 Web 服务器上获取某个资源。最常用的函数为 getForm()，这个函数会自动确定主机、端口以及请求的资源。实际操作中，需要把 URL 传给这个函数，也可以手动指定 HTML 表单参数。

```
getForm(http://china.nba.com/)
```

POST 请求如下：

```
POST/greetings.html HTTP/1.1
```

在 R 中执行 POST 请求，无须手动构建，可以使用 postForm()函数：

```
url<－"http://www.r－datacollection.com/materials/http/POSTexample.php"
cat(postForm(url,name＝"Kobe",age＝39,style＝"post"))
```

在将预先声明的参数填充到表单中时，需要注意利用 style 参数预先显式声明其可接受的方式。常见的 HTTP 请求方法如表 6－2 所示。

表 6－2　常见的 HTTP 请求方法

方法	描述
GET	从服务器检索资源
POST	利用消息向服务器发送数据，然后从服务器检索资源
HEAD	从服务器检索资源，但只响应起始行和标头
PUT	将请求的正文保存在服务器上
DELETE	从服务器删除一个资源
TRACE	追踪消息到达服务器沿途的路径
OPTIONS	返回支持的 HTTP 方法清单
CONNECT	建立一个网络连接

浏览器发送请求后，服务器需要对其进行响应，会在响应的起始行发回

一个状态码，比如常见的"404"（见图 6 - 17），404 是一个表示服务器无法找到资源的响应状态码。而正常情形的响应状态码为 200（见图 6 - 18）。

图 6 - 17　404：NOT FOUND

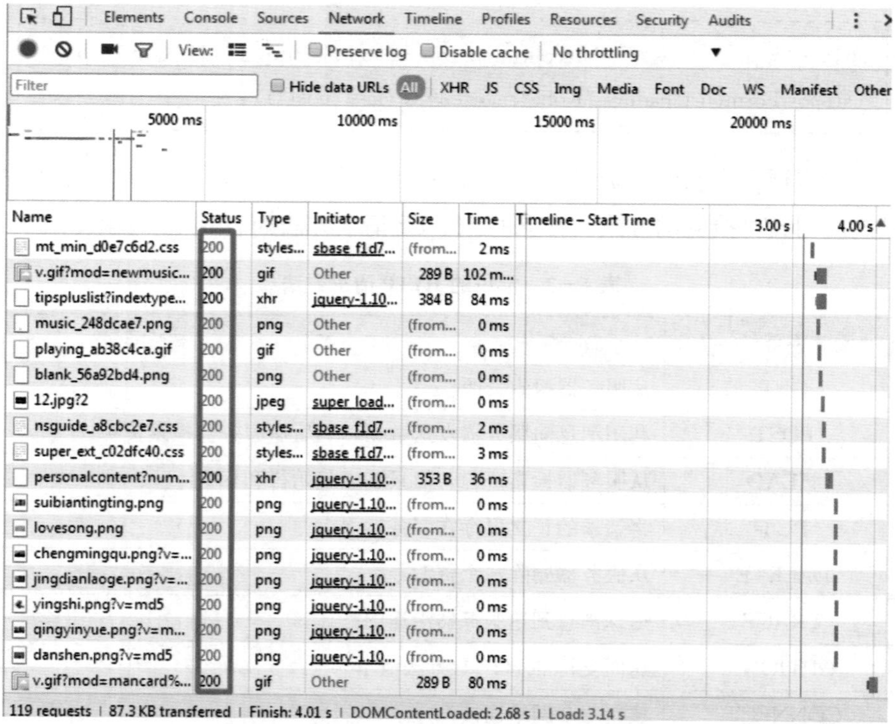

图 6 - 18　状态码 200：请求成功

常见的 HTTP 状态码如下所示：

> 1xx：指示信息，表示请求已接收，继续处理
>
> 2xx：成功，表示请求已被成功接收、理解、接受
>
> 3xx：重定向，要完成请求必须进行进一步操作
>
> 4xx：客户端错误，请求有语法错误或请求无法实现
>
> 5xx：服务器端错误，服务器未能实现合法的请求

一般来说，200 表示成功找到资源，404 表示未找到资源，500 表示服务器内部错误，502 表示错误网关等。

有关爬虫基础部分的 HTTP 知识，本节暂不介绍，更深入的知识有待各位读者进一步探索和学习。

6.4　AJAX 与网页动态加载

rvest 包作为一款简单易用的 R 爬虫包（在后面会详细介绍），对静态网页的抓取非常适用。但对于有些会"动"的网页来说，rvest 就不再有效。

究其缘由，还是在于有些网页的 HTML/HTTP 基础架构在一个页面布局中静态地显示内容。但是如果用 R 来解析知乎首页，那么能通过这个首页实现抓取目的吗？答案是不能。因为知乎 URL 是一个动态网站（DHTML），具体表现就是从首页不断下拉，网页内容在不断变化，但 URL 一直都是 https://www.zhihu.com/，或者点击了某个地方，内容也发生了变化，但地址栏中 URL 依然没有变化。对这样的网页进行抓取就不能按照以前的简单套路操作。

网络技术实现从静态到动态转变的一个关键角色是汇总于 AJAX 这个术语下的一组技术。AJAX 全称为异步 JavaScript 和 XML（asynchronous JavaScript and XML），它是一组技术，不同的浏览器有自己的 AJAX 实现

组件。有了 AJAX 技术之后，就不需要对整个网页进行刷新，局部更新既不占用宽带又可以提高加载速度。比如，知乎首页，要看新内容，不断把网页下拉自动加载即可。

6.4.1 从 HTML 到 DHTML

JavaScript 号称最流行的 Web 编程脚本语言，我们不需要了解它的细节，因为这并不妨碍网络数据抓取的需要。前面提到，HTML，CSS 和 JavaScript 是前端技术的三驾马车，其中，JavaScript 主要起到一些效果渲染的作用。要认识 JavaScript，重要的是了解其对于 HTML 的三种改进方法。

（1）以 HTML 中的 < script > 标签为固定位置进行代码内嵌；

（2）对 < script > 元素中的 src 属性路径引用一个存放在外部的 JavaScript 代码文件；

（3）JavaScript 代码直接出现在特定 HTML 元素属性里，也叫事件处理器。

在当前浏览器显示中对 HTML 信息进行修改称为 DOM（文档对象模型）操作，这些操作构成了产生动态浏览器行为的基本过程。JavaScript 支持的修改操作有很多，对 HTML 元素和属性可以添加、移动、删除，对 CSS 样式也可以修改。具体 JavaScript 是如何对 HTML 进行修改的，这里就不展示了，感兴趣的读者可以自行学习 JavaScript 语言。总之，在抓取网页时，JavaScript 往往使得容易抓取的静态网页变成难以抓取的动态网页。

6.4.2 网页动态加载中数据的获取机制

JavaScript 将 HTML 变成 DHTML，XHR 则将传统的 HTTP 协议同步请求通信变成异步发起 HTTP 请求。这里的异步应该如何理解呢？比如对拉勾网的招聘信息进行爬虫操作时，输入表单后却发现它的网页结构跟静态的完全不同，无法抓取。这就是采用了异步加载内容的技术，爬取时需要我们找到真实的要请求的 URL 才能抓取到它的招聘数据。传统上HTTP 协议的同步通信通常意味着在网络服务器处理一个新的网页过程中，用户和浏览器之间的交互是无效的。而异步通信支持在浏览器与 Web服务器之间进行持续的信息交换的方法就是所谓的 XHR（XML HTTPrequest）。

XHR 在 DHTML 中的数据获取机制如下：

（1）用户开始通过任何浏览器可识别的事件发起一个 AJAX 请求，比如点击一个按钮、下拉一个菜单等，JavaScript 会将这个请求作为一个实例化的 XHR 对象；

（2）XHR 对象会向服务器发起一个对特定文件的请求，请求一般从后台发出，所以不影响用户与网页的交互；

（3）请求在服务器端被接受和处理，相应的数据就会通过 XHR 对象发回给浏览器客户端；

（4）数据到了客户端被接受，该事件就会被触发，然后被某个事件处理器捕获。

在 XHR 的实际使用过程中，一般可以加载 HTML/XML 和 JSON 等数据类型。

6.4.3　使用 Web 开发者工具辅助动态爬取

前面介绍了网页动态爬取的理论方法，但在实际应用时还需要其他工具辅助。对于通过 AJAX 改进后的 DHTML 而言，在用 R 进行抓取时只查看源代码肯定是不够的，R 语言没有提供必要的网页结构分析功能，这时还要借助浏览器本身的 Web 开发者工具进行分析。

目前任意一款浏览器基本上都具备这个功能，只要在浏览的网页上使用鼠标右键点击审查元素即可出现 WDT（web development tools）界面（见图 6-19），界面最上面一栏显示包括元素（Elements）、控制台（Console）、来源（Sources）、网络（Network）、时间线（Timeline）、运行概况（Profiles）、资源（Resources）、安全（Security）和审计（Audits）8 个面板，对于网络数据抓取而言只需要重点关注元素和网络这两大面板即可。

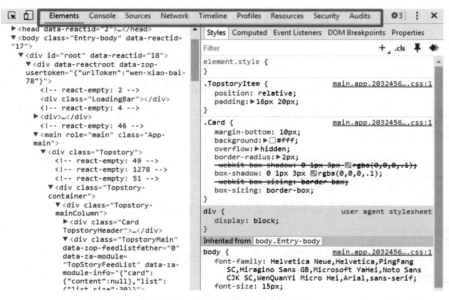

图 6 - 19　Web 开发者工具界面

元素面板包含网页 HTML 结构信息，对于查看特定的 HTML 代码及其在网页视图中对应的图形化表现之间的联系特别有用。本章 6.2.4 节介绍过可以使用 SelectorGadget 获取 XPath 表达式，元素面板也有相似的功能。将鼠标悬停在某个元素节点上，对应的节点在 HTML 页面上蓝色高亮显示，而对于指定节点的信息提取，也可以通过右键单击选择复制 XPath 表达式。

网络面板会提供实时的网络请求和下载的相关信息。本章 6.3.3 节已经介绍了 HTTP 消息，但是在动态爬取中，获得 request（请求）信息并非易事，需要借助网络面板辅助获取。点击网络面板，然后按 F5 键刷新后下拉网页查看 XHR 请求，即可获取 request 信息（见图 6 - 20）。

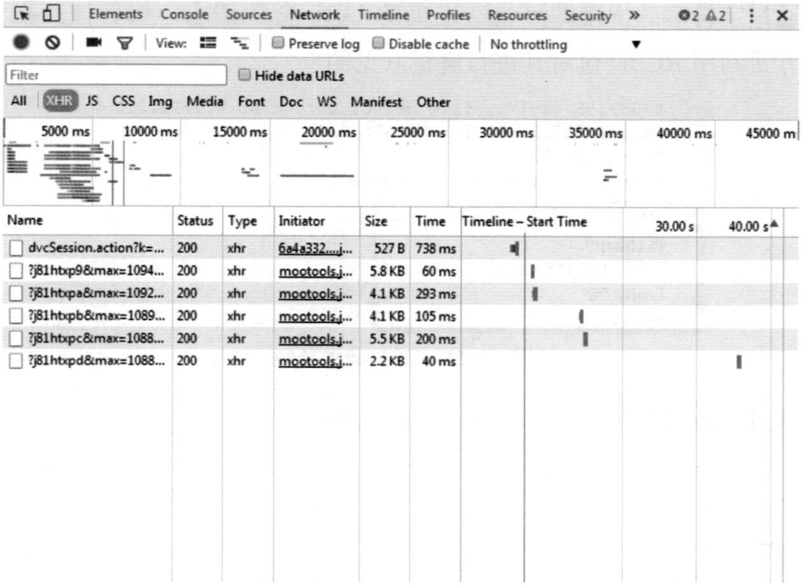

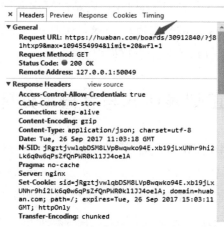

图 6 - 20　XHR 面板

从图 6 - 20 可以看出，一共请求到 6 个资源，包括文件名、状态码和类型等。要获取每张图片的信息，通过对 XHR 的分析多试几次即可找到真实要请求的 URL，并掌握其构造信息（见图 6 - 21）。

图 6 - 21　真实请求 URL 的详细信息

通过字符串的拼接即可构造准确的 URL 资源请求，然后按照批量下载的方式利用 RCurl 包对其进行解析（见图 6 - 22）。

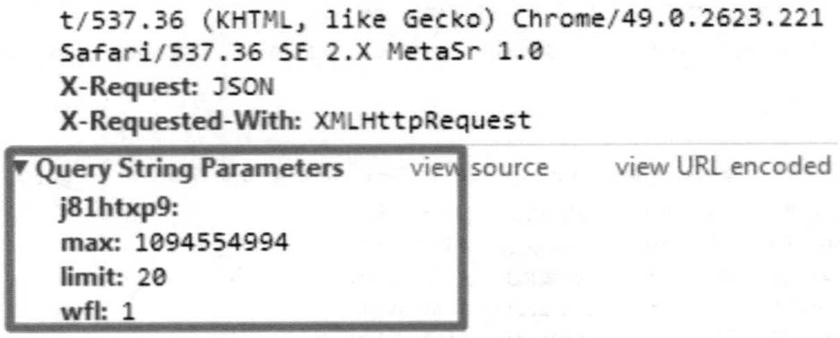

```
t/537.36 (KHTML, like Gecko) Chrome/49.0.2623.221
Safari/537.36 SE 2.X MetaSr 1.0
X-Request: JSON
X-Requested-With: XMLHttpRequest
▼ Query String Parameters      view source      view URL encoded
  j81htxp9:
  max: 1094554994
  limit: 20
  wfl: 1
```

图 6 - 22　URL 请求参数

通过参数信息可以获得 URL 构造信息：

```
http://huaban.com/boards/30912840/?
    j81htxp9&max=1094554994
    &limit=20
    &wfl=1
    http://huaban.com/boards/30912840/? j81htxp9&&max=1094554994&limit=
20&wfl=1
```

总之，通过 AJAX 构造的 DHTML 网站的探索方法第一步就是要准确找出我们要抓取的数据资源来自哪个请求，包括一些地址和参数信息，之后才能考虑如何对定位到的数据进行抓取。

6.5　正则表达式与字符串处理函数

无论是利用 R 中的 RCurl 组件还是 Python 中的 BeautifulSoup 库，对网页 HTML 完成下载解析之后，都可以从这些看似杂乱无章的文本中获得感兴趣的数据。前面已经介绍过 HTML/XML 专用工具 XPath 表达式，下面介绍一款更为通用、更加底层的文本信息提取工具——正则表达式（见图 6 - 23）。

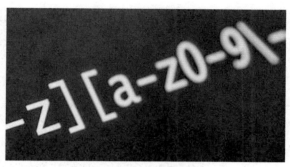

图 6 - 23　正则表达式

所谓正则表达式，即使用一个字符串来描述、匹配一系列某个语法规则。通过特定的字母、数字以及特殊符号的灵活组合即可完成对任意字符串的匹配，从而达到提取相应文本信息的目的。在 R 语言中，有两种风格的正则表达式可以实现：一种是在基本的正则表达式基础上进行扩展，这和相应的 R 字符串处理函数相关；另一种是 Perl 正则表达式，这种风格的正则表达式在 R 中并不常用。这里主要针对 R 默认的基本的正则表达式风格进行讲解。

R 默认的正则表达式风格包括基础文本处理函数和 stringr 包中的文本处理函数。在 R 中二者都支持正则表达式，也都具备基本的文本处理能力，但基础函数的一致性要弱很多，在函数命名和参数定义上很难让人印象深刻。stringr 包是 Hadley Wickham 开发的一款专门进行文本处理的 R 包，它对基础的文本处理函数进行了扩展和整合，在一致性和易理解性上都要优于基础函数。这里在介绍基本的正则表达式语法的基础上，通过 R 中这两种文本处理函数进行实例说明，以便读者大致了解 R 语言中正则表达式的基本用法，在后续的爬虫演练中更容易理解一些信息提取的细节知识。

6.5.1　基本的正则表达式语法

实际应用中，正则表达式的一个比较经典的使用场景是识别电子邮箱地址。一个正常的电子邮箱账户应该由下面几部分构成：任意字符、数字和符号组成的用户名＋@＋.＋com/net 等域名。根据正则表达式的语法规则，我们就可以由这几部分写出邮箱账户的正则表达式：

$$[A-Za-z0-9\backslash._+]+@[A-Za-z0-9]+\backslash.(com\,|\,org\,|\,edu\,|\,net)$$

其中：

$[A-Za-z0-9\backslash._+]+$："A-Z"表示匹配任意的 A～Z 大写字母，所有可能的组合放在中括号里表示可以匹配其中的任意一个；加号表示任意字符可以出现一次或者多次；"$\backslash$"表示转义，因为"."在正则表达式中有特殊含义，想要正常地表示"."号必须使用转义符。

@：邮箱必需的一个符号。

$[A-Za-z0-9]$：同前面一样，@符号后面必须有一个包含运营商信息的字符串。

$\backslash.$：邮箱地址中必须要有的一个点号。

$(com\,|\,org\,|\,edu\,|\,net)$：列出邮箱地址可能的域名系统，括号内表示分组处理，"|"符号表示"或"的含义。

基本的正则表达式语法如表 6-3 所示，作为正则表达式的基础，必须用心记下来，并用一些简单的例子加深印象。

另外也有一些在线测试正则表达式的网页，比如：https://www.regexpal.com/（见图 6-24）。

6.5.2　R 中正则表达式的使用方法

R 语言中有大量可以处理字符串的函数，除了 gsub( ) 和 grepl( ) 等基础函数之外，还有功能强大的 stringr 包。在实际的文本处理中，通常掌握 stringr 的几个主要函数基本上就可以满足绝大部分需求，而 stringr 包也完美地支持正则表达式。具体函数和相应的含义如表 6-4 所示。

表 6 - 3　正则表达式速查表及常用正则表达式

正则表达式速查表

字符	描述
\	将下一个字符标记为一个特殊字符、或一个原义字符、或一个向后引用、或一个八进制转义符。例如，"n"匹配字符"n"。"\n"匹配一个换行符。串行"\\"匹配"\"，而"\("则匹配"("。
^	匹配输入字符串的开始位置。如果设置了 RegExp 对象的 Multiline 属性，^也匹配"\n"或"\r"之后的位置。
$	匹配输入字符串的结束位置。如果设置了 RegExp 对象的 Multiline 属性，$也匹配"\n"或"\r"之前的位置。
*	匹配前面的子表达式零次或多次。例如，zo*能匹配"z"以及"zoo"。*等价于{0,}。
+	匹配前面的子表达式一次或多次。例如，"zo+"能匹配"zo"以及"zoo"，但不能匹配"z"。+等价于{1,}。
?	匹配前面的子表达式零次或一次。例如，"do(es)?"可以匹配"does"或"does"中的"do"。?等价于{0,1}。
{n}	n 是一个非负整数。匹配确定的 n 次。例如，"o{2}"不能匹配"Bob"中的"o"，但是能匹配"food"中的两个 o。
{n,}	n 是一个非负整数。至少匹配 n 次。例如，"o{2,}"不能匹配"Bob"中的"o"，但能匹配"foooood"中的所有 o。"o{1,}"等价于"o+"。"o{0,}"则等价于"o*"。
{n,m}	m 和 n 均为非负整数，其中 n<=m。最少匹配 n 次且最多匹配 m 次。例如，"o{1,3}"将匹配"foooooood"中的前三个 o。"o{0,1}"等价于"o?"。请注意在逗号和两个数之间不能有空格。
?	当该字符紧跟在任何一个其他限制符(*,+,?,{n},{n,},{n,m})之后时，匹配模式是非贪婪的。非贪婪模式尽可能少地匹配所搜索的字符串，而默认的贪婪模式则尽可能多地匹配所搜索的字符串。例如，对于字符串"oooo"，"o+?"将匹配单个"o"，而"o+"将匹配所有"o"。
.	匹配除"\n"之外的任何单个字符。要匹配包括"\n"在内的任何字符，请使用像"(.|\n)"的模式。
(pattern)	匹配 pattern 并获取这一匹配。所获取的匹配可以从产生的 Matches 集合得到，在 VBScript 中使用 SubMatches 集合，在 JScript 中则使用 $0…$9 属性。要匹配圆括号字符，请使用"\("或"\)"。
(?:pattern)	匹配 pattern 但不获取匹配结果，也就是说这是一个非获取匹配，不进行存储供以后使用。这在使用字符"(|)"来组合一个模式的各个部分是很有用。例如"industr(?:y|ies)"就是一个比"industry|industries"更简略的表达式。
(?=pattern)	正向肯定预查，在任何匹配 pattern 的字符串开始处匹配查找字符串。这是一个非获取匹配，也就是说，该匹配不需要获取供以后使用。例如，"Windows(?=95|98|NT|2000)"能匹配"Windows2000"中的"Windows"，但不能匹配"Windows3.1"中的"Windows"。预查不消耗字符，也就是说，在一个匹配发生后，在最后一次匹配之后立即开始下一次匹配的搜索，而不是从包含预查的字符之后开始。
(?!pattern)	正向否定预查，在任何不匹配 pattern 的字符串开始处匹配查找字符串。这是一个非获取匹配，也就是说，该匹配不需要获取供以后使用。例如"Windows(?!95|98|NT|2000)"能匹配"Windows3.1"中的"Windows"，但不能匹配"Windows2000"中的"Windows"。预查不消耗字符，也就是说，在一个匹配发生后，在最后一次匹配之后立即开始下一次匹配的搜索，而不是从包含预查的字符之后开始。
(?<=pattern)	反向肯定预查，与正向肯定预查类似，只是方向相反。例如，"(?<=95|98|NT|2000)Windows"能匹配"2000Windows"中的"Windows"，但不能匹配"3.1Windows"中的"Windows"。
(?<!pattern)	反向否定预查，与正向否定预查类似，只是方向相反。例如"(?<!95|98|NT|2000)Windows"能匹配"3.1Windows"中的"Windows"，但不能匹配"2000Windows"中的"Windows"。
x|y	匹配 x 或 y。例如，"z|food"能匹配"z"或"food"。"(z|f)ood"则匹配"zood"或"food"。
[xyz]	字符集合。匹配所包含的任意一个字符。例如，"[abc]"可以匹配"plain"中的"a"。
[^xyz]	负值字符集合。匹配未包含的任意字符。例如，"[^abc]"可以匹配"plain"中的"plin"。
[a-z]	字符范围。匹配指定范围内的任意字符。例如，"[a-z]"可以匹配"a"到"z"范围内的任意小写字母字符。
[^a-z]	负值字符范围。匹配任何不在指定范围内的任意字符。例如，"[^a-z]"可以匹配任何不在"a"到"z"范围内的任意字符。
\b	匹配一个单词边界，也就是指单词和空格间的位置。例如，"er\b"可以匹配"never"中的"er"，但不能匹配"verb"中的"er"。
\B	匹配非单词边界。"er\B"能匹配"verb"中的"er"，但不能匹配"never"中的"er"。
\cx	匹配由 x 指明的控制字符。例如，\cM 匹配一个 Control-M 或回车符。x 的值必须为 A-Z 或 a-z 之一。否则，将 c 视为一个原义的"c"字符。
\d	匹配一个数字字符。等价于[0-9]。
\D	匹配一个非数字字符。等价于[^0-9]。
\f	匹配一个换页符。等价于\x0c 和\cL。
\n	匹配一个换行符。等价于\x0a 和\cJ。
\r	匹配一个回车符。等价于\x0d 和\cM。
\s	匹配任何空白字符，包括空格、制表符、换页符等等。等价于[\f\n\r\t\v]。
\S	匹配任何非空白字符。等价于[^ \f\n\r\t\v]。
\t	匹配一个制表符。等价于\x09 和\cI。
\v	匹配一个垂直制表符。等价于\x0b 和\cK。
\w	匹配包括下划线的任何单词字符。等价于"[A-Za-z0-9_]"。
\W	匹配任何非单词字符。等价于"[^A-Za-z0-9_]"。
\xn	匹配 n，其中 n 为十六进制转义值。十六进制转义值必须为确定的两个数字长。例如，"\x41"匹配"A"。"\x041"则等价于"\x04"&"1"。正则表达式中可以使用 ASCII 编码。
\num	匹配 num，其中 num 是一个正整数。对所获取的匹配的引用。例如，"(.)\1"匹配两个连续的相同字符。
\n	标识一个八进制转义值或一个向后引用。如果\n 之前至少 n 个获取的子表达式，则 n 为向后引用。否则，如果 n 为八进制数字(0-7)，则 n 为一个八进制转义值。
\nm	标识一个八进制转义值或一个向后引用。如果\nm 之前至少有 m 个获取子表达式，则 nm 为向后引用。如果\nm 之前至少有 n 个获取，则 n 为一个后跟文字 m 的向后引用。如果前面的条件都不满足，若 n 和 m 均为八进制数字(0-7)，则\nm 将匹配八进制转义值 nm。
\nml	如果 n 为八进制数字(0-3)，且 m 和 l 均为八进制数字(0-7)，则匹配八进制转义值 nml。

常用正则表达式

用户名	/^[a-z0-9_-]{3,16}$/
密码	/^[a-z0-9_-]{6,18}$/
十六进制值	/^#?([a-f0-9]{6}|[a-f0-9]{3})$/
电子邮箱	/^([a-z0-9_\.-]+)@([\da-z\.-]+)\.([a-z\.]{2,6})$/ /^[a-z\d]+(\.[a-z\d]+)*@([\da-z](-[\da-z])?)+(\.{1,2}[a-z]+)+$/
URL	/^(https?:\/\/)?([\da-z\.-]+)\.([a-z\.]{2,6})([\/\w \.-]*)*\/?$/
IP 地址	/((25[0-5]|2[0-4]\d|[01]?\d\d?)\.){3}(25[0-5]|2[0-4]\d|[01]?\d\d?)/ /^(?:(?:25[0-5]|2[0-4][0-9]|[01]?[0-9][0-9]?)\.){3}(?:25[0-5]|2[0-4][0-9]|[01]?[0-9][0-9]?)$/
HTML 标签	/^<([a-z]+)([^<]+)*(?:>(.*)<\/\1>|\s+\/>)$/
删除代码\\注释	(?<!http:|\S)//.*$
Unicode 编码中的汉字范围	/^[\u2E80-\u9FFF]+$/

资料来源：http://www.jb51.net/shouce/jquery1.82/regexp.html.

图 6-24 正则表达式在线测试网站

表 6-4 文本处理函数

	基础文本处理函数	stringr 包处理函数	含义
支持正则 表达式的函数	Regmatches()	str_extract()	提取匹配特征的第一个字符串
	regmatches()	str_extract_all()	提取匹配特征的所有字符串
	regexpr()	str_locate()	返回一个特征匹配的位置
	gregexpr()	str_locate_all()	返回所有特征匹配的位置
	sub()	str_replace()	替换第一个特征的匹配
	gsub()	str_replace_all()	替换所有特征的匹配
	strsplit()	str_split()	在特征匹配的位置拆分字符串
		str_split_fixed()	将字符串拆分为固定块数
	grepl()	str_detect()	在字符串里检验特征是否存在
		str_count()	检验特征出现的次数
其他函数	regmatches()	str_sub()	根据位置提取字符串
		str_dup()	复制字符串
	nchr()	str_length()	返回字符串长度
		str_pad()	给字符串留空
		str_trim()	去掉字符串两端的空白
	paste/paste0()	str_c()	拼接多个字符串

以表 6-4 中部分基础文本处理函数为例来看正则表达式的用法，具体代码如下：

```
# 基础字符处理函数的正则表达式应用
example_text1 = c("23333#RRR#PP", "35555#CCCC", "bearclub#2017")
# 以#进行字符串切分
unlist(strsplit(example_text1, "#"))
## [1] "23333"    "RRR"     "PP"       "35555"    "CCCC"     "bearclub"
## [7] "2017"
# 以空字符集进行字符串切分
unlist(strsplit(example_text1, "\\s"))
## [1] "23333#RRR#PP"  "35555#CCCC"    "bearclub#2017"
# 以空字符替换字符串第一个#匹配
sub("#", "", example_text1)
## [1] "23333RRR#PP"   "35555CCCC"     "bearclub2017"
# 以空字符集替换字符串全部#匹配
gsub("#", "", example_text1)
## [1] "23333RRRPP"    "35555CCCC"     "bearclub2017"
# 查询字符串中是否存在3333或5555的特征并返回所在位置
grep("[35]{4}", example_text1)
## [1] 1 2
# 查询字符串中是否存在3333或5555的特征并返回逻辑值
grepl("[35]{4}", example_text1)
## [1] TRUE  TRUE FALSE
```

　　stringr 包一共提供了 30 个字符串处理函数，其中大部分可支持正则表达式的应用，包内所有函数均以 str_ 开头，后面单词用来说明该函数的含义。相比基础文本处理函数，stringr 包函数更容易直观地理解。下面仅以 str_extract( ) 和 str_extract_all( ) 函数为例，对 stringr 包的正则表达式应用进行简要说明。

```
# stringr包函数的正则表达式应用
example_text2 = "1. A small sentence. -2. Another tiny sentence."
# install.packages(stringr)
library(stringr)
# 提取small特征字符
str_extract(example_text2, "small")
## [1] "small"
# 提取包含sentence特征的全部字符串
unlist(str_extract_all(example_text2, "sentence"))
## [1] "sentence" "sentence"
# 提取以1开始的字符串
str_extract(example_text2, "^1")
```

```
## [1] "1"
# 提取以句号结尾的字符
unlist(str_extract_all(example_text2, ".$"))
## [1] "."
# 提取包含tiny或者sentence特征的字符串
unlist(str_extract_all(example_text2, "tiny|sentence"))
## [1] "sentence" "tiny"     "sentence"
# 点号进行模糊匹配
str_extract(example_text2, "sm.11")
## [1] "sma11"
# 中括号表示可选字符串
str_extract(example_text2, "sm[abc]11")
## [1] "sma11"
str_extract(example_text2, "sm[a-p]11")
## [1] "sma11"
```

对于特定的字符可以手动指定，比如"[a-z A-Z]"表示 a～z 和 A～Z 之间的所有字母，但 R 预先定义了一些字符集方便大家调用（见表 6-5）。

表 6-5 R 中的字符集

字符集	含义
[:digit:]	数字：0 1 2 3 4 5 6 7 8 9
[:lower:]	小写字母 a～z
[:upper:]	大写字母 A～Z
[:alpha:]	字母字符 a～z A～Z
[:alnum:]	数字和字母字符
[:punct:]	标点符号集
[:graph:]	图形字符，包括[:alnum:]和[:punct:]
[:blank:]	空格字符：空格和制表
[:space:]	空字符：空格、制表、换行和其他空字符
[:print:]	可打印字符：[:alnum:][:punct:][:space:]

另外，R 中正则表达式的应用还有若干简化形式，它被分配给几个特定的字符类（见表 6-6）。

表 6 - 6　R 中正则表达式的简化形式

简化形式	含义
\ w	单词字符：[[:alnum:]_]
\ W	非单词字符：[^[:alnum:]_]
\ s	空字符：[[:blank:]]
\ S	非空字符：[^[:blank:]]
\ d	数字：[[:digit:]]
\ D	非数字：[^[:digit:]]
\ b	单词边界
\ B	非单词边界
\ <	单词的起始
\ >	单词的结尾

例如：

```
# 提取全部单词字符
unlist(str_extract_all(example_text2, "\\w+"))
## [1] "1"         "A"         "small"    "sentence" "2"         "Another"
## [7] "tiny"      "sentence"
```

作为网络数据抓取中的三种信息提取方式之一（另外两种分别是 XPath 表达式和 CSS 选择器），正则表达式是最基础也是最难掌握的一种语法，初学时不应追求复杂的正则表达式形式，做到简单有效地对文本模式进行匹配即可。

6.6　R 语言爬虫实战

就目前国内 R 相关的论坛和社区而言，关于 R 爬虫的文章大多聚焦于两个包：RCurl 和 rvest。RCurl 功能强大，但对用户不够友好，学习成本较高，而 rvest 作为一款方便快捷的 R 爬虫包，类似于 Python 的 BeautifulSoup，配上 CSS 选择器简直就是结构化网页数据抓取的利器。但 rvest 对于动态加载的网页却很难抓取，而是需要提交表单请求、应用 AJAX 动态加载数据的网页等操作。下面本节将重点针对使用 rvest 实现结构化网页的数据抓取、使用 RCurl/httr 实现动态网页抓取两大需求做详细讲解，若想了解更多爬虫操作，读者可酌情参考 R 语言爬虫系列专业书籍。

6.6.1 静态网页数据抓取利器——rvest

所谓静态网页，就是打开一个目标网页，在网页里可以直接看到想要抓取的数据，点击鼠标右键查看源代码后发现在 HTML 结构中可以原原本本地找到刚刚在网页里的目标数据。对于这样的网页，rvest 可以提供一套较为完整的数据抓取方案，配上一些小工具，就可以快速实现爬虫。以豆瓣网为例，用 rvest 可以轻松爬取豆瓣电影 Top 250[①]，有兴趣的读者不妨尝试。

一个完整的爬虫过程可以简要地概括为"抓""析""存"三个阶段：（1）通过程序语言将目标网页抓取下载下来；（2）应用相关函数对 URL 进行解析并提取目标数据；（3）将数据存入本地数据库。任何一个爬虫框架大致都离不开这三个阶段涉及的网页遍历、批量抓取、设置代理、cookie 登录、伪装报头、GET/POST 表单提交等复杂的技术细节，这些都增加了爬虫难度。下面简单看一下 rvest 数据抓取的几个核心函数：

> read_html()：下载并解析网页
>
> html_nodes()：定位并获取节点信息
>
> html_text()：提取节点属性文本信息

尽管 rvest 没有提供数据存储函数，但上述三个函数已经可以简单实现网络爬虫的前两步了。下面以链家杭州二手房网页（见图 6-25）为例，

[①] 豆瓣电影 Top 250. [2023 - 09 - 05]. https://movie.douban.com/top250.

利用 rvest 构建一个简单的爬虫流程。

图 6 - 25　链家杭州二手房网页

```
# 对爬取页数进行设定并创建数据框
i = 1:100
house_inf = data.frame()

# 利用for循环封装爬虫代码，进行批量抓取
for (i in 1:100) {
# 发现url规律，利用字符串函数进行url拼接并规定编码
web = read_html(str_c("http://hz.lianjia.com/ershoufang/pg", i), encoding = "UTF-8")
# 提取房名信息
house_name = web %>% html_nodes(".houseInfo a") %>% html_text()
# 提取房名基本信息并消除空格
house_basic_inf = web %>% html_nodes(".houseInfo") %>% html_text()
house_basic_inf = str_replace_all(house_basic_inf, " ", "")
# 提取二手房地址信息
house_address = web %>% html_nodes(".positionInfo a") %>% html_text()
```

```
# 提取二手房总价信息
house_totalprice = web %>% html_nodes(".totalPrice") %>% html_text()
# 提取二手房单价信息
house_unitprice = web %>% html_nodes(".unitPrice span") %>% html_text()
# 创建数据框存储以上信息
house = data.frame(house_name, house_basic_inf, house_address, house_totalprice, house_unitprice)
house_inf = rbind(house_inf, house)
}

# 将数据写入csv文档
write.csv(house_inf, file = "./house_inf.csv")
```

抓取效果如表 6 - 7 所示。

表 6-7　抓取效果表

house_name	house_basic_inf	house_ads	house_tot	house_unitpeice
1 和睦路 9 号	和睦路 9 号｜2 室 1 厅｜51.79 平米｜南｜简装｜无电梯	信义坊	185 万	单价 35 722 元/平米
2 浅水湾城市花园	浅水湾城市花园｜4 室 2 厅｜164 平米｜南北｜精装	湖墅	740 万	单价 45 122 元/平米
3 中兴公寓	中兴公寓｜2 室 1 厅｜71.2 平米｜南｜简装｜无电梯	文三西路	286 万	单价 40 169 元/平米
4 水星阁	水星阁｜3 室 2 厅｜124.55 平米｜南｜简装｜有电梯	体育场路	375 万	单价 30 109 元/平米
5 国信嘉园	国信嘉园｜4 室 2 厅｜167.59 平米｜南｜毛坯｜有电梯	彩虹城	605 万	单价 36 101 元/平米
6 金田花园	金田花园｜3 室 2 厅｜104.01 平米｜南西｜简装｜无电梯	文三西路	370 万	单价 35 574 元/平米
7 三里家园一区	三里家园一区｜4 室 2 厅｜131.24 平米｜南西北｜精装｜有电梯	三里亭	460 万	单价 35 051 元/平米
8 凯德视界	凯德视界｜1 室 2 厅｜69.78 平米｜南西｜精装｜有电梯	桥西	290 万	单价 41 560 元/平米
9 梧桐公寓	梧桐公寓｜3 室 2 厅｜127.71 平米｜南｜精装｜有电梯	文教	720 万	单价 56 378 元/平米
10 荣华里	荣华里｜3 室 2 厅｜67.77 平米｜南｜精装｜无电梯	拱宸桥	270 万	单价 39 841 元/平米
11 物华小区	物华小区｜2 室 2 厅｜62.77 平米｜南｜简装｜无电梯	嘉绿	240 万	单价 38 235 元/平米
12 定海东园	定海东园｜2 室 2 厅｜88.89 平米｜东南｜精装	拱宸桥	310 万	单价 34 875 元/平米
13 良渚花苑新村	良渚花苑新村｜5 室 2 厅｜123 平米｜南北｜精装	良渚	210 万	单价 17 074 元/平米
14 米市巷	米市巷｜1 室 2 厅｜48 平米｜南｜简装｜无电梯	湖墅	200 万	单价 41 667 元/平米
15 风雅钱塘	风雅钱塘｜3 室 2 厅｜157.29 平米｜南北｜毛坯｜有电梯	滨江区政府	630 万	单价 40 054 元/平米

续表

house_name	house_basic_inf	house_ads	house_tot	house_unitpeice
16 大关东五苑	大关东五苑｜3 室 2 厅｜85.29 平米｜南北｜精装｜无电梯	大关	305 万	单价 35 761 元/平米
17 丁桥怡景园	丁桥怡景园｜2 室 2 厅｜73.56 平米｜南北｜精装｜有电梯	丁桥	240 万	单价 32 627 元/平米
18 左岸花园	左岸花园｜2 室 2 厅｜84.71 平米｜南｜简装｜无电梯	拱宸桥	310 万	单价 36 596 元/平米
19 月桂花园	月桂花园｜3 室 2 厅｜126.63 平米｜南北｜精装｜无电梯	文三西路	580 万	单价 45 803 元/平米
20 浙报宿舍	浙报宿舍｜3 室 1 厅｜76.35 平米｜南北｜简装｜无电梯	华家池	325 万	单价 42 565 元/平米
21 邮电新村	邮电新村｜3 室 1 厅｜65.82 平米｜南北｜简装｜无电梯	学军	415 万	单价 63 051 元/平米
22 芳满庭	芳满庭｜2 室 1 厅｜63.36 平米｜南｜精装｜有电梯	申花	280 万	单价 44 192 元/平米
23 康乐香港城	康乐香港城｜2 室 2 厅｜74.43 平米｜南北｜精装｜无电梯	文三西路	280 万	单价 37 620 元/平米
24 文三新村	文三新村｜3 室 1 厅｜65.78 平米｜南北｜简装｜无电梯	九莲	400 万	单价 60 809 元/平米
25 嘉里桦枫居	嘉里桦枫居｜4 室 2 厅｜134.57 平米｜南｜精装｜有电梯	石桥	455 万	单价 33 812 元/平米
26 紫金公寓	紫金公寓｜3 室 2 厅｜83.83 平米｜南｜毛坯｜无电梯	文三西路	400 万	单价 47 716 元/平米
27 嘉里桦枫居	嘉里桦枫居｜2 室 2 厅｜80.37 平米｜南｜精装｜有电梯	石桥	270 万	单价 33 595 元/平米
28 小河路	小河路｜2 室 2 厅｜57.23 平米｜南｜精装	桥西	248 万	单价 43 334 元/平米
29 中豪四季公馆	中豪四季公馆｜3 室 2 厅｜116.86 平米｜南｜精装｜有电梯	丁桥	355 万	单价 30 379 元/平米
30 绿洲花园	绿洲花园｜2 室 2 厅｜101.34 平米｜南｜简装｜有电梯	流水苑	470 万	单价 46 379 元/平米

利用 rvest 进行静态网页的数据抓取简单易学。几行代码即可实现 R

语言爬虫，对初学者相当友好。需要说明的是，这里定位 HTML 节点信息时使用了前面提到的 selectorGadget 选择器。

6.6.2　httr 包实现对网页动态加载数据的抓取

对于网页动态加载的数据，R 提供了其他选择来实现相应的抓取目的。httr 包相当于 RCurl 的精简版，相对轻巧，易上手，对于用户而言也比较友好。不过，在爬取之前需要掌握 HTML 的基本知识。httr 包与 RCurl 的核心函数对比如表 6 - 8 所示。

表 6 - 8　httr 包与 RCurl 的核心函数对比

	任务	RCurl 函数/选项	httr 函数
HTTP 方法	指定 GET 请求	getURL()/getForm()	GET()
	指定 POST 请求	postForm()	POST()
	指定 HEAD 请求	HttpHEAD()	HEAD()
内容提取	从响应中提取内容	getURLContent()	content()
请求配置	指定 curl 选项	getCurlHandle(). curl	Handle()
	通过 http 身份验证	userpwd	authenticate()
	指定代理连接	proxy	use_proxy()
	指定代理标头字段	useragent	user_agent()
错误和异常处理	显示 http 状态码	getCurlInfo（handle）$ response. code	http_status()

下面以网易云课堂为例，简要叙述利用 AJAX 加载数据的网页信息抓取思路。

网易云课堂的网页示例如图 6 - 26 所示。想要了解网易云课堂提供了哪些课程，这些课程中又有哪些比较受欢迎，可以使用爬虫爬取数据一探究竟。

打开网易云课堂，登录账号后点击鼠标右键，打开开发者工具，定位到 XHR，尝试寻找几次之后可以发现，课程数据都封装在 studycourse 文件中。

图 6-26　网易云课程

点击 preview 可以发现数据以 JSON 形式非常规整地排列（见图 6-27），由此就可以开始构建数据抓取方案了。

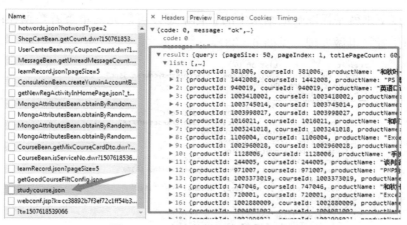

图 6-27　查找数据所在的真实 URL

接下来定位到 Headers，重点关注其中的如下信息：General 信息下的 Request URL，Request Method，Status Code；Response Headers 信息下的 Connection，Content-Type；Request Headers 信息下的 Accept，Cookie，Referer，User-Agent，以及最后的 Request Payload 信息。获取这些信

息之后，就可以在 R 中构造爬虫请求了。

```r
library(httr)
cookie = ""
headers = c('Accept' = 'application/json',
            'User-Agent' = 'Mozilla/5.0 (Windows NT 10.0; Win64; x64) AppleWebKit/537.36 (KHTML, like Gecko) Chrome/66.0.3359.117 Safari/537.36',
            'Referer' = 'http://study.163.com/courses',
            'edu-script-token' = '1c1f84a1b85a48aba8a4d440552f5f69',
            'Connection' = 'keep-alive',
            'Cookie' = cookie)
# 构造参数信息
payload = list('pageIndex' = 1, 'pageSize' = 50, 'relativeOffset' = 0, 'frontCategoryId' = '-1')

# 二次请求的实际url
url = "http://study.163.com/p/search/studycourse.json"
# POST方法执行单词请求
result = POST(url, add_headers(.headers = headers), body = payload, encode = "json")
result
## Response [http://study.163.com/p/search/studycourse.json]
##   Date: 2018-08-01 06:52
##   Status: 200
##   Content-Type: application/json,charset=UTF-8
##   Size: 84.6 kB
```

从以上代码可以看到，请求响应状态码为 200，说明爬虫请求得到成功响应。

接下来就是提取响应结果中的目标信息。可以先简单查看数据在结果中的位置，再做处理（见图 6－28）。

图 6－28　POST 方法请求结果的数据结构

　　找到目标数据后可采用一些信息提取方法将数据从这个庞大的列表中抽出，具体操作各位读者可以动手尝试。构建完整爬虫和单次执行 POST 请求方法一样，可以使用循环遍历来实现，响应结果一般是一个较为庞大的列表，需要大家花一些时间进行信息提取，这里不再赘述，感兴趣的读者可以自己动手尝试。

图书在版编目（CIP）数据

R 语言：从数据思维到数据实战/范超等著.
2 版. -- 北京：中国人民大学出版社，2024.12.
ISBN 978-7-300-33335-9

Ⅰ. TP312.8

中国国家版本馆 CIP 数据核字第 20248UD390 号

R 语言：从数据思维到数据实战（第 2 版）

范超 朱雪宁 等 著

R Yuyan：Cong Shuju Siwei Dao Shuju Shizhan（Di-er Ban）

出版发行	中国人民大学出版社				
社　　址	北京中关村大街 31 号		邮政编码	100080	
电　　话	010 - 62511242（总编室）		010 - 62511770（质管部）		
	010 - 82501766（邮购部）		010 - 62514148（门市部）		
	010 - 62515195（发行公司）		010 - 62515275（盗版举报）		
网　　址	http://www.crup.com.cn				
经　　销	新华书店				
印　　刷	北京昌联印刷有限公司		版　　次	2018 年 12 月第 1 版	
开　　本	720 mm×1000 mm　1/16			2024 年 12 月第 2 版	
印　　张	21.25 插页 1		印　　次	2024 年 12 月第 1 次印刷	
字　　数	288 000		定　　价	119.00 元